九大の理系数学
15ヵ年［第7版］

河合塾講師 杉原 聡 編著

教学社

はしがき

　本書は，九州大学に合格するという目標をもち，その目標へ向けて日々努力されているあなたが，数学に自信をもち，その目標を実現させることを手助けするために，「難関校過去問シリーズ」の一巻として刊行された九州大学理系数学の過去問集であり，入試の傾向を知り，対策を練るための問題集です。「大学入試シリーズ」（赤本）が年度別配列で各年度の入試の全容を眺めることができることに対して，本書は教科を数学にしぼり，問題も項目別に配列し，レベルを示すことで，学習の進度に応じて項目ごとに，またレベル別に演習できるように工夫されています。15年間に出題された多くの問題をまとめて演習することで出題傾向を知ることができることも特長の１つです。このような特長のある本書にはいろいろな利用の仕方が考えられますから，各自の学習状況に応じて最も適した利用の仕方を考え，活用してください。

　また，正解できなかった問題についても本書だけで解決できるように，懇切丁寧なわかりやすい解答・解説を載せてありますし，別解や参考事項もできる限り収録しました。基本的事項であってもあえて説明した部分もあります。〔解法〕には基本的には解答用紙に記述するべき内容を載せてありますが，場合によってはよりよく理解してもらうために記述を加えているところもあります。よって，実際の入試では本書の解答ほどは詳しく書かなくてもよい場合もありますが，数学的に間違いのないわかりやすい記述で，自分の考えを採点者に伝えるという姿勢は忘れずに答案を作成してください。

　数学ができるようになるには，まず，解法を要領よくたくさん身につけることです。わけもわからず丸暗記するのではなく，自分の手を実際に動かしながら問題を解いて，理論を着実に身につけていきましょう。これには，詳しい解答・解説のついた標準レベルの受験用問題集を徹底的に演習することが大切です。次の段階では，本書を用いて，問題を見たときに過去に身につけた考え方のどれをどのように使えばよいのかを見抜き，答案を作成する練習を繰り返すことです。

　本書を手にした今，数学が得意，不得意は関係ありません。堅実に努力すれば必ず夢は叶うと信じて，本書を効果的に活用して九州大学合格を勝ち取られるよう心より祈っています。

河合塾数学科講師　　杉原　聡

本書の構成と活用法

問題編

　過去 15 年間の九大入試問題（理系前期日程分）の全問（75 問）を収録しました。学習しやすいように，§1 から §11 までテーマによって問題を分類しました。ただし，九大の問題はいくつかの分野を融合した問題が多いので，最も主要なテーマと考えられる分野に分類しました。また，A レベルから C レベルまで，問題の難易度を 3 つのランクに分けてみました。あくまで目安ですが，各レベルの問題数と難易度は次のとおりです。

　A レベル：10 問。解答の方針が立てやすく，計算量も多くない問題。

　B レベル：47 問。九大としての標準的問題。

　C レベル：18 問。発展的な思考を要するか，計算量のとくに多い問題。

　まずこの問題編の問題を自力で解いてみましょう。

解答編

◇**ポイント**　問題を解くための方針や基本的な考え方をできるだけ丁寧に述べました。どうしても解き方が思い浮かばないときや解答に行き詰まったときは参考にしてください。ただし，最初から〔ポイント〕に頼らず，まず自力で十分考えるようにしましょう。

◇**解法**　問題編の全問題の解答例を次の点に重点を置いて作成しました。

　1. 可能な限りわかりやすく丁寧な解説に努めました。そのため，計算や式変形などに冗長な部分もあるかと思います。答案にする際は，単純な計算などは省略し，簡潔に整理することも必要でしょう。

　2. 理解を助けるために必要と思われる参考図は，できるだけ多く掲載しました。

　3. いくつかの解法が考えられるときは，さまざまな視点から解法を作成しました。

　問題が解けたと思っても，これらの解法をよく研究し，そこで用いられる考え方や技法・計算方法などを身につけるようにしてください。

　なお，解答上のさまざまな注意点，発展的内容や問題の背景など参考となる事項をそれぞれ〔注〕，〔参考〕として随所に入れてあります。

（編集部注）本書に掲載されている入試問題の解答・解説は，出題校が公表したものではありません。

目　次

問題編

§1 方程式と不等式と整式

	内　　　容	年度	レベル
1	恒等式に関する条件を満たす整式	2019〔2〕	B

　2019 年度〔2〕は恒等式に関する条件を満たす整式についての問題で，まずは次数についての条件を求めた上で，$f(x)$，$g(x)$ をそれに合うようにおいて求めていきます。

1

0 でない 2 つの整式 $f(x)$, $g(x)$ が以下の恒等式を満たすとする。

$$f(x^2) = (x^2+2) g(x) + 7$$
$$g(x^3) = x^4 f(x) - 3x^2 g(x) - 6x^2 - 2$$

以下の問いに答えよ。

(1) $f(x)$ の次数と $g(x)$ の次数はともに 2 以下であることを示せ。

(2) $f(x)$ と $g(x)$ を求めよ。

§2 数の理論

	内　　　容	年度	レベル
2	等式を満たす自然数の組	2022〔3〕	C
3	$_nC_k$ が素数となる自然数 (n, k) の組	2021〔5〕	C
4	条件を満たす4次方程式の解	2020〔2〕	C
5	3次方程式の係数に関する整数問題	2018〔4〕	C
6	条件を満たす6桁の整数の求め方	2016〔4〕	B
7	素数，倍数に関する整数問題	2015〔5〕	B
8	$a^2 + b^2 = 3c^2$ を満たす自然数	2014〔2〕	A

　整数問題，有理数・無理数に関するものをはじめとして本質的に数の性質に関わる問題7問です。一見，他の分野の問題のように見えても内容的に関係するようなものは収録しました。まずはこの7問にチャレンジしてみて，九大で出題された数の性質に関わる事項の内容と解法とレベルをよく理解してから，整数問題など数の性質に関わる問題だけに内容を絞った参考書，問題集に取り組んでおくのもよいと思います。編著者が受験生だった頃はそのようなものは皆無といってよかったのですが，現在では特定の分野に関する参考書，問題集がいろいろ出版されていますし，その種類も増えてきました。レベルも基本的なものから応用的なものまで様々です。その中から解答の詳しいお気に入りの1冊を見つけて取り組むとよいでしょう。この分野の対策になるのは当然のことながら，論理的な思考も養われるので，足腰の強い数学の学力養成にも役に立ちます。

2 　2022 年度 〔3〕　　　　　　　　　　　Level　C

自然数 m, n が

$$n^4 = 1 + 210m^2 \quad \cdots\cdots ①$$

をみたすとき，以下の問いに答えよ。

(1) $\dfrac{n^2+1}{2}$, $\dfrac{n^2-1}{2}$ は互いに素な整数であることを示せ。

(2) n^2-1 は 168 の倍数であることを示せ。

(3) ①をみたす自然数の組 (m, n) を 1 つ求めよ。

3 　2021 年度 〔5〕　　　　　　　　　　　Level　C

以下の問いに答えよ。

(1) 自然数 n, k が $2 \leq k \leq n-2$ をみたすとき，$_nC_k > n$ であることを示せ。

(2) p を素数とする。$k \leq n$ をみたす自然数の組 (n, k) で $_nC_k = p$ となるものをすべて求めよ。

4 　2020 年度 〔2〕　　　　　　　　　　　Level　C

a, b, c, d を整数とし，i を虚数単位とする。整式 $f(x) = x^4 + ax^3 + bx^2 + cx + d$ が $f\left(\dfrac{1+\sqrt{3}i}{2}\right) = 0$ をみたすとき，以下の問いに答えよ。

(1) c, d を a, b を用いて表せ。

(2) $f(1)$ を 7 で割ると 1 余り，11 で割ると 10 余るとする。また，$f(-1)$ を 7 で割ると 3 余り，11 で割ると 10 余るとする。a の絶対値と b の絶対値がともに 40 以下であるとき，方程式 $f(x) = 0$ の解をすべて求めよ。

5

2018 年度　〔4〕

Level　C

整数 a, b は 3 の倍数ではないとし,

$$f(x) = 2x^3 + a^2x^2 + 2b^2x + 1$$

とおく。以下の問いに答えよ。

(1) $f(1)$ と $f(2)$ を 3 で割った余りをそれぞれ求めよ。

(2) $f(x) = 0$ を満たす整数 x は存在しないことを示せ。

(3) $f(x) = 0$ を満たす有理数 x が存在するような組 (a, b) をすべて求めよ。

6

2016 年度　〔4〕

Level　B

自然数 n に対して, 10^n を 13 で割った余りを a_n とおく。a_n は 0 から 12 までの整数である。以下の問いに答えよ。

(1) a_{n+1} は $10a_n$ を 13 で割った余りに等しいことを示せ。

(2) a_1, a_2, $\cdots$, a_6 を求めよ。

(3) 以下の 3 条件を満たす自然数 N をすべて求めよ。
  (ⅰ) N を十進法で表示したとき 6 桁となる。
  (ⅱ) N を十進法で表示して, 最初と最後の桁の数字を取り除くと 2016 となる。
  (ⅲ) N は 13 で割り切れる。

7

2015 年度　〔5〕

Level　B

以下の問いに答えよ。

(1) n が正の偶数のとき, $2^n - 1$ は 3 の倍数であることを示せ。

(2) n を自然数とする。$2^n + 1$ と $2^n - 1$ は互いに素であることを示せ。

(3) p, q を異なる素数とする。$2^{p-1} - 1 = pq^2$ を満たす p, q の組をすべて求めよ。

8

2014 年度 〔2〕　　　　　　　　　　　　　　　　　　　　Level A

以下の問いに答えよ。

(1) 任意の自然数 a に対し，a^2 を 3 で割った余りは 0 か 1 であることを証明せよ。

(2) 自然数 a, b, c が $a^2+b^2=3c^2$ を満たすと仮定すると，a, b, c はすべて 3 で割り切れなければならないことを証明せよ。

(3) $a^2+b^2=3c^2$ を満たす自然数 a, b, c は存在しないことを証明せよ。

§3 場合の数と確率

	内　　　　容	年度	レベル
9	4個のサイコロの目の積に関する確率	2020〔4〕	B
10	カードの数字の積を4で割った余りに関する確率	2018〔3〕	B
11	玉を取り出す確率の漸化式	2017〔4〕	B
12	サイコロの出た目により正六角形の頂点を移動する点に関わる確率	2016〔3〕	A
13	袋の中の玉の取り出し方により硬貨をもらう確率	2015〔4〕	B
14	硬貨を投げたときの勝ち負けの確率と金額の期待値	2014〔4〕	A
15	並んだ硬貨を裏返す試行に関する確率と期待値	2013〔3〕	B
16	箱の中の玉の入れかえについての確率	2012〔5〕	A
17	カードの並べ方の確率と期待値	2011〔5〕	A
18	サイコロを振ったときの得点の期待値	2010〔2〕	B
19	カードの数字の和が偶数となる確率	2009〔2〕	B
20	抜き取ったカードによる得点の確率と期待値	2008〔2〕	C

　本書に収録されている15カ年分の中に場合の数の問題はなく，すべて確率の問題です。12問を収録しました。標準レベルの問題が中心です。条件を満たす場合の数を計算でどのように求めようか悩むのなら実際に数え上げた方が速い場合もあり，解答の方針の立て方も重要になってきます。

　なお，期待値は2015～2024年度入試までの九大の出題範囲からは外れていますが，期待値を求める問題もここに入れてあります。期待値を求めなさいと出題されることはなくても，実質，期待値を求めさせている出題の仕方をしているものは見かけることがあります。

9 2020 年度 〔4〕 Level B

4個のサイコロを同時に投げるとき，出る目すべての積を X とする。以下の問い
に答えよ。

(1) X が 25 の倍数になる確率を求めよ。

(2) X が 4 の倍数になる確率を求めよ。

(3) X が 100 の倍数になる確率を求めよ。

10 2018 年度 〔3〕 Level B

1から4までの数字を1つずつ書いた4枚のカードが箱に入っている。箱の中から
1枚カードを取り出してもとに戻す試行を n 回続けて行う。k 回目に取り出したカー
ドの数字を X_k とし，積 $X_1 X_2 \cdots X_n$ を4で割った余りが0，1，2，3である確率を
それぞれ p_n，q_n，r_n，s_n とする。p_n，q_n，r_n，s_n を求めよ。

11 2017 年度 〔4〕 Level B

赤玉 2 個，青玉 1 個，白玉 1 個が入った袋が置かれた円形のテーブルの周りに A，B，C の 3 人がこの順番で時計回りに着席している。3 人のうち，ひとりが袋から玉を 1 個取り出し，色を確認したら袋にもどす操作を考える。1 回目は A が玉を取り出し，次のルール(a)，(b)，(c)に従って勝者が決まるまで操作を繰り返す。

 (a) 赤玉を取り出したら，取り出した人を勝者とする。

 (b) 青玉を取り出したら，次の回も同じ人が玉を取り出す。

 (c) 白玉を取り出したら，取り出した人の左隣りの人が次の回に玉を取り出す。

A，B，C の 3 人が n 回目に玉を取り出す確率をそれぞれ a_n，b_n，c_n $(n=1, 2, \cdots)$ とする。ただし，$a_1=1$，$b_1=c_1=0$ である。以下の問いに答えよ。

⑴ A が 4 回目に勝つ確率と 7 回目に勝つ確率をそれぞれ求めよ。

⑵ $d_n=a_n+b_n+c_n$ $(n=1, 2, \cdots)$ とおくとき，d_n を求めよ。

⑶ 自然数 $n \geqq 3$ に対し，a_{n+1} を a_{n-2} と n を用いて表せ。

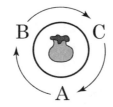

12 2016 年度 〔3〕 Level A

座標平面上で円 $x^2+y^2=1$ に内接する正六角形で，点 $P_0(1, 0)$ を 1 つの頂点とするものを考える。この正六角形の頂点を P_0 から反時計まわりに順に P_1, P_2, P_3, P_4, P_5 とする。ある頂点に置かれている 1 枚のコインに対し，1 つのサイコロを 1 回投げ，出た目に応じてコインを次の規則にしたがって頂点上を動かす。

(規則) (i) 1 から 5 までの目が出た場合は，出た目の数だけコインを反時計まわりに動かす。例えば，コインが P_4 にあるときに 4 の目が出た場合は P_2 まで動かす。

(ii) 6 の目が出た場合は，x 軸に関して対称な位置にコインを動かす。ただし，コインが x 軸上にあるときは動かさない。例えば，コインが P_5 にあるときに 6 の目が出た場合は P_1 に動かす。

はじめにコインを 1 枚だけ P_0 に置き，1 つのサイコロを続けて何回か投げて，1 回投げるごとに上の規則にしたがってコインを動かしていくゲームを考える。以下の問いに答えよ。

(1) 2 回サイコロを投げた後に，コインが P_0 の位置にある確率を求めよ。

(2) 3 回サイコロを投げた後に，コインが P_0 の位置にある確率を求めよ。

(3) n を自然数とする。n 回サイコロを投げた後に，コインが P_0 の位置にある確率を求めよ。

13 2015 年度 〔4〕 Level B

袋の中に最初に赤玉 2 個と青玉 1 個が入っている。次の操作を繰り返し行う。

(操作) 袋から 1 個の玉を取り出し，それが赤玉ならば代わりに青玉 1 個を袋に入れ，青玉ならば代わりに赤玉 1 個を袋に入れる。袋に入っている 3 個の玉がすべて青玉になるとき，硬貨を 1 枚もらう。

(1) 2 回目の操作で硬貨をもらう確率を求めよ。

(2) 奇数回目の操作で硬貨をもらうことはないことを示せ。

(3) 8 回目の操作ではじめて硬貨をもらう確率を求めよ。

(4) 8 回の操作でもらう硬貨の総数がちょうど 1 枚である確率を求めよ。

14 2014年度 〔4〕 Level A

Aさんは5円硬貨を3枚，Bさんは5円硬貨を1枚と10円硬貨を1枚持っている。2人は自分が持っている硬貨すべてを一度に投げる。それぞれが投げた硬貨のうち表が出た硬貨の合計金額が多い方を勝ちとする。勝者は相手の裏が出た硬貨をすべてもらう。なお，表が出た硬貨の合計金額が同じときは引き分けとし，硬貨のやりとりは行わない。このゲームについて，以下の問いに答えよ。

(1) AさんがBさんに勝つ確率 p，および引き分けとなる確率 q をそれぞれ求めよ。

(2) ゲーム終了後にAさんが持っている硬貨の合計金額の期待値 E を求めよ。

15 2013年度 〔3〕 Level B

横一列に並んだ6枚の硬貨に対して，以下の操作Lと操作Rを考える。

L：さいころを投げて，出た目と同じ枚数だけ左端から順に硬貨の表と裏を反転する。

R：さいころを投げて，出た目と同じ枚数だけ右端から順に硬貨の表と裏を反転する。

たとえば，表表裏表裏表 と並んだ状態で操作Lを行うときに，3の目が出た場合は，裏裏表表裏表 となる。

以下，「最初の状態」とは硬貨が6枚とも表であることとする。

(1) 最初の状態から操作Lを2回続けて行うとき，表が1枚となる確率を求めよ。

(2) 最初の状態からL，Rの順に操作を行うとき，表の枚数の期待値を求めよ。

(3) 最初の状態からL，R，Lの順に操作を行うとき，すべての硬貨が表となる確率を求めよ。

16 2012 年度〔5〕 Level A

いくつかの玉が入った箱 A と箱 B があるとき，次の試行 T を考える。

(試行 T) 箱 A から 2 個の玉を取り出して箱 B に入れ，その後，

箱 B から 2 個の玉を取り出して箱 A に入れる。

最初に箱 A に黒玉が 3 個，箱 B に白玉が 2 個入っているとき，以下の問いに答えよ。

(1) 試行 T を 1 回行ったときに，箱 A に黒玉が n 個入っている確率 p_n $(n=1, 2, 3)$ を求めて既約分数で表せ。

(2) 試行 T を 2 回行ったときに，箱 A に黒玉が n 個入っている確率 q_n $(n=1, 2, 3)$ を求めて既約分数で表せ。

(3) 試行 T を 3 回行ったときに，箱 A の中がすべて黒玉になっている確率を求めて既約分数で表せ。

17 2011 年度〔5〕 Level A

1 から 4 までの数字が 1 つずつ書かれた 4 枚のカードがある。その 4 枚のカードを横一列に並べ，以下の操作を考える。

操作：1 から 4 までの数字が 1 つずつ書かれた 4 個の球が入っている袋から同時に 2 個の球を取り出す。球に書かれた数字が i と j ならば，i のカードと j のカードを入れかえる。その後，2 個の球は袋に戻す。

初めにカードを左から順に 1，2，3，4 と並べ，上の操作を n 回繰り返した後のカードについて，以下の問いに答えよ。

(1) $n=2$ のとき，カードが左から順に 1，2，3，4 と並ぶ確率を求めよ。

(2) $n=2$ のとき，カードが左から順に 4，3，2，1 と並ぶ確率を求めよ。

(3) $n=2$ のとき，左端のカードの数字が 1 になる確率を求めよ。

(4) $n=3$ のとき，左端のカードの数字の期待値を求めよ。

18

2010 年度 〔2〕 　　　　　　　　　　　　　　　　　　　Level B

　次のような競技を考える。競技者がサイコロを振る。もし，出た目が気に入ればその目を得点とする。そうでなければ，もう1回サイコロを振って，2つの目の合計を得点とすることができる。ただし，合計が7以上になった場合は得点は0点とする。この取り決めによって，2回目を振ると得点が下がることもあることに注意しよう。次の問いに答えよ。

(1)　競技者が常にサイコロを2回振るとすると，得点の期待値はいくらか。

(2)　競技者が最初の目が6のときだけ2回目を振らないとすると，得点の期待値はいくらか。

(3)　得点の期待値を最大にするためには，競技者は最初の目がどの範囲にあるときに2回目を振るとよいか。

19

2009 年度 〔2〕 　　　　　　　　　　　　　　　　　　　Level B

　k は2以上の自然数とする。「1」と書かれたカードが1枚，「2」と書かれたカードが2枚，…，「k」と書かれたカードが k 枚ある。そのうちの偶数が書かれたカードの枚数を M，奇数が書かれたカードの枚数を N で表す。この $(M+N)$ 枚のカードをよくきって1枚を取り出し，そこに書かれた数を記録してもとに戻すという操作を n 回繰り返す。記録された n 個の数の和が偶数となる確率を p_n とする。次の問いに答えよ。

(1)　p_1 と p_2 を M，N で表せ。

(2)　p_{n+1} を p_n，M，N で表せ。

(3)　$\dfrac{M-N}{M+N}$ を k で表せ。

(4)　p_n を n と k で表せ。

20

2008 年度 〔2〕 Level C

1 から 10 までの番号が 1 つずつ書かれた 10 枚のカードがある。k を 2 から 9 までの整数の 1 つとする。よくきった 10 枚のカードから 1 枚を抜き取り，そのカードの番号が k より大きいなら，抜き取ったカードの番号を得点とする。抜き取ったカードの番号が k 以下なら，そのカードを戻さずに，残りの 9 枚の中から 1 枚を抜き取り，2 回目に抜き取ったカードの番号を得点とする。このとき，次の問いに答えよ。

(1) 得点が 1 である確率と 10 である確率をそれぞれ求めよ。

(2) 2 以上 9 以下の整数 n に対して，得点が n である確率を求めよ。

(3) 得点の期待値を求めよ。

§4 数列とその極限

	内　　容	年度	レベル
21	帰納的に定義される点の座標の極限	2019〔4〕	B
22	等差数列の項の積が 7^{45} の倍数となるための数列の項数	2017〔3〕	B
23	数列の極限	2012〔4〕	B
24	数列の漸化式	2011〔3〕	A

　数学Bの範囲で解答が可能な数列そのものを題材にした問題と，$n \to \infty$ のときの数列の極限を求める数学Ⅲの問題の計4問です。

　数学Ⅲの問題であっても，極限を求めること自体が難しいというものはなく，数列の一般項を求めることがメインになります。

21 2019 年度 〔4〕 Level B

座標平面上の3点 O$(0, 0)$，A$(2, 0)$，B$(1, \sqrt{3})$ を考える。点 P_1 は線分 AB 上にあり，A，Bとは異なる点とする。

線分 AB 上の点P_2，P_3，……を以下のように順に定める。点 P_n が定まったとき，点 P_n から線分 OB に下ろした垂線と OB との交点を Q_n とし，点 Q_n から線分 OA に下ろした垂線と OA との交点を R_n とし，点 R_n から線分 AB に下ろした垂線と AB との交点を P_{n+1} とする。

$n \to \infty$ のとき，P_n が限りなく近づく点の座標を求めよ。

22 2017 年度 〔3〕 Level B

初項 $a_1 = 1$，公差4の等差数列 $\{a_n\}$ を考える。以下の問いに答えよ。

(1) $\{a_n\}$ の初項から第600項のうち，7の倍数である項の個数を求めよ。

(2) $\{a_n\}$ の初項から第600項のうち，7^2 の倍数である項の個数を求めよ。

(3) 初項から第 n 項までの積 $a_1a_2\cdots a_n$ が 7^{45} の倍数となる最小の自然数 n を求めよ。

23 2012 年度 〔4〕 Level B

p と q はともに整数であるとする。2次方程式 $x^2 + px + q = 0$ が実数解 α，β を持ち，条件 $(|\alpha|-1)(|\beta|-1) \neq 0$ をみたしているとする。このとき，数列 $\{a_n\}$ を
$$a_n = (\alpha^n - 1)(\beta^n - 1) \quad (n = 1, 2, \cdots)$$
によって定義する。以下の問いに答えよ。

(1) a_1，a_2，a_3 は整数であることを示せ。

(2) $(|\alpha|-1)(|\beta|-1) > 0$ のとき，極限値 $\lim\limits_{n \to \infty} \left| \dfrac{a_{n+1}}{a_n} \right|$ は整数であることを示せ。

(3) $\lim\limits_{n \to \infty} \left| \dfrac{a_{n+1}}{a_n} \right| = \dfrac{1+\sqrt{5}}{2}$ となるとき，p と q の値をすべて求めよ。ただし，$\sqrt{5}$ が無理数であることは証明なしに用いてよい。

24

2011 年度 〔3〕   Level   A

数列 $a_1,\ a_2,\ \cdots,\ a_n,\ \cdots$ は

$$a_{n+1}=\frac{2a_n}{1-a_n{}^2},\quad n=1,\ 2,\ 3,\ \cdots$$

をみたしているとする。このとき，以下の問いに答えよ。

(1) $a_1=\dfrac{1}{\sqrt{3}}$ とするとき，一般項 a_n を求めよ。

(2) $\tan\dfrac{\pi}{12}$ の値を求めよ。

(3) $a_1=\tan\dfrac{\pi}{20}$ とするとき，

$$a_{n+k}=a_n,\quad n=3,\ 4,\ 5,\ \cdots$$

をみたす最小の自然数 k を求めよ。

§5 平面図形

	内　　容	年度	レベル
25	チェバの定理，メネラウスの定理	2016〔2〕	B
26	余弦定理	2010〔1〕	A
27	定点と半直線上の点との距離の最小値	2009〔1〕	B
28	面積比による位置ベクトルの決定	2008〔3〕	A
29	定円に外接する円の最大個数	2008〔5〕	B

　ここでは三角関数を図形に適用して平面図形に関する事項を解決していく問題や，ベクトル，平面図形の性質を利用して解答していくタイプの問題5問を収録しています。前者では正弦定理，余弦定理，加法定理，倍角の公式，後者ではチェバの定理，メネラウスの定理，方べきの定理などの定理をきちんと理解しておきましょう。

　解答する手段としてベクトルについては演習を積んでおきましょう。なお，本書では「ベクトル」のセクションを設けていません。ベクトルを図形問題を解くときの手段と位置づけて，主にこの「平面図形」と次の「空間図形」に分けて，載せています。

　ベクトルの問題として出題されていても，チェバの定理，メネラウスの定理などを用いて解答していくことは全く問題ありません。

平面図形

25 2016 年度 〔2〕 Level B

　t を $0<t<1$ を満たす実数とする。面積が1である三角形 ABC において，辺 AB，BC，CA をそれぞれ $2:1$, $t:1-t$, $1:3$ に内分する点を D，E，F とする。また，AE と BF，BF と CD，CD と AE の交点をそれぞれ P，Q，R とする。このとき，以下の問いに答えよ。

(1)　3直線 AE，BF，CD が1点で交わるときの t の値 t_0 を求めよ。

以下，t は $0<t<t_0$ を満たすものとする。

(2)　$AP=kAE$, $CR=lCD$ を満たす実数 k, l をそれぞれ求めよ。

(3)　三角形 BCQ の面積を求めよ。

(4)　三角形 PQR の面積を求めよ。

26 2010 年度 〔1〕 Level A

　三角形 ABC の3辺の長さを $a=BC$, $b=CA$, $c=AB$ とする。実数 $t\geq0$ を与えたとき，A を始点とし B を通る半直線上に $AP=tc$ となるように点 P をとる。次の問いに答えよ。

(1)　CP^2 を a, b, c, t を用いて表せ。

(2)　点 P が $CP=a$ を満たすとき，t を求めよ。

(3)　(2)の条件を満たす点 P が辺 AB 上にちょうど2つあるとき，$\angle A$ と $\angle B$ に関する条件を求めよ。

27

2009 年度 〔1〕

Level B

座標平面に 3 点 O (0, 0)，A (2, 6)，B (3, 4) をとり，点 O から直線 AB に垂線 OC を下ろす。また，実数 s と t に対し，点 P を

$$\overrightarrow{OP} = s\overrightarrow{OA} + t\overrightarrow{OB}$$

で定める。このとき，次の問いに答えよ。

(1) 点 C の座標を求め，$|\overrightarrow{CP}|^2$ を s と t を用いて表せ。

(2) s を定数として，t を $t \geqq 0$ の範囲で動かすとき，$|\overrightarrow{CP}|^2$ の最小値を求めよ。

28

2008 年度 〔3〕

Level A

△OAB において，辺 AB 上に点 Q をとり，直線 OQ 上に点 P をとる。ただし，点 P は点 Q に関して点 O と反対側にあるとする。3 つの三角形 △OAP，△OBP，△ABP の面積をそれぞれ a, b, c とする。このとき，次の問いに答えよ。

(1) $\overrightarrow{OQ}$ を $\overrightarrow{OA}$, $\overrightarrow{OB}$ および a, b を用いて表せ。

(2) $\overrightarrow{OP}$ を $\overrightarrow{OA}$, $\overrightarrow{OB}$ および a, b, c を用いて表せ。

(3) 3 辺 OA，OB，AB の長さはそれぞれ 3，5，6 であるとする。点 P を中心とし，3 直線 OA，OB，AB に接する円が存在するとき，$\overrightarrow{OP}$ を $\overrightarrow{OA}$ と $\overrightarrow{OB}$ を用いて表せ。

29

2008 年度 〔5〕 Level B

いくつかの半径 3 の円を，半径 2 の円 Q に外接し，かつ，互いに交わらないように配置する。このとき，次の問いに答えよ。

(1) 半径 3 の円の 1 つを R とする。円 Q の中心を端点とし，円 R に接する 2 本の半直線のなす角を θ とおく。ただし，$0 < \theta < \pi$ とする。このとき，$\sin\theta$ を求めよ。

(2) $\dfrac{\pi}{3} < \theta < \dfrac{\pi}{2}$ を示せ。

(3) 配置できる半径 3 の円の最大個数を求めよ。

§6 空間図形

	内　　　容	年度	レベル
30	空間における線分の長さの和の最小値	2022〔1〕	B
31	xy 平面, yz 平面, zx 平面に接する球	2021〔1〕	B
32	四面体の4つの頂点をすべて通る球の半径	2020〔3〕	C
33	空間において1つの線分に垂直な2つの直線のなす角の cos の値	2017〔2〕	B
34	空間図形とベクトル	2013〔2〕	B
35	ベクトルの空間図形への応用	2011〔4〕	B

　空間図形に関する問題6問を収録しています。§5「平面図形」と同様にベクトルの問題も含みます。主に標準レベルからやや難のレベルの問題が出題されています。

　空間図形問題の解法の1つ1つの過程では，その瞬間に空間ではなく平面を考えているはずです。1つ1つ平面についての考察を積み重ねていくと，結果として空間図形の問題が解けるということです。空間図形が苦手な人も多いと思いますが，そのように意識して演習を積み，空間図形に対する苦手意識を払拭してください。

　また，参考に図形を描く場合，座標軸をとって描いた方がよい場合と，点の座標が与えられていてもそれをあえて無視して描いた方がよい場合とがあります。例えば点Oから平面 ABC に垂線を引くといった場合などは，A，B，Cの座標を無視して，平面 ABC の真上に点Oをとって垂線を下ろした図を描いた方が見やすくなります。図形の問題を図形を描かずに考察することはありえません。問題の内容を正しく読み取り，その問題を解答するのに適した図形を描き，参考にして考察しましょう。

空間図形

30

2022 年度 〔1〕　　　　　　　　　　　　　　　　　Level　B

座標空間内の 5 点

O $(0,\ 0,\ 0)$，A $(1,\ 1,\ 0)$，B $(2,\ 1,\ 2)$，P $(4,\ 0,\ -1)$，Q $(4,\ 0,\ 5)$

を考える。3 点 O，A，B を通る平面を α とし，$\vec{a}=\overrightarrow{\mathrm{OA}}$，$\vec{b}=\overrightarrow{\mathrm{OB}}$ とおく。以下の問いに答えよ。

(1)　ベクトル $\vec{a}$，$\vec{b}$ の両方に垂直であり，x 成分が正であるような，大きさが 1 のベクトル $\vec{n}$ を求めよ。

(2)　平面 α に関して点 P と対称な点 P′ の座標を求めよ。

(3)　点 R が平面 α 上を動くとき，$|\overrightarrow{\mathrm{PR}}|+|\overrightarrow{\mathrm{RQ}}|$ が最小となるような点 R の座標を求めよ。

31

2021 年度 〔1〕　　　　　　　　　　　　　　　　　Level　B

座標空間内の 4 点 O $(0,\ 0,\ 0)$，A $(1,\ 0,\ 0)$，B $(0,\ 1,\ 0)$，C $(0,\ 0,\ 2)$ を考える。以下の問いに答えよ。

(1)　四面体 OABC に内接する球の中心の座標を求めよ。

(2)　中心の x 座標，y 座標，z 座標がすべて正の実数であり，xy 平面，yz 平面，zx 平面のすべてと接する球を考える。この球が平面 ABC と交わるとき，その交わりとしてできる円の面積の最大値を求めよ。

32

2020 年度 〔3〕　　　　　　　　　　　　　　　　　　　　　Level C

四面体 OABC において，辺 OA の中点と辺 BC の中点を通る直線を l，辺 OB の中点と辺 CA の中点を通る直線を m，辺 OC の中点と辺 AB の中点を通る直線を n とする。$l \perp m$，$m \perp n$，$n \perp l$ であり，$AB = \sqrt{5}$，$BC = \sqrt{3}$，$CA = 2$ のとき，以下の問いに答えよ。

(1)　直線 OB と直線 CA のなす角 $\theta \left(0 \leqq \theta \leqq \dfrac{\pi}{2} \right)$ を求めよ。

(2)　四面体 OABC の 4 つの頂点をすべて通る球の半径を求めよ。

33

2017 年度 〔2〕　　　　　　　　　　　　　　　　　　　　　Level B

2 つの定数 $a > 0$ および $b > 0$ に対し，座標空間内の 4 点を
$$A(a, 0, 0), \ B(0, b, 0), \ C(0, 0, 1), \ D(a, b, 1)$$
と定める。以下の問いに答えよ。

(1)　点 A から線分 CD におろした垂線と CD の交点を G とする。G の座標を a, b を用いて表せ。

(2)　さらに，点 B から線分 CD におろした垂線と CD の交点を H とする。$\overrightarrow{AG}$ と $\overrightarrow{BH}$ がなす角を θ とするとき，$\cos\theta$ を a, b を用いて表せ。

34

2013 年度 〔2〕　　　　　　　　　　　　　　　　　　　　　Level B

一辺の長さが 1 の正方形 OABC を底面とし，点 P を頂点とする四角錐 POABC がある。ただし，点 P は内積に関する条件 $\overrightarrow{OA} \cdot \overrightarrow{OP} = \dfrac{1}{4}$，および $\overrightarrow{OC} \cdot \overrightarrow{OP} = \dfrac{1}{2}$ をみたす。辺 AP を 2:1 に内分する点を M とし，辺 CP の中点を N とする。さらに，点 P と直線 BC 上の点 Q を通る直線 PQ は，平面 OMN に垂直であるとする。このとき，長さの比 BQ:QC，および線分 OP の長さを求めよ。

35

2011 年度 〔4〕   **Level B**

空間内の 4 点

O (0, 0, 0), A (0, 2, 3), B (1, 0, 3), C (1, 2, 0)

を考える。このとき，以下の問いに答えよ。

(1) 4 点 O, A, B, C を通る球面の中心 D の座標を求めよ。

(2) 3 点 A, B, C を通る平面に点 D から垂線を引き，交点を F とする。線分 DF の長さを求めよ。

(3) 四面体 ABCD の体積を求めよ。

§7 微・積分法（計算）

	内　　　容	年度	レベル
36	整式に関わる極限値	2022〔2〕	B
37	定積分の定義・性質を用いた証明	2022〔4〕	B
38	定積分の値の最小値の極限	2019〔1〕	B
39	積分を利用した $\sum$ を含む不等式の証明	2015〔2〕	B
40	関数 $f_n(x)$ が区間 $\dfrac{1}{k+1}<x<\dfrac{1}{k}$ でただ1つの極値をとることの証明	2014〔5〕	C
41	平面運動の加速度の大きさの最大値	2009〔5〕	C

微・積分法の問題の中で，計算の処理に重点が置かれている問題6問です。

2022年度〔4〕は微・積分法に関する定義・定理を確認できる良問だと思います。ぜひ解答してみてください。

近年は出題されていませんが，過去には，近似値を求めさせる問題が比較的よく出題されていました。このような問題は，通常の問題集を用いての学習では演習する機会が多くはありませんが，一度解いておくとよいでしょう。本書には収録していませんが，2002〔5〕E 方程式の実数解の近似値，2000〔3〕対数の近似値，1997〔5〕k 乗根の近似値などがそれに当たります。進路指導室などで過去問の中からさがして実際に問題に触れてみるとよいでしょう。

36 2022 年度〔2〕 Level B

n を 3 以上の自然数, α, β を相異なる実数とするとき, 以下の問いに答えよ。

(1) 次をみたす実数 A, B, C と整式 $Q(x)$ が存在することを示せ。
$$x^n = (x-\alpha)(x-\beta)^2 Q(x) + A(x-\alpha)(x-\beta) + B(x-\alpha) + C$$

(2) (1)の A, B, C を n, α, β を用いて表せ。

(3) (2)の A について, n と α を固定して, β を α に近づけたときの極限 $\lim_{\beta \to \alpha} A$ を求めよ。

37

2022 年度〔4〕

定積分について述べた次の文章を読んで，後の問いに答えよ。

区間 $a \le x \le b$ で連続な関数 $f(x)$ に対して，$F'(x) = f(x)$ となる関数 $F(x)$ を1つ選び，$f(x)$ の a から b までの定積分を

$$\int_a^b f(x)\,dx = F(b) - F(a) \qquad \cdots\cdots①$$

で定義する。定積分の値は $F(x)$ の選び方によらずに定まる。定積分は次の性質(A), (B), (C)をもつ。

(A) $\displaystyle\int_a^b \{kf(x) + lg(x)\}dx = k\int_a^b f(x)\,dx + l\int_a^b g(x)\,dx$

(B) $a \le c \le b$ のとき，$\displaystyle\int_a^c f(x)\,dx + \int_c^b f(x)\,dx = \int_a^b f(x)\,dx$

(C) 区間 $a \le x \le b$ において $g(x) \ge h(x)$ ならば，$\displaystyle\int_a^b g(x)\,dx \ge \int_a^b h(x)\,dx$

ただし，$f(x)$, $g(x)$, $h(x)$ は区間 $a \le x \le b$ で連続な関数，k, l は定数である。

以下，$f(x)$ を区間 $0 \le x \le 1$ で連続な増加関数とし，n を自然数とする。定積分の性質 ［ア］ を用い，定数関数に対する定積分の計算を行うと，

$$\frac{1}{n}f\left(\frac{i-1}{n}\right) \le \int_{\frac{i-1}{n}}^{\frac{i}{n}} f(x)\,dx \le \frac{1}{n}f\left(\frac{i}{n}\right) \quad (i = 1, 2, \cdots, n) \qquad \cdots\cdots②$$

が成り立つことがわかる。$S_n = \dfrac{1}{n}\displaystyle\sum_{i=1}^n f\left(\dfrac{i-1}{n}\right)$ とおくと，不等式②と定積分の性質 ［イ］ より次の不等式が成り立つ。

$$0 \le \int_0^1 f(x)\,dx - S_n \le \frac{f(1) - f(0)}{n} \qquad \cdots\cdots③$$

よって，はさみうちの原理より $\displaystyle\lim_{n \to \infty} S_n = \int_0^1 f(x)\,dx$ が成り立つ。

---

(1) 関数 $F(x)$, $G(x)$ が微分可能であるとき，

$$\{F(x) + G(x)\}' = F'(x) + G'(x)$$

が成り立つことを，導関数の定義に従って示せ。また，この等式と定積分の定義①を用いて，定積分の性質(A)で $k = l = 1$ とした場合の等式

$$\int_a^b \{f(x) + g(x)\}dx = \int_a^b f(x)\,dx + \int_a^b g(x)\,dx$$

を示せ。

(2) 定積分の定義①と平均値の定理を用いて，次を示せ。

$a<b$ のとき，区間 $a\leqq x\leqq b$ において $g(x)>0$ ならば，$\displaystyle\int_a^b g(x)\,dx>0$

(3) (A)，(B)，(C)のうち，空欄 ア に入る記号として最もふさわしいものを1つ選び答えよ。また文章中の下線部の内容を詳しく説明することで，不等式②を示せ。

(4) (A)，(B)，(C)のうち，空欄 イ に入る記号として最もふさわしいものを1つ選び答えよ。また，不等式③を示せ。

38　2019 年度 〔1〕　　　　　　　　　　Level B

n を自然数とする。x，y がすべての実数を動くとき，定積分

$$\int_0^1 (\sin(2n\pi t) - xt - y)^2\,dt$$

の最小値を I_n とおく。極限 $\displaystyle\lim_{n\to\infty} I_n$ を求めよ。

39　2015 年度 〔2〕　　　　　　　　　　Level B

以下の問いに答えよ。

(1) 関数 $y=\dfrac{1}{x(\log x)^2}$ は $x>1$ において単調に減少することを示せ。

(2) 不定積分 $\displaystyle\int \dfrac{1}{x(\log x)^2}\,dx$ を求めよ。

(3) n を3以上の整数とするとき，不等式

$$\sum_{k=3}^n \frac{1}{k(\log k)^2} < \frac{1}{\log 2}$$

が成り立つことを示せ。

40 2014 年度 〔5〕 Level C

2 以上の自然数 n に対して，関数 $f_n(x)$ を
$$f_n(x) = (x-1)(2x-1)\cdots(nx-1)$$
と定義する。$k=1, 2, \cdots, n-1$ に対して，$f_n(x)$ が区間 $\dfrac{1}{k+1}<x<\dfrac{1}{k}$ でただ 1 つの極値をとることを証明せよ。

41 2009 年度 〔5〕 Level C

曲線 $y=e^x$ 上を動く点 P の時刻 t における座標を $(x(t), y(t))$ と表し，P の速度ベクトルと加速度ベクトルをそれぞれ $\vec{v}=\left(\dfrac{dx}{dt}, \dfrac{dy}{dt}\right)$ と $\vec{a}=\left(\dfrac{d^2x}{dt^2}, \dfrac{d^2y}{dt^2}\right)$ とする。すべての時刻 t で $|\vec{v}|=1$ かつ $\dfrac{dx}{dt}>0$ であるとして，次の問いに答えよ。

(1) P が点 (s, e^s) を通過する時刻における速度ベクトル $\vec{v}$ を s を用いて表せ。

(2) P が点 (s, e^s) を通過する時刻における加速度ベクトル $\vec{a}$ を s を用いて表せ。

(3) P が曲線全体を動くとき，$|\vec{a}|$ の最大値を求めよ。

§8 微・積分法（グラフ）

	内　　容	年度	レベル
42	回転体の体積	2021〔3〕	B
43	曲線に接する直線が存在するための条件	2020〔1〕	B
44	立体の体積	2020〔5〕	B
45	円や楕円で囲まれた部分の面積と回転体の体積	2018〔2〕	B
46	三角関数の曲線で囲まれる図形の面積	2017〔1〕	B
47	曲線で囲まれた部分の面積に関わる極限値	2016〔1〕	B
48	曲線で囲まれた領域の面積	2015〔1〕	B
49	球の陰になり太陽光線が当たらない部分の面積・体積	2015〔3〕	B
50	回転体の体積	2014〔1〕	B
51	曲線と直線で囲まれる図形の面積，2直線のなす角に関わる極限	2013〔1〕	B
52	回転体の体積	2013〔4〕	B
53	回転体の体積	2012〔1〕	B
54	微分法の方程式への応用	2012〔3〕	B
55	曲線と直線で囲まれる図形の面積	2011〔1〕	A
56	曲線と直線の交点の個数	2011〔2〕	B
57	曲線上の接点を頂点とする三角形の面積	2010〔3〕	A
58	2法線の交点の極限，2曲線で囲まれる部分の面積	2009〔3〕	C
59	関数のグラフ，逆関数，極限	2008〔1〕	B
60	2曲線が接する条件，直線と曲線で囲まれる部分の面積	2008〔4〕	B

　微・積分法の問題の中でも，接線の方程式や曲線と直線で囲まれる部分の面積を求めたりするような，グラフを用いた図形的考察が中心となる問題19問を収録しました。他の分野と比較して解答しやすい，標準レベルの問題が多く出題されています。

42 2021 年度 〔3〕 Level B

座標平面上の点 (x, y) について，次の条件を考える。

条件：すべての実数 t に対して $y \leqq e^t - xt$ が成立する。 ……（＊）

以下の問いに答えよ。必要ならば $\lim_{x \to +0} x \log x = 0$ を使ってよい。

(1) 条件（＊）をみたす点 (x, y) 全体の集合を座標平面上に図示せよ。

(2) 条件（＊）をみたす点 (x, y) のうち，$x \geqq 1$ かつ $y \geqq 0$ をみたすもの全体の集合を S とする。S を x 軸の周りに 1 回転させてできる立体の体積を求めよ。

43 2020 年度 〔1〕 Level B

点 $(a, 0)$ を通り，曲線 $y = e^{-x} - e^{-2x}$ に接する直線が存在するような定数 a の値の範囲を求めよ。

44 2020 年度 〔5〕 Level B

座標空間において，中心 $(0, 2, 0)$，半径 1 で xy 平面内にある円を D とする。D を底面とし，$z \geqq 0$ の部分にある高さ 3 の直円柱（内部を含む）を E とする。点 $(0, 2, 2)$ と x 軸を含む平面で E を 2 つの立体に分け，D を含む方を T とする。以下の問いに答えよ。

(1) $-1 \leqq t \leqq 1$ とする。平面 $x = t$ で T を切ったときの断面積 $S(t)$ を求めよ。

　　また，T の体積を求めよ。

(2) T を x 軸のまわりに 1 回転させてできる立体の体積を求めよ。

微・積分法（グラフ）

45

2018 年度　〔2〕　　　　　　　　　　　　　　　**Level　B**

原点を中心とする半径 3 の半円 $C : x^2 + y^2 = 9$ $(y \geqq 0)$ 上の 2 点 P と Q に対し，線分 PQ を 2:1 に内分する点を R とする。以下の問いに答えよ。

(1)　点 P の y 座標と Q の y 座標が等しく，かつ P の x 座標は Q の x 座標より小さくなるように P と Q が動くものとする。このとき，線分 PR が通過してできる図形 S の面積を求めよ。

(2)　点 P を $(-3, 0)$ に固定する。Q が半円 C 上を動くとき線分 PR が通過してできる図形 T の面積を求めよ。

(3)　(1)の図形 S から(2)の図形 T を除いた図形と第 1 象限の共通部分を U とする。U を y 軸のまわりに 1 回転させてできる回転体の体積を求めよ。

46

2017 年度　〔1〕　　　　　　　　　　　　　　　**Level　B**

定数 $a > 0$ に対し，曲線 $y = a \tan x$ の $0 \leqq x < \dfrac{\pi}{2}$ の部分を C_1,

曲線 $y = \sin 2x$ の $0 \leqq x < \dfrac{\pi}{2}$ の部分を C_2 とする。以下の問いに答えよ。

(1)　C_1 と C_2 が原点以外に交点をもつための a の条件を求めよ。

(2)　a が(1)の条件を満たすとき，原点以外の C_1 と C_2 の交点を P とし，P の x 座標を p とする。P における C_1 と C_2 のそれぞれの接線が直交するとき，a および $\cos 2p$ の値を求めよ。

(3)　a が(2)で求めた値のとき，C_1 と C_2 で囲まれた図形の面積を求めよ。

47

2016 年度　〔1〕　　　　　　　　　　　　　　　　　　**Level　B**

座標平面上の曲線 C_1, C_2 をそれぞれ

$$C_1 : y = \log x \quad (x > 0)$$

$$C_2 : y = (x-1)(x-a)$$

とする。ただし，a は実数である。n を自然数とするとき，曲線 C_1, C_2 が 2 点 P，Q で交わり，P，Q の x 座標はそれぞれ 1，$n+1$ となっている。また，曲線 C_1 と直線 PQ で囲まれた領域の面積を S_n，曲線 C_2 と直線 PQ で囲まれた領域の面積を T_n とする。このとき，以下の問いに答えよ。

(1)　a を n の式で表し，$a > 1$ を示せ。

(2)　S_n と T_n をそれぞれ n の式で表せ。

(3)　極限値 $\displaystyle\lim_{n\to\infty}\frac{S_n}{n\log T_n}$ を求めよ。

48

2015 年度　〔1〕　　　　　　　　　　　　　　　　　　**Level　B**

C_1, C_2 をそれぞれ次式で与えられる放物線の一部とする。

$$C_1 : y = -x^2 + 2x, \quad 0 \leq x \leq 2$$

$$C_2 : y = -x^2 - 2x, \quad -2 \leq x \leq 0$$

また，a を実数とし，直線 $y = a(x+4)$ を l とする。

(1)　直線 l と C_1 が異なる 2 つの共有点をもつための a の値の範囲を求めよ。

以下，a が(1)の条件を満たすとする。このとき，l と C_1 で囲まれた領域の面積を S_1，x 軸と C_2 で囲まれた領域で l の下側にある部分の面積を S_2 とする。

(2)　S_1 を a を用いて表せ。

(3)　$S_1 = S_2$ を満たす実数 a が $0 < a < \dfrac{1}{5}$ の範囲に存在することを示せ。

49

2015 年度 〔3〕

Level　B

　座標空間内に,原点O (0, 0, 0) を中心とする半径1の球がある。下の概略図のように,y 軸の負の方向から仰角 $\dfrac{\pi}{6}$ で太陽光線が当たっている。この太陽光線はベクトル $(0, \sqrt{3}, -1)$ に平行である。球は光を通さないものとするとき,以下の問いに答えよ。

(1)　球の $z \geqq 0$ の部分が xy 平面上につくる影を考える。k を $-1 < k < 1$ を満たす実数とするとき,xy 平面上の直線 $x = k$ において,球の外で光が当たらない部分の y 座標の範囲を k を用いて表せ。

(2)　xy 平面上において,球の外で光が当たらない部分の面積を求めよ。

(3)　$z \geqq 0$ において,球の外で光が当たらない部分の体積を求めよ。

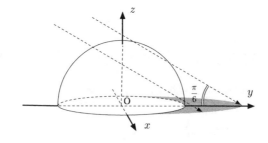

50 2014 年度 〔1〕 Level B

関数 $f(x) = x - \sin x$ $\left(0 \leq x \leq \dfrac{\pi}{2}\right)$ を考える。曲線 $y = f(x)$ の接線で傾きが $\dfrac{1}{2}$ となるものを l とする。

(1) l の方程式と接点の座標 (a, b) を求めよ。

(2) a は(1)で求めたものとする。曲線 $y = f(x)$，直線 $x = a$，および x 軸で囲まれた領域を，x 軸のまわりに 1 回転してできる回転体の体積 V を求めよ。

51 2013 年度 〔1〕 Level B

$a > 1$ とし，2つの曲線
$$y = \sqrt{x} \quad (x \geq 0),$$
$$y = \frac{a^3}{x} \quad (x > 0)$$
を順に C_1，C_2 とする。また，C_1 と C_2 の交点 P における C_1 の接線を l_1 とする。以下の問いに答えよ。

(1) 曲線 C_1 と y 軸および直線 l_1 で囲まれた部分の面積を a を用いて表せ。

(2) 点 P における C_2 の接線と直線 l_1 のなす角を $\theta(a)$ とする $\left(0 < \theta(a) < \dfrac{\pi}{2}\right)$。このとき，$\lim\limits_{a \to \infty} a \sin \theta(a)$ を求めよ。

52

2013 年度 〔4〕

Level B

原点Oを中心とし，点 A $(0, 1)$ を通る円を S とする。点 B $\left(\dfrac{1}{2}, \dfrac{\sqrt{3}}{2}\right)$ で円 S に内接する円 T が，点Cで y 軸に接しているとき，以下の問いに答えよ。

(1) 円 T の中心Dの座標と半径を求めよ。

(2) 点Dを通り x 軸に平行な直線を l とする。円 S の短い方の弧 $\overparen{AB}$，円 T の短い方の弧 $\overparen{BC}$，および線分 AC で囲まれた図形を l のまわりに1回転してできる立体の体積を求めよ。

53

2012 年度 〔1〕

Level B

円 $x^2 + (y-1)^2 = 4$ で囲まれた図形を x 軸のまわりに1回転してできる立体の体積を求めよ。

54

2012 年度 〔3〕

Level B

実数 a と自然数 n に対して，x の方程式
$$a(x^2 + |x+1| + n - 1) = \sqrt{n}\,(x+1)$$
を考える。以下の問いに答えよ。

(1) この方程式が実数解を持つような a の範囲を，n を用いて表せ。

(2) この方程式が，すべての自然数 n に対して実数解を持つような a の範囲を求めよ。

55 2011 年度 〔1〕   Level A

　曲線 $y=\sqrt{x}$ 上の点 $P(t, \sqrt{t})$ から直線 $y=x$ へ垂線を引き，交点を H とする。ただし，$t>1$ とする。このとき，以下の問いに答えよ。

(1)　H の座標を t を用いて表せ。

(2)　$x\geqq1$ の範囲において，曲線 $y=\sqrt{x}$ と直線 $y=x$ および線分 PH とで囲まれた図形の面積を S_1 とするとき，S_1 を t を用いて表せ。

(3)　曲線 $y=\sqrt{x}$ と直線 $y=x$ で囲まれた図形の面積を S_2 とする。$S_1=S_2$ であるとき，t の値を求めよ。

56 2011 年度 〔2〕   Level B

　a を正の定数とする。以下の問いに答えよ。

(1)　関数 $f(x)=(x^2+2x+2-a^2)e^{-x}$ の極大値および極小値を求めよ。

(2)　$x\geqq3$ のとき，不等式 $x^3e^{-x}\leqq27e^{-3}$ が成り立つことを示せ。さらに，極限値
$$\lim_{x\to\infty}x^2e^{-x}$$
を求めよ。

(3)　k を定数とする。$y=x^2+2x+2$ のグラフと $y=ke^x+a^2$ のグラフが異なる 3 点で交わるための必要十分条件を，a と k を用いて表せ。

57　2010 年度　〔3〕　Level A

xy 平面上に曲線 $y=\dfrac{1}{x^2}$ を描き，この曲線の第 1 象限内の部分を C_1，第 2 象限内の部分を C_2 と呼ぶ。C_1 上の点 $P_1\!\left(a,\ \dfrac{1}{a^2}\right)$ から C_2 に向けて接線を引き，C_2 との接点を Q_1 とする。次に点 Q_1 から C_1 に向けて接線を引き，C_1 との接点を P_2 とする。次に点 P_2 から C_2 に向けて接線を引き，接点を Q_2 とする。以下同様に続けて，C_1 上の点列 P_n と C_2 上の点列 Q_n を定める。このとき，次の問いに答えよ。

⑴　点 Q_1 の座標を求めよ。

⑵　三角形 $P_1Q_1P_2$ の面積 S_1 を求めよ。

⑶　三角形 $P_nQ_nP_{n+1}$ $(n=1,\ 2,\ 3,\ \cdots)$ の面積 S_n を求めよ。

⑷　級数 $\displaystyle\sum_{n=1}^{\infty}S_n$ の和を求めよ。

58　2009 年度　〔3〕　Level C

曲線 $C_1:y=\dfrac{x^2}{2}$ の点 $P\!\left(a,\ \dfrac{a^2}{2}\right)$ における法線と点 $Q\!\left(b,\ \dfrac{b^2}{2}\right)$ における法線の交点を R とする。ただし，$b\neq a$ とする。このとき，次の問いに答えよ。

⑴　b が a に限りなく近づくとき，R はある点 A に限りなく近づく。A の座標を a で表せ。

⑵　点 P が曲線 C_1 上を動くとき，⑴で求めた点 A が描く軌跡を C_2 とする。曲線 C_1 と軌跡 C_2 の概形を描き，C_1 と C_2 の交点の座標を求めよ。

⑶　曲線 C_1 と軌跡 C_2 で囲まれた部分の面積を求めよ。

59 2008年度〔1〕 Level B

$f(x) = \dfrac{e^x}{e^x+1}$ とおく。ただし，e は自然対数の底とする。このとき，次の問いに答えよ。

(1) $y = f(x)$ の増減，凹凸，漸近線を調べ，グラフをかけ。

(2) $f(x)$ の逆関数 $f^{-1}(x)$ を求めよ。

(3) $\displaystyle\lim_{n\to\infty} n\left\{ f^{-1}\left(\dfrac{1}{n+2}\right) - f^{-1}\left(\dfrac{1}{n+1}\right) \right\}$ を求めよ。

60 2008年度〔4〕 Level B

$a > 0$ に対して，$f(x) = a + \log x$ $(x>0)$，$g(x) = \sqrt{x-1}$ $(x\geqq1)$ とおく。2曲線 $y = f(x)$，$y = g(x)$ が，ある点 P を共有し，その点で共通の接線 l を持つとする。このとき，次の問いに答えよ。

(1) a の値，点 P の座標，および接線 l の方程式を求めよ。

(2) 2曲線は点 P 以外の共有点を持たないことを示せ。

(3) 2曲線と x 軸で囲まれた部分の面積を求めよ。

§9 2次曲線, 曲線の媒介変数表示

	内　　　容	年度	レベル
61	媒介変数表示の曲線	2022〔5〕	C
62	空間における点の軌跡	2018〔1〕	B
63	楕円上の点に関する $|x|+|y|$ の最大値・最小値	2014〔3〕	B
64	媒介変数表示の曲線と面積, 曲線の長さ	2010〔4〕	C

　2次曲線, 媒介変数表示に関する4問を収録しています。難易度としては標準レベルの問題が中心です。この分野は高校のカリキュラムでは後半に学習することが多く, 特に現役生にとっては十分に演習ができずに入試本番を迎えてしまうことが多いようです。このような事情もあって, 他の分野と比べて, 現役生と浪人生, 理解が十分な受験生と不十分な受験生とでかなり差が出やすい分野です。しかし, 押さえておかなければならない事項は限られています。媒介変数表示された関数の扱いを苦手とする人も多いですね。面積, 体積を求めるときなどは置換積分法を用いるわけですが, これもとるべき手順は決まっています。本書で過去問を研究した上で, まずは教科書傍用問題集に載っている基本から標準レベルの問題の演習を繰り返して理解を定着させてください。

61 2022 年度〔5〕 Level C

xy 平面上の曲線 C を，媒介変数 t を用いて次のように定める。

$$x = 5\cos t + \cos 5t, \quad y = 5\sin t - \sin 5t \quad (-\pi \leqq t < \pi)$$

以下の問いに答えよ。

(1) 区間 $0 < t < \dfrac{\pi}{6}$ において，$\dfrac{dx}{dt} < 0$，$\dfrac{dy}{dx} < 0$ であることを示せ。

(2) 曲線 C の $0 \leqq t \leqq \dfrac{\pi}{6}$ の部分，x 軸，直線 $y = \dfrac{1}{\sqrt{3}}x$ で囲まれた図形の面積を求めよ。

(3) 曲線 C は x 軸に関して対称であることを示せ。また，C 上の点を原点を中心として反時計回りに $\dfrac{\pi}{3}$ だけ回転させた点は C 上にあることを示せ。

(4) 曲線 C の概形を図示せよ。

62 2018 年度〔1〕 Level B

座標空間において，xy 平面上にある双曲線 $x^2 - y^2 = 1$ のうち $x \geqq 1$ を満たす部分を C とする。また，z 軸上の点 $A(0, 0, 1)$ を考える。点 P が C 上を動くとき，直線 AP と平面 $x = d$ との交点の軌跡を求めよ。ただし，d は正の定数とする。

63

2014 年度　〔3〕　　　　　　　　　　　　　　　　　　　Level　B

座標平面上の楕円

$$\frac{(x+2)^2}{16} + \frac{(y-1)^2}{4} = 1 \quad \cdots\cdots①$$

を考える。以下の問いに答えよ。

(1)　楕円①と直線 $y = x + a$ が交点をもつときの a の値の範囲を求めよ。

(2)　$|x| + |y| = 1$ を満たす点 (x, y) 全体がなす図形の概形をかけ。

(3)　点 (x, y) が楕円①上を動くとき，$|x| + |y|$ の最大値，最小値とそれを与える (x, y) をそれぞれ求めよ。

64

2010 年度　〔4〕　　　　　　　　　　　　　　　　　　　Level　C

中心 $(0, a)$，半径 a の円を xy 平面上の x 軸の上を x の正の方向に滑らないように転がす。このとき円上の定点 P が原点 $(0, 0)$ を出発するとする。次の問いに答えよ。

(1)　円が角 t だけ回転したとき，点 P の座標を求めよ。

(2)　t が 0 から 2π まで動いて円が一回転したときの点 P の描く曲線を C とする。曲線 C と x 軸とで囲まれる部分の面積を求めよ。

(3)　(2)の曲線 C の長さを求めよ。

§10 複素数平面

	内　　　容	年度	レベル
65	複素数平面における2次方程式の虚数解が表す図形	2021〔2〕	C
66	条件を満たす複素数平面上の点	2021〔4〕	C
67	複素数平面で点が単位円上にある確率	2019〔3〕	C
68	複素数平面における軌跡	2019〔5〕	C
69	複素数に関する方程式	2018〔5〕	C
70	複素数平面における点が円や三角形の内部に含まれる条件	2017〔5〕	B
71	複素数の極形式表示に関する計算	2016〔5〕	B

　2006年度以降, 2015年度入試までは, 該当の教育課程でこの分野は扱われていなかったので, 入試で出題されていませんでした。新たに2016年度以降に出題された7問を掲載しました。

　この分野も§9の2次曲線の分野と同じく差のつきやすい分野です。

　この分野では理論上は複素数 z を $z=x+yi$（x, y は実数）とおくような方針で計算し解き進めていけば xy 平面で考えていくことができて, 結果は得られるでしょうが, 計算は面倒になる傾向にあります。ですから, 複素数の性質に関わる様々な公式, 極形式で表したときの積・商の公式, ド・モアブルの定理などを正確に使えるようになりましょう。これらについてはまず自分で証明してみること。そして正しく覚えて, 要領よく計算できるように訓練しましょう。また, 計算にとどまらず, 図形と関連した問題が入試では出題されています。近年では2021年度〔2〕, 2021年度〔4〕などがそれに当たります。教科書傍用問題集で計算練習を積んだ上で過去問にチャレンジしてみましょう。

複素数平面

65

2021 年度　〔2〕　　　　　　　　　　　　　　　　**Level　C**

θ を $0<\theta<\dfrac{\pi}{4}$ をみたす定数とし，x の 2 次方程式

$$x^2 - (4\cos\theta)\,x + \frac{1}{\tan\theta} = 0 \quad \cdots\cdots(*)$$

を考える。以下の問いに答えよ。

⑴　2 次方程式 $(*)$ が実数解をもたないような θ の値の範囲を求めよ。

⑵　θ が⑴で求めた範囲にあるとし，$(*)$ の 2 つの虚数解を α, β とする。ただし，α の虚部は β の虚部より大きいとする。複素数平面上の 3 点 A (α)，B (β)，O (0) を通る円の中心を C (γ) とするとき，θ を用いて γ を表せ。

⑶　点 O，A，C を⑵のように定めるとき，三角形 OAC が直角三角形になるような θ に対する $\tan\theta$ の値を求めよ。

66

2021 年度 〔4〕

自然数 n と実数 $a_0,\ a_1,\ a_2,\ \cdots\cdots,\ a_n\ (a_n \neq 0)$ に対して，2つの整式

$$f(x) = \sum_{k=0}^{n} a_k x^k = a_n x^n + a_{n-1} x^{n-1} + \cdots\cdots + a_1 x + a_0$$

$$f'(x) = \sum_{k=1}^{n} k a_k x^{k-1} = n a_n x^{n-1} + (n-1) a_{n-1} x^{n-2} + \cdots\cdots + a_1$$

を考える。$\alpha,\ \beta$ を異なる複素数とする。複素数平面上の2点 $\alpha,\ \beta$ を結ぶ線分上にある点 γ で，

$$\frac{f(\beta) - f(\alpha)}{\beta - \alpha} = f'(\gamma)$$

をみたすものが存在するとき，

　　$\alpha,\ \beta,\ f(x)$ は平均値の性質をもつ

ということにする。以下の問いに答えよ。ただし，i は虚数単位とする。

(1)　$n = 2$ のとき，どのような $\alpha,\ \beta,\ f(x)$ も平均値の性質をもつことを示せ。

(2)　$\alpha = 1 - i,\ \beta = 1 + i,\ f(x) = x^3 + ax^2 + bx + c$ が平均値の性質をもつための，実数 a, b, c に関する必要十分条件を求めよ。

(3)　$\alpha = \dfrac{1-i}{\sqrt{2}},\ \beta = \dfrac{1+i}{\sqrt{2}},\ f(x) = x^7$ は，平均値の性質をもたないことを示せ。

67

2019 年度 〔3〕

Level C

1個のサイコロを3回投げて出た目を順に a, b, c とする。2次方程式

$$ax^2 + bx + c = 0$$

の2つの解 z_1, z_2 を表す複素数平面上の点をそれぞれ $P_1(z_1)$, $P_2(z_2)$ とする。また，複素数平面上の原点をOとする。以下の問いに答えよ。

(1) P_1 と P_2 が一致する確率を求めよ。

(2) P_1 と P_2 がともに単位円の周上にある確率を求めよ。

(3) P_1 とOを通る直線を l_1 とし，P_2 とOを通る直線を l_2 とする。l_1 と l_2 のなす鋭角が $60°$ である確率を求めよ。

68

2019 年度 〔5〕

Level C

a, b を複素数，c を純虚数でない複素数とし，i を虚数単位とする。複素数平面において，点 z が虚軸全体を動くとき

$$w = \frac{az + b}{cz + 1}$$

で定まる点 w の軌跡を C とする。次の3条件が満たされているとする。

(ア) $z = i$ のときに $w = i$ となり，$z = -i$ のときに $w = -i$ となる。

(イ) C は単位円の周に含まれる。

(ウ) 点 -1 は C に属さない。

このとき a, b, c の値を求めよ。さらに C を求め，複素数平面上に図示せよ。

69

2018 年度 〔5〕

Level C

α を複素数とする。等式

$$\alpha(|z|^2 + 2) + i(2|\alpha|^2 + 1)\bar{z} = 0$$

を満たす複素数 z をすべて求めよ。ただし，i は虚数単位である。

70

2017 年度 〔5〕   **Level B**

2 つの複素数 $\alpha = 10000 + 10000i$ と $w = \dfrac{\sqrt{3}}{4} + \dfrac{1}{4}i$ を用いて，複素数平面上の点 $P_n(z_n)$ を $z_n = \alpha w^n$ $(n=1, 2, \cdots)$ により定める。ただし，i は虚数単位を表す。2 と 3 の常用対数を $\log_{10}2 = 0.301$，$\log_{10}3 = 0.477$ として，以下の問いに答えよ。

(1) z_n の絶対値 $|z_n|$ と偏角 $\arg z_n$ を求めよ。

(2) $|z_n| \leq 1$ が成り立つ最小の自然数 n を求めよ。

(3) 下図のように，複素数平面上の $\triangle ABC$ は線分 AB を斜辺とし，点 $C\left(\dfrac{i}{\sqrt{2}}\right)$ を一つの頂点とする直角二等辺三角形である。なお A，B を表す複素数の虚部は負であり，原点 O と 2 点 A，B の距離はともに 1 である。点 P_n が $\triangle ABC$ の内部に含まれる最小の自然数 n を求めよ。

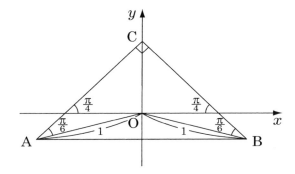

71 2016 年度 〔5〕 Level B

以下の問いに答えよ。

(1) θ を $0 \leqq \theta < 2\pi$ を満たす実数，i を虚数単位とし，z を $z = \cos\theta + i\sin\theta$ で表される複素数とする。このとき，整数 n に対して次の式を証明せよ。

$$\cos n\theta = \frac{1}{2}\left(z^n + \frac{1}{z^n}\right), \quad \sin n\theta = -\frac{i}{2}\left(z^n - \frac{1}{z^n}\right)$$

(2) 次の方程式を満たす実数 x $(0 \leqq x < 2\pi)$ を求めよ。

$$\cos x + \cos 2x - \cos 3x = 1$$

(3) 次の式を証明せよ。

$$\sin^2 20° + \sin^2 40° + \sin^2 60° + \sin^2 80° = \frac{9}{4}$$

§11 行 列

	内　　　　容	年度	レベル
72	行列の計算，ケーリー・ハミルトンの定理	2013〔5〕	B
73	行列の計算	2012〔2〕	B
74	放物線の1次変換による像	2010〔5〕	C
75	単位ベクトル間の移動を表す行列	2009〔4〕	C

　現行課程入試では出題範囲外の4問を収録しました。数学的にはおもしろい分野も含まれています。また，大学では線形代数学という科目で行列を学ぶことになりますから，そのときの準備のつもりで興味のある受験生はぜひ取り組んでみるとよいでしょう。今が無理なら，大学で線形代数学を学習したタイミングで解いてみてください。

　行列に関しては，連立方程式も表現を変えれば行列となるわけで，ごく基本的な問題からやや難のレベルまで幅広く出題されています。行列の演算法則には，実数の計算と同じように成り立つものと，積の交換法則のように今まで当然成り立つと考えていた法則が成り立たないものとがあるので，思い込みをせずに法則・定理を使い丁寧に正しく計算を進めていきたいものです。様々な公式，法則，定理の類は一度証明してみて納得した上で利用するとよいでしょう。ケーリー・ハミルトンの定理の利用も大切なポイントの一つです。

行
列

72　2013 年度 〔5〕 Level B

実数 x, y, t に対して，行列

$$A = \begin{pmatrix} x & y \\ -t-x & -x \end{pmatrix}, \quad B = \begin{pmatrix} 5 & 4 \\ -6 & -5 \end{pmatrix}$$

を考える。$(AB)^2$ が対角行列，すなわち $\begin{pmatrix} \alpha & 0 \\ 0 & \beta \end{pmatrix}$ の形の行列であるとする。

(1)　命題「$3x - 3y - 2t \neq 0 \implies A = tB$」を証明せよ。

以下(2), (3), (4)では，さらに $A^2 \neq E$ かつ $A^4 = E$ であるとする。ただし，E は単位行列を表す。

(2)　$3x - 3y - 2t = 0$ を示せ。

(3)　x と y をそれぞれ t の式で表せ。

(4)　x, y, t が整数のとき，行列 A を求めよ。

73 2012年度〔2〕 Level B

2次の正方行列 A, B はそれぞれ

$$A\begin{pmatrix} -3 \\ 5 \end{pmatrix} = \begin{pmatrix} 0 \\ -1 \end{pmatrix}, \qquad A\begin{pmatrix} 7 \\ -9 \end{pmatrix} = \begin{pmatrix} 8 \\ -11 \end{pmatrix},$$

$$B\begin{pmatrix} 0 \\ -1 \end{pmatrix} = \begin{pmatrix} -5 \\ 6 \end{pmatrix}, \qquad B\begin{pmatrix} 8 \\ -11 \end{pmatrix} = \begin{pmatrix} -7 \\ 10 \end{pmatrix},$$

をみたすものとする。このとき，以下の問いに答えよ。ただし，E は2次の単位行列を表すものとする。

(1) 行列 A, B, A^2, B^2 を求めよ。

(2) $(AB)^3 = E$ であることを示せ。

(3) 行列 A から始めて，B と A を交互に右から掛けて得られる行列

$$A, \ AB, \ ABA, \ ABAB, \ \cdots\cdots,$$

および行列 B から始めて，A と B を交互に右から掛けて得られる行列

$$B, \ BA, \ BAB, \ BABA, \ \cdots\cdots$$

を考える。これらの行列の内で，相異なるものをすべて成分を用いて表せ。

74 2010 年度 〔5〕 Level C

実数を成分とする 2 次正方行列 $A = \begin{pmatrix} a & b \\ c & d \end{pmatrix}$ を考える。平面上の点 $P(x, y)$ に対し，点 $Q(X, Y)$ を

$$\begin{pmatrix} X \\ Y \end{pmatrix} = \begin{pmatrix} a & b \\ c & d \end{pmatrix} \begin{pmatrix} x \\ y \end{pmatrix}$$

により定める。このとき，次の問いに答えよ。

(1) P が放物線 $y = x^2$ 全体の上を動くとき，Q が放物線 $9X = 2Y^2$ 全体の上を動くという。このとき，行列 A を求めよ。

(2) P が放物線 $y = x^2$ 全体の上を動くとき，Q は常に円 $X^2 + (Y-1)^2 = 1$ の上にあるという。このとき，行列 A を求めよ。

(3) P が放物線 $y = x^2$ 全体の上を動くとき，Q がある直線 L 全体の上を動くための a, b, c, d についての条件を求めよ。また，その条件が成り立っているとき，直線 L の方程式を求めよ。

75 2009 年度 〔4〕 Level C

2 次の列ベクトル X, Y, Z は大きさが 1 であり，$X = \begin{pmatrix} 1 \\ 0 \end{pmatrix}$ かつ $Y \neq X$ とする。ただし，一般に 2 次の列ベクトル $\begin{pmatrix} x \\ y \end{pmatrix}$ の大きさは $\sqrt{x^2 + y^2}$ で定義される。また，2 次の正方行列 A が

$$AX = Y, \quad AY = Z, \quad AZ = X$$

をみたすとする。このとき，次の問いに答えよ。

(1) $Y \neq -X$ を示せ。

(2) Z は $Z = sX + tY$（s, t は実数）の形にただ一通りに表せることを示せ。

(3) $X + Y + Z = \begin{pmatrix} 0 \\ 0 \end{pmatrix}$ を示せ。

(4) 行列 A を求めよ。

解答編

§1 方程式と不等式と整式

1 2019 年度 〔2〕 Level B

0 でない 2 つの整式 $f(x)$, $g(x)$ が以下の恒等式を満たすとする。

$$f(x^2) = (x^2 + 2)g(x) + 7$$

$$g(x^3) = x^4 f(x) - 3x^2 g(x) - 6x^2 - 2$$

以下の問いに答えよ。

(1) $f(x)$ の次数と $g(x)$ の次数はともに 2 以下であることを示せ。

(2) $f(x)$ と $g(x)$ を求めよ。

ポイント (1) $f(x)$, $g(x)$ の次数を求める問題なので，それぞれの次数を l, m など と文字でおいてみよう。条件式から l, m の関係式を導き出そう。$f(x^2) = (x^2 + 2)g(x)$ $+7$ の両辺の次数を表すことは容易である。$g(x^3)$ が $g(x)$ の次数の 3 倍になることも わかる。ただし，$g(x^3)$ の右辺については，$x^4 f(x)$ が $l + 4$ 次，$-3x^2 g(x)$ が $m + 2$ 次，$-6x^2 - 2$ が 2 次であり，これらの項の和はこれらの次数の中の最大のものを超える こ とはない。また，これらの次数の中に等しいものがあっても構わないし，足し引きした 計算後にこの中の最大の次数をもつ項が消去されていても構わない。残った項の次数の 中で最大のものがこの多項式の次数である。つまり，$g(x^3)$ の次数は $l + 4$ 以下または $m + 2$ 以下または 2 以下であることから，$g(x)$ の次数が 2 以下であることを示そう。 このような証明問題は背理法で証明することにも適している。〔解法 2〕のように解答 することもできる。

(2) (1)で $f(x)$ の次数，$g(x)$ の次数がともに 2 以下であることが証明できたならば，$f(x) = ax^2 + bx + c$, $g(x) = dx^2 + ex + f$ とおき，条件式に代入しよう。

　係数を比較し，連立方程式を立てて要領よく正確に計算しよう。

　このような問題では次数を確定することがポイントであり，本問でも(1)で次数が 2 以 下であると絞れたならば具体的に $f(x)$, $g(x)$ をおくことができる。

　$f(x)$, $g(x)$ はともに 2 次以下であるから一応 2 次式で表しておけば，例えば，$a = 0$, $b = 2$, $c = 3$ のときは $f(x)$ は 1 次式で，$f(x) = 2x + 3$, $a = 0$, $b = 0$, $c = 3$ のときは $f(x)$ は定数で，$f(x) = 3$ となり，2 次以下の式を表すことに対応できる。

解 法 1

(1) $\begin{cases} f(x^2) = (x^2+2)\,g(x) +7 & \cdots\cdots① \\ g(x^3) = x^4 f(x) - 3x^2 g(x) - 6x^2 - 2 & \cdots\cdots② \end{cases}$

において，0 でない 2 つの整式 $f(x)$, $g(x)$ の次数をそれぞれ l, m 次（l, m は 0 以上の整数）であるとする。

①において，［左辺の次数］$=2l$，［右辺の次数］$=m+2$ であり，両辺の次数が一致するので

$$2l = m+2$$

$$l = \frac{1}{2}m+1 \quad \cdots\cdots③$$

②において，［左辺の次数］$=3m$ である。一方，右辺をみると

$$x^4 f(x) : l+4 \text{ 次}, \quad -3x^2 g(x) : m+2 \text{ 次}, \quad -6x^2-2 : 2 \text{ 次}$$

であるから，［右辺の次数］$=n$ とおくと，加減の過程で最高次の項が相殺されることがあるので，$n \leq l+4$ または $n \leq m+2$ または $n \leq 2$ が成り立つ。

よって

$$3m \leq l+4 = \frac{1}{2}m+5 \quad (\because \quad ③) \qquad m \leq 2$$

$$3m \leq m+2 \qquad m \leq 1$$

$$3m \leq 2 \qquad m \leq \frac{2}{3}$$

いずれの場合も，$m \leq 2$ が成り立ち，$g(x)$ の次数は 2 以下といえる。

このとき，③より

$$l \leq \frac{1}{2}\cdot 2+1 = 2$$

となるから，$f(x)$ の次数は 2 以下といえる。

したがって，$f(x)$ の次数と $g(x)$ の次数はともに 2 以下である。　　　（証明終）

(2)　(1)より

$$\begin{cases} f(x) = ax^2 + bx + c \\ g(x) = dx^2 + ex + f \end{cases}$$

とおく。①について

$$ax^4 + bx^2 + c = (x^2+2)(dx^2+ex+f) + 7$$

$$ax^4 + bx^2 + c = dx^4 + ex^3 + (2d+f)x^2 + 2ex + (2f+7)$$

両辺の係数を比較して

$$\begin{cases} a=d \\ 0=e \\ b=2d+f \\ 0=2e \\ c=2f+7 \end{cases}$$

この5つの等式が成り立つための条件は，$f(x)$，$g(x)$ が

$$\begin{cases} f(x)=dx^2+(2d+f)x+(2f+7) \\ g(x)=dx^2+f \end{cases} \quad \cdots\cdots④$$

と表せることである。このとき，②について

$$dx^6+f=x^4\{dx^2+(2d+f)x+(2f+7)\}-3x^2(dx^2+f)-6x^2-2$$

$$dx^6+f=dx^6+(2d+f)x^5+(-3d+2f+7)x^4+(-3f-6)x^2-2$$

両辺の係数を比較して

$$\begin{cases} d=d \\ 0=2d+f \\ 0=-3d+2f+7 \\ 0=-3f-6 \\ f=-2 \end{cases}$$

この5つの等式が成り立つための条件は

$$\begin{cases} d=1 \\ f=-2 \end{cases}$$

④にこれらを代入して

$$\begin{cases} f(x)=x^2+3 \\ g(x)=x^2-2 \end{cases} \quad \cdots\cdots(答)$$

解 法 2

(1) $$\begin{cases} f(x^2)=(x^2+2)\,g(x)+7 & \cdots\cdots① \\ g(x^3)=x^4f(x)-3x^2g(x)-6x^2-2 & \cdots\cdots② \end{cases}$$

において，0でない2つの整式 $f(x)$，$g(x)$ の次数をそれぞれ l，m 次（l，m は0以上の整数）であるとする。

①において，[左辺の次数]$=2l$，[右辺の次数]$=m+2$ であり，両辺の次数が一致するので

$$2l=m+2 \quad \cdots\cdots③'$$

ここで，$l\geqq3$ と仮定すると，$m\geqq4$ となる。また，$m\geqq3$ と仮定すると，$l\geqq3$ となる。つまり，$l\geqq3$ または $m\geqq3$ が成り立つと仮定すると，一方のみが3以上になるということはなく，どちらも3以上になることがわかる。

$f(x)$，$g(x)$ のうち少なくとも一方が 3 次以上であると仮定する。

②において ［左辺の次数］$=3m=3(2l-2)=6(l-1)$ （$\because$ ③′）である。

$x^4 f(x)$ は $l+4$ 次，$-3x^2 g(x)$ は $m+2=2l$ 次（$\because$ ③′），$-6x^2-2$ は 2 次であるから

$$［右辺の次数］=\begin{cases}l+4 & （l=3,\ 4\ のとき）\\ 2l & （l=5,\ 6,\ \cdots\ のとき）\end{cases}$$

となる。

$l=3,\ 4$ のとき　　$6(l-1)\neq l+4$

$l=5,\ 6,\ \cdots$ のとき　　$6(l-1)-2l=4l-6\geqq 4\cdot 5-6=14>0$

であるから

$$6(l-1)>2l$$

よって，②の両辺の次数が等しくなることはなく，②が恒等式であることに矛盾する。これは，$f(x)$，$g(x)$ のうち少なくとも一方が 3 次以上であると仮定したことによる。したがって，$f(x)$ の次数と $g(x)$ の次数はともに 2 以下である。　　　　（証明終）

§2 数の理論

自然数 m, n が

$$n^4 = 1 + 210m^2 \quad \cdots\cdots ①$$

をみたすとき，以下の問いに答えよ。

(1)　$\dfrac{n^2+1}{2}$, $\dfrac{n^2-1}{2}$ は互いに素な整数であることを示せ。

(2)　$n^2 - 1$ は 168 の倍数であることを示せ。

(3)　①をみたす自然数の組 (m, n) を 1 つ求めよ。

ポイント　(1)　まず，$\dfrac{n^2+1}{2}$ と $\dfrac{n^2-1}{2}$ が整数であることを証明する。整数であること
が証明された上で，次に，互いに素な整数であることを示すというように，二段構えで
証明する。互いに素であることを示すところでは，ユークリッドの互除法から最大公約
数が 1 となることを示せばよい。

(2)　$(n^2+1)(n^2-1) = 2 \cdot 3 \cdot 5 \cdot 7 \cdot m \cdot m$ と変形できるので，n^2-1 が 168 の倍数であるこ
との証明につなげようと思うと，n^2-1 が 3 と 7 と 8 を因数にもつことを示せばよいと
わかる。8 を因数にもつことは簡単に証明できる。3 と 7 については 3 と 7 が n^2+1 の
因数ではないことを示せばよいと方針を立てて解答した。

(3)　$m^2 = \dfrac{2^3(2^2 \cdot 3 \cdot 7p + 1)p}{5}$ において，$2^2 \cdot 3 \cdot 7p + 1$ は（偶数）$+1$ なので奇数である。右
辺の分子で 2 が 3 個あることと分母が 5 であることから，右辺が整数 m^2 となる場合と
して p が 2 を奇数個と 5 を奇数個因数にもつことを考える。まずはその条件を満たす最
小値 10 を p の値として設定してみる。ただし，そのように決定した p に対して，（　）
の中の $2^2 \cdot 3 \cdot 7p + 1$ が平方数になるとは限らない。$p = 10$ でうまくいかなければ，次に，
$p = 2^3 \cdot 5$ などについて考察してみればよい。本問では，まずは，$p = 10$ を代入しようと
思って，代入してみたら条件を満たしたということである。$p = 10$ のときに，はじめか
らうまくいくと思っているわけではない。

解法 1

(1)　$n^4 = 1 + 210m^2$　（m, n は自然数）　$\cdots\cdots ①$

①の右辺は奇数であるから，n^4 は奇数，よって，n は奇数である。このとき，n^2+1,

n^2-1 は偶数なので，$\dfrac{n^2+1}{2}$，$\dfrac{n^2-1}{2}$ はともに整数である。

次に，この2つの整数 $\dfrac{n^2+1}{2}$ と $\dfrac{n^2-1}{2}$ の最大公約数を求める。$\dfrac{n^2+1}{2}$ を $\dfrac{n^2-1}{2}$ で割ると商が1，余りが1であることより

$$\dfrac{n^2+1}{2}=\dfrac{n^2-1}{2}\cdot 1+1$$

と表せるので，ユークリッドの互除法より，$\dfrac{n^2+1}{2}$ と $\dfrac{n^2-1}{2}$ の最大公約数は $\dfrac{n^2-1}{2}$

と1の最大公約数1と一致するから，$\dfrac{n^2+1}{2}$ と $\dfrac{n^2-1}{2}$ は互いに素な整数である。

(証明終)

(2) ①より
$$n^4-1=210m^2$$
$$(n^2+1)(n^2-1)=2\cdot 3\cdot 5\cdot 7m^2$$
$168=2^3\cdot 3\cdot 7$ となることから，n^2-1 が 2^3，3，7の倍数であることを証明する。
以下，l は自然数とする。
(1)で n は奇数とわかっているので，$n=2l-1$ と表せる。
$$n^2-1=(2l-1)^2-1=4l(l-1)$$
さらに，l と $l-1$ の一方は偶数なので，n^2-1 は8の倍数といえる。
(ア) n^2+1 は3の倍数ではないことの証明
$n=3l$ とおくと
$$n^2+1=(3l)^2+1=3\cdot 3l^2+1$$
$n=3l-1$ とおくと
$$n^2+1=(3l-1)^2+1=3(3l^2-2l)+2$$
$n=3l-2$ とおくと
$$n^2+1=(3l-2)^2+1=3(3l^2-4l+1)+2$$
よって，n^2+1 は3の倍数ではない。
(イ) n^2+1 は7の倍数ではないことの証明
$n=7l$ とおくと
$$n^2+1=(7l)^2+1=7\cdot 7l^2+1$$
$n=7l-1$ とおくと
$$n^2+1=(7l-1)^2+1=7(7l^2-2l)+2$$
$n=7l-2$ とおくと
$$n^2+1=(7l-2)^2+1=7(7l^2-4l)+5$$

$n=7l-3$ とおくと
$$n^2+1=(7l-3)^2+1=7(7l^2-6l+1)+3$$
$n=7l-4$ とおくと
$$n^2+1=(7l-4)^2+1=7(7l^2-8l+2)+3$$
$n=7l-5$ とおくと
$$n^2+1=(7l-5)^2+1=7(7l^2-10l+3)+5$$
$n=7l-6$ とおくと
$$n^2+1=(7l-6)^2+1=7(7l^2-12l+5)+2$$

よって，n^2+1 は 7 の倍数ではない。

（ア），（イ）より，$(n^2+1)(n^2-1)=2\cdot3\cdot5\cdot7m^2$ において，n^2+1 は 3 の倍数でなくかつ 7 の倍数ではない。

よって，n^2-1 が 3 の倍数かつ 7 の倍数である。

したがって，n^2-1 は 3 の倍数かつ 7 の倍数かつ 8 の倍数であり，3，7，8 の最大公約数は 1 なので 168 の倍数である。　　　　　　　　　　　（証明終）

> **参考**　（イ）は（ア）と違い，場合分けの数が多いから，0 以上の整数 i を用いて，$n=7i$，$7i\pm1$，$7i\pm2$，$7i\pm3$ などと場合分けするのもよい。

(3)　(2)で n^2-1 は 168（$=3\cdot7\cdot8$）の倍数であることが示された。
$$n^2-1=168p=3\cdot7\cdot8p\quad（p\text{ は自然数}）$$
と表せるので，①より
$$n^4-1=210m^2$$
$$(n^2+1)(n^2-1)=2\cdot3\cdot5\cdot7m^2$$
$$(3\cdot7\cdot8p+2)\,3\cdot7\cdot8p=2\cdot3\cdot5\cdot7m^2$$
$$4(3\cdot7\cdot8p+2)p=5m^2$$
$$2^3(2^2\cdot3\cdot7p+1)p=5m^2$$
$$\therefore\quad m^2=\frac{2^3(2^2\cdot3\cdot7p+1)p}{5}$$
ここで，$p=10$ のとき
$$m^2=\frac{2^3(2^2\cdot3\cdot7\cdot10+1)\cdot10}{5}=2^4(2^3\cdot3\cdot5\cdot7+1)=2^4\cdot29^2$$
$$\therefore\quad m=116$$
$m=116$ を①に代入すると
$$n^4=1+2\cdot3\cdot5\cdot7\cdot116^2$$
$$n^4=2825761=1681^2$$
$$\therefore\quad n=41$$
よって　　$(m,\ n)=(116,\ 41)$　……（答）

解法 2

(1) $\dfrac{n^2-1}{2}$ と $\dfrac{n^2+1}{2}$ の最大公約数を g とおくと

$$\begin{cases} \dfrac{n^2-1}{2}=ag \\[2mm] \dfrac{n^2+1}{2}=bg \end{cases} \quad (a,\ b \text{ は互いに素な整数})$$

と表すことができて，両辺をそれぞれ引くと

$$\frac{n^2+1}{2}-\frac{n^2-1}{2}=(b-a)g$$

つまり

$$(b-a)g=1$$

$b-a$ は自然数なので　　$b-a=1$　かつ　$g=1$

したがって，$\dfrac{n^2+1}{2}$ と $\dfrac{n^2-1}{2}$ の最大公約数は 1 であり，互いに素な整数である。

（証明終）

3 2021年度〔5〕　　　　　　　　　　　　Level C

以下の問いに答えよ。

(1)　自然数 n, k が $2 \leq k \leq n-2$ をみたすとき，$_nC_k > n$ であることを示せ。

(2)　p を素数とする。$k \leq n$ をみたす自然数の組 (n, k) で $_nC_k = p$ となるものをすべて求めよ。

ポイント　(1)　$_nC_k = \dfrac{n(n-1)(n-2)\cdots(n-k+1)}{k!}$ をうまく分数の積に変形して n より

も大きくなることを証明する問題である。

$\dfrac{n}{k} \cdot \dfrac{n-1}{k-1} \cdot \dfrac{n-2}{k-2} \cdot \cdots \cdot \dfrac{n-k+2}{2} \cdot \dfrac{n-k+1}{1}$ と変形したくなるかもしれないが，「n よりも大

きくなる」ことを証明する問題で，分子に単体の n があるので，それを他と組み合わ

せないで，$n \cdot \dfrac{n-1}{k} \cdot \dfrac{n-2}{k-1} \cdot \cdots \cdot \dfrac{n-(k-1)}{2} \cdot \dfrac{1}{1}$ のように分数の積に変形し，$\dfrac{n-1}{k}$, $\dfrac{n-2}{k-1}$,

$\cdots$, $\dfrac{n-(k-1)}{2}$ のそれぞれについて大きさを考察する。

(2)　p を素数とし，$k \leq n$ を満たす自然数の組 (n, k) で，$_nC_k = p$ となるものを求める

のであるが，すぐに見つけることができるのは，$_pC_1 = p$ と $_pC_{p-1} = p$ の場合である。こ

れを $k=1$, $n-1$ のときに $n=p$ と設定した場合であるとみよう。これ以外の場合があ

るかどうか調べてみる。k の値に対して $_nC_k = p$ を満たすような n がとれるかどうかを

調べていくという手順で解き進めてみよう。また，(1)で証明したことも必ず利用する場

面があるはずなので，(1)の誘導をどこで使うかも意識する。(1)での $2 \leq k \leq n-2$ は(2)の

$k \leq n$ の k のうちの $k=1$, $n-1$, n 以外のものに当たる。$k=1$, $n-1$, n については個

別に考える。

解法

(1)　自然数 n, k が $2 \leq k \leq n-2$ を満たすとき

$$_nC_k = \frac{n(n-1)(n-2)\cdots(n-k+1)}{k!}$$

$$= n \cdot \frac{n-1}{k} \cdot \frac{n-2}{k-1} \cdot \frac{n-3}{k-2} \cdot \cdots \cdot \frac{n-k+1}{2}$$

ここで　$k \leq n-2 < n-1$

よって　$k < n-1$　……①

①の両辺を正の k で割って　$1 < \dfrac{n-1}{k}$

①の両辺から，1 を引いて　$k-1 < n-2$

両辺を正の $k-1$ で割って $\qquad 1<\dfrac{n-2}{k-1}$

①の両辺から，2を引いて $\qquad k-2<n-3$

両辺を正の $k-2$ で割って $\qquad 1<\dfrac{n-3}{k-2}$

以下，同様に繰り返して

①の両辺から，$k-2$ を引いて $\qquad k-(k-2)<n-1-(k-2)$

つまり $\qquad 2<n-k+1$

両辺を正の2で割って $\qquad 1<\dfrac{n-k+1}{2}$

よって

$$_n\mathrm{C}_k=n\cdot\dfrac{n-1}{k}\cdot\dfrac{n-2}{k-1}\cdot\dfrac{n-3}{k-2}\cdots\cdots\dfrac{n-k+1}{2}>n\cdot1\cdot1\cdot1\cdots\cdots1=n$$

したがって

$$_n\mathrm{C}_k>n \qquad\qquad\qquad\qquad\qquad （証明終）$$

(2) (ア)$k=n$ のとき $_n\mathrm{C}_n=1$ となるので，$_n\mathrm{C}_k=p$ を満たす $(n,\ k)$ は存在しない。（1は素数ではない）

(イ)$k=1$ のとき，$_n\mathrm{C}_1=p$ となる n の値は p であるから $\qquad (n,\ k)=(p,\ 1)$

(ウ)$k=n-1$ のとき，$_n\mathrm{C}_{n-1}=\ _n\mathrm{C}_1=p$ となる n の値は p であるから

$\qquad (n,\ k)=(p,\ p-1)$

(エ)$2\leqq k\leqq n-2$ のとき $_n\mathrm{C}_k=p$ と表されるとする。

$$\dfrac{n!}{k!\,(n-k)!}=p$$

$$n!=p\cdot k!\,(n-k)!$$

よって，$n!$ は p の倍数である。

一方で，(1)より $_n\mathrm{C}_k>n$ であるから，$p>n$ となり，素数 p よりも小さい n について $n!$ の因数の中には素数 p は存在しないので，$n!$ は p の倍数ではなく，p の倍数であることに矛盾する。

よって，$k\leqq n$ を満たす自然数の組 $(n,\ k)$ で $_n\mathrm{C}_k=p$ となるものは存在しない。

(ア)～(エ)より求める $(n,\ k)$ の組は

$\qquad (n,\ k)=(p,\ 1),\ (p,\ p-1) \quad\cdots\cdots（答）$

4 　2020 年度　〔2〕　　　　　　　　　　　　　　　　　　　　Level　C

　a, b, c, d を整数とし，i を虚数単位とする。整式 $f(x) = x^4 + ax^3 + bx^2 + cx + d$ が $f\left(\dfrac{1+\sqrt{3}\,i}{2}\right) = 0$ をみたすとき，以下の問いに答えよ。

(1)　c, d を a, b を用いて表せ。

(2)　$f(1)$ を 7 で割ると 1 余り，11 で割ると 10 余るとする。また，$f(-1)$ を 7 で割ると 3 余り，11 で割ると 10 余るとする。a の絶対値と b の絶対値がともに 40 以下であるとき，方程式 $f(x) = 0$ の解をすべて求めよ。

ポイント　除法での余りに関する条件から 4 次方程式を定めて解を求める問題である。

(1)　$f\left(\dfrac{1+\sqrt{3}\,i}{2}\right)$ を直接計算してもよいが，要領よく計算するためには次のように考えよう。

$\alpha = \dfrac{1+\sqrt{3}\,i}{2}$ とおき，$2\alpha - 1 = \sqrt{3}\,i$ と変形し，両辺を 2 乗することで α が 2 次方程式 $\alpha^2 - \alpha + 1 = 0$ を満たすことがわかる。この利用の仕方として，まず〔**解法**〕のような解法を考えることができる。〔**参考 1**〕も基本構造は同じものである。〔**参考 2**〕はこの方程式を $\alpha^2 = \alpha - 1$ として $\alpha^3 = -1$ とあわせて次数下げのために利用する解法である。これらのことに気づかなければ〔**参考 3**〕のように実際に $x = \dfrac{1+\sqrt{3}\,i}{2}$ を代入して $f\left(\dfrac{1+\sqrt{3}\,i}{2}\right)$ を求めることになる。それでもさほど面倒なわけではないが，できれば要領のよい手法をマスターしておき，処理できるようになろう。

(2)　(2)を解答するにあたり，(1)で c, d を a, b を用いて表したので，この誘導に乗って $f(x)$ の係数を a, b だけで表し，さらに因数分解しておこう。除法の条件から等式をつくるところがポイントとなる。条件より式を立てて整理すると 2 つの 1 次不定方程式を得るので，それを解くことになる。⑧，⑩が得られたタイミングで⑧は a, b をともに含むが，⑩は b だけからなるので，先に⑩から b の値の範囲を求めて値を定めよう。それから⑧に取りかかるとよい。a, b の値を求めることができると方程式 $f(x) = 0$ が確定するので，それを解けばよい。

　また，合同式を利用する解法も考えることができる。合同式を利用する際には正しい記述をこころがけ，注意して解答しよう。〔**参考 4**〕で合同式を用いた解法を示しておいた。

解法

(1)　$\alpha = \dfrac{1+\sqrt{3}\,i}{2}$ とおくと

$$2\alpha - 1 = \sqrt{3}\,i$$

両辺を 2 乗して整理すると

$$4\alpha^2 - 4\alpha + 4 = 0$$

$$\alpha^2 - \alpha + 1 = 0$$

ここで, $f(x) = x^4 + ax^3 + bx^2 + cx + d$ を $x^2 - x + 1$ で割ることにより

$$f(x) = (x^2 - x + 1)\{x^2 + (a+1)x + (a+b)\} + (b+c-1)x - a - b + d$$

よって

$$f\left(\frac{1+\sqrt{3}\,i}{2}\right) = f(\alpha)$$

$$= (\alpha^2 - \alpha + 1)\{\alpha^2 + (a+1)\alpha + (a+b)\} + (b+c-1)\alpha - a - b + d$$

$\alpha^2 - \alpha + 1 = 0$ であるから

$$f\left(\frac{1+\sqrt{3}\,i}{2}\right) = (b+c-1)\alpha - a - b + d$$

したがって, $f(x)$ が $f\left(\dfrac{1+\sqrt{3}\,i}{2}\right) = 0$ を満たすとき

$$(b+c-1)\alpha - a - b + d = 0$$

が成り立ち, a, b, c, d は実数より, $b+c-1$, $-a-b+d$ も実数であり, α は虚数であるから

$$\begin{cases} b+c-1 = 0 \\ -a-b+d = 0 \end{cases}$$

よって $\begin{cases} c = -b+1 \\ d = a+b \end{cases}$ ……(答)

> **参考1** $(b+c-1)\alpha - a - b + d = 0$ に お い て, a, b, c, d は 実 数 よ り, $b+c-1$,
> $-a-b+d$ も実数であり, α は虚数であるから
> $$\begin{cases} b+c-1 = 0 \\ -a-b+d = 0 \end{cases}$$
> となることがはっきりとわからなければ, 次のように答案をつくると自分自身納得する
> のではないだろうか。
> $$\alpha = \frac{1}{2} + \frac{\sqrt{3}}{2}i$$
> であるから
> $$(b+c-1)\alpha - a - b + d = 0$$
> $$(b+c-1)\left(\frac{1}{2} + \frac{\sqrt{3}}{2}i\right) - a - b + d = 0$$
> $$\left\{\frac{1}{2}(b+c-1) - a - b + d\right\} + \frac{\sqrt{3}}{2}(b+c-1)i = 0$$
> ここで, a, b, c, d は実数より, $\dfrac{1}{2}(b+c-1) - a - b + d$, $\dfrac{\sqrt{3}}{2}(b+c-1)$ も実数であり,
> i は虚数単位であるから

$$\begin{cases} \dfrac{1}{2}(b+c-1)-a-b+d=0 \\ \dfrac{\sqrt{3}}{2}(b+c-1)=0 \end{cases}$$

すなわち $\begin{cases} b+c-1=0 \\ -a-b+d=0 \end{cases}$

となり，以下は〔**解法**〕と同様である。

参考2 〔**解法**〕より得られた $\alpha^2-\alpha+1=0$ より

$$\alpha^3+1=(\alpha+1)(\alpha^2-\alpha+1)=0$$
$$\alpha^3=-1$$

これと $\alpha^2-\alpha+1=0$ を $\alpha^2=\alpha-1$ と変形した等式を，次数を下げるために利用することもできる。

つまり

$$\begin{aligned} f(\alpha) &= \alpha^4+a\alpha^3+b\alpha^2+c\alpha+d \\ &= -\alpha+a(-1)+b(\alpha-1)+c\alpha+d \\ &= (b+c-1)\alpha-a-b+d \end{aligned}$$

となり，以下は〔**解法**〕と同様である。

参考3 $f\left(\dfrac{1+\sqrt{3}i}{2}\right)$ を直接代入して計算すると次の通り。

$$f\left(\dfrac{1+\sqrt{3}i}{2}\right)=0$$

$$\left(\dfrac{1+\sqrt{3}i}{2}\right)^4+a\left(\dfrac{1+\sqrt{3}i}{2}\right)^3+b\left(\dfrac{1+\sqrt{3}i}{2}\right)^2+c\cdot\dfrac{1+\sqrt{3}i}{2}+d=0$$

$$-\dfrac{1+\sqrt{3}i}{2}+(-1)\cdot a+\dfrac{-1+\sqrt{3}i}{2}\cdot b+\dfrac{1+\sqrt{3}i}{2}\cdot c+d=0$$

$$\dfrac{1}{2}(-2a-b+c+2d-1)+\dfrac{\sqrt{3}}{2}(b+c-1)i=0$$

a, b, c, d は実数より，$\dfrac{1}{2}(-2a-b+c+2d-1)$, $\dfrac{\sqrt{3}}{2}(b+c-1)$ も実数であり，i は虚数単位であるから

$$\begin{cases} -2a-b+c+2d-1=0 \\ b+c-1=0 \end{cases}$$

すなわち $\begin{cases} c=-b+1 \\ d=a+b \end{cases}$

(2) (1)より

$$\begin{aligned} f(x) &= x^4+ax^3+bx^2+(-b+1)x+(a+b) \\ &= (x^2-x+1)\{x^2+(a+1)x+(a+b)\} \quad \cdots\cdots(*) \end{aligned}$$

と表せるので

$$\begin{cases} f(1)=2a+b+2 \\ f(-1)=3b \end{cases}$$

$f(1)$ を7で割ると1余るので

$$2a+b+2=7k+1 \quad (k \text{ は整数}) \quad \cdots\cdots①$$

$f(1)$ を 11 で割ると 10 余るので

$$2a+b+2=11l+10 \quad (l \text{ は整数}) \quad \cdots\cdots②$$

$f(-1)$ を 7 で割ると 3 余るので

$$3b=7m+3 \quad (m \text{ は整数}) \quad \cdots\cdots③$$

$f(-1)$ を 11 で割ると 10 余るので

$$3b=11n+10 \quad (n \text{ は整数}) \quad \cdots\cdots④$$

と表せる。①，②より

$$7k+1=11l+10$$
$$7k-11l=9 \quad \cdots\cdots⑤$$

$(k, l)=(6, 3)$ は⑤を満たし

$$7\cdot6-11\cdot3=9 \quad \cdots\cdots⑥$$

が成り立ち，⑤－⑥より

$$7(k-6)-11(l-3)=0$$
$$7(k-6)=11(l-3) \quad \cdots\cdots⑦$$

ここで，$7(k-6)$ は 11 の倍数であり，7 と 11 は互いに素な整数であるから，$k-6$ が 11 の倍数であるので

$$k-6=11p \quad (p \text{ は整数})$$

と表せる。これを⑦に代入すると

$$7\cdot11p=11(l-3)$$
$$l=7p+3$$

よって　　$(k, l)=(11p+6, 7p+3)$

$k=11p+6$ を①に代入すると

$$2a+b+2=7(11p+6)+1$$
$$2a+b=77p+41 \quad \cdots\cdots⑧$$

次に，③，④より

$$7m+3=11n+10$$
$$7(m-1)=11n \quad \cdots\cdots⑨$$

ここで，$7(m-1)$ は 11 の倍数であり，7 と 11 は互いに素な整数であるから，$m-1$ が 11 の倍数であるので

$$m-1=11q \quad (q \text{ は整数})$$

と表せる。これを⑨に代入すると

$$7\cdot11q=11n$$
$$n=7q$$

よって　　$(m, n)=(11q+1, 7q)$

$n=7q$ を④に代入すると

$$3b = 11 \cdot 7q + 10$$
$$3b = 77q + 10 \quad \cdots\cdots ⑩$$

b の絶対値が 40 以下であるとき

$$|b| \leqq 40$$
$$|3b| \leqq 120$$

⑩より

$$|77q + 10| \leqq 120$$
$$-120 \leqq 77q + 10 \leqq 120$$

よって　　$-\dfrac{130}{77} \leqq q \leqq \dfrac{110}{77}$

これを満たす整数 q は，$q = -1$，0，1 でそれぞれ $77q + 10 = -67$，10，87 に対応して，このうち $3b$ すなわち 3 の倍数であり得るのは，$3b = 87$ の場合だけであり

$$b = 29 \quad \cdots\cdots ⑪$$

このとき，⑧より

$$2a + 29 = 77p + 41$$
$$2a = 77p + 12 \quad \cdots\cdots ⑫$$

a の絶対値が 40 以下であるとき

$$|a| \leqq 40$$
$$|2a| \leqq 80$$

⑫より

$$|77p + 12| \leqq 80$$
$$-80 \leqq 77p + 12 \leqq 80$$

よって　　$-\dfrac{92}{77} \leqq p \leqq \dfrac{68}{77}$

これを満たす整数 p は，$p = -1$，0 でそれぞれ $77p + 12 = -65$，12 に対応して，このうち $2a$ すなわち 2 の倍数であり得るのは，$2a = 12$ の場合だけであり

$$a = 6 \quad \cdots\cdots ⑬$$

したがって，（＊）と⑪，⑬より

$$f(x) = 0$$
$$(x^2 - x + 1)(x^2 + 7x + 35) = 0$$

よって　　$x = \dfrac{1 \pm \sqrt{3}\,i}{2}$，$\dfrac{-7 \pm \sqrt{91}\,i}{2}$　　$\cdots\cdots$（答）

参考4 <合同式を用いた解法>

(〔解法〕の7行目から)

$\begin{cases} f(1) \text{ を } 7 \text{ で割ると } 1 \text{ 余るので} & 2a+b+2 \equiv 1 \pmod 7 \\ f(1) \text{ を } 11 \text{ で割ると } 10 \text{ 余るので} & 2a+b+2 \equiv 10 \pmod{11} \\ f(-1) \text{ を } 7 \text{ で割ると } 3 \text{ 余るので} & 3b \equiv 3 \pmod 7 \\ f(-1) \text{ を } 11 \text{ で割ると } 10 \text{ 余るので} & 3b \equiv 10 \pmod{11} \end{cases}$

よって

$\begin{cases} 2a+b \equiv -1 \pmod 7 & \cdots\cdots⑭ \\ 2a+b \equiv 8 \pmod{11} & \cdots\cdots⑮ \\ b \equiv 1 \pmod 7 \quad (3 \text{ と } 7 \text{ は互いに素な整数だから}) & \cdots\cdots⑯ \\ 3b \equiv 10 \pmod{11} & \cdots\cdots⑰ \end{cases}$

⑯より, $b = 7r+1$ (r は整数) $\cdots\cdots⑱$

⑱を⑰に代入して

$3(7r+1) \equiv 10 \pmod{11}$

$21r+3 \equiv 10 \pmod{11}$

$21r \equiv 7 \pmod{11}$

$21r \equiv 84 \pmod{11}$

$r \equiv 4 \pmod{11}$ (21 と 11 は互いに素な整数だから)

これより, $r = 11s+4$ (s は整数) とおける。

これを⑱に代入して

$b = 7(11s+4)+1$

$b = 77s+29$

b の絶対値が 40 以下になるとき

$|b| \leqq 40$

$|77s+29| \leqq 40$

$-40 \leqq 77s+29 \leqq 40$

$-69 \leqq 77s \leqq 11$

これを満たす整数 s は $s=0$ で $77s+29=29$ に対応して

$b = 29$ $\cdots\cdots⑲$

⑭, ⑯より

$2a+1 \equiv -1 \pmod 7$

$2a \equiv -2 \pmod 7$

$a \equiv -1 \pmod 7$ (2 と 7 は互いに素な整数だから)

これより, $a = 7t-1$ (t は整数) $\cdots\cdots⑳$

これと先に得られた $b=29$ を⑮に代入して

$2(7t-1)+29 \equiv 8 \pmod{11}$

$14t+27 \equiv 8 \pmod{11}$

$14t \equiv -19 \pmod{11}$

$14t \equiv -19+11\cdot3 \pmod{11}$

$14t \equiv 14 \pmod{11}$

$t \equiv 1 \pmod{11}$ (14 と 11 は互いに素な整数だから)

これより, $t = 11u+1$ (u は整数) とおける。

これを⑳に代入して

$a = 7(11u+1)-1$

$= 77u + 6$

a の絶対値が 40 以下になるとき

$|a| \leqq 40$

$|77u + 6| \leqq 40$

$-40 \leqq 77u + 6 \leqq 40$

$-46 \leqq 77u \leqq 34$

これを満たす u は $u = 0$ で $77u + 6 = 6$ に対応して

$a = 6$　……㉑

したがって，（＊）と⑲，㉑より

$f(x) = 0$

$(x^2 - x + 1)(x^2 + 7x + 35) = 0$

よって　　$x = \dfrac{1 \pm \sqrt{3}\,i}{2},\ \dfrac{-7 \pm \sqrt{91}\,i}{2}$

5 2018 年度 〔4〕 Level C

整数 a, b は 3 の倍数ではないとし,

$$f(x) = 2x^3 + a^2x^2 + 2b^2x + 1$$

とおく。以下の問いに答えよ。

(1) $f(1)$ と $f(2)$ を 3 で割った余りをそれぞれ求めよ。

(2) $f(x) = 0$ を満たす整数 x は存在しないことを示せ。

(3) $f(x) = 0$ を満たす有理数 x が存在するような組 (a, b) をすべて求めよ。

ポイント (1) 整数 a は 3 の倍数ではないという条件があるので $a = 3a' + 1$, $3a' + 2$ (a' は整数) と表すことができる。それぞれ 2 乗して a^2 を 3 で割った余りがいくらになるのかを求める。整数 b についても a と同様にして b^2 を 3 で割った余りがいくらになるのかを求める。そのような整数を項の係数にもつ $f(x)$ に $x = 1$, 2 を代入した $f(1)$, $f(2)$ を 3 で割った余りをそれぞれ求める。

　合同式を利用した解法も可能である。合同式に関しては,教科書には発展的な事項として扱われているものもあるが,多くは概略のみが記されている。証明もなく「合同式の性質」が紹介されて,例題を通してその使い方が載っているだけである。そのためか,合同式を使った答案の中には使い方や記述の方法が間違っているものも多く見受けられる。合同式を用いた解法のメリットだけにとらわれて理解が不十分な形で利用することは避けたい。よって入試での利用については十分な注意が必要であるが,合同式を正確に理解できているのであれば,(1)・(2)に関しては利用すると簡潔な記述ができることは事実である。そこで,(1)・(2)については〔**解法2**〕で合同式を用いた解法を示しておいた。

(2) (1)は(2)を証明するための誘導であることを意識すること。証明の内容を検討して背理法で証明する方針を立てる。「$f(x) = 0$ を満たす整数 x は存在しないこと」を示すので,「$f(x) = 0$ を満たす整数 x が存在する」と仮定して矛盾が生じることを示せばよい。その x を α とおいてみると,$2\alpha^3 + a^2\alpha^2 + 2b^2\alpha + 1 = 0$ となる。ここで 2, a^2, $2b^2$, 1 は正の数なので,これを満たす α は負の値であり,α の値が定まる。これより矛盾を導く。

(3) (2)は(3)を解答するための誘導であると意識すること。$f(x) = 0$ を満たす有理数 x が存在するとき,(2)よりその有理数 x は負の数であり,整数ではないので,$x = \dfrac{q}{p}$ ($p \geqq 2$, $q < 0$, p, q は互いに素な整数) とおける。あとは(2)と同じようなプロセスを踏む。

解法 1

(1)　a は 3 の倍数ではないので，a を 3 で割ると 1 または 2 余るので
$a = 3a' + 1$（a' は整数）とするとき
$$a^2 = (3a'+1)^2 = 3(3a'^2 + 2a') + 1$$
$a = 3a' + 2$（a' は整数）とするとき
$$a^2 = (3a'+2)^2 = 3(3a'^2 + 4a' + 1) + 1$$
よって，a が 3 の倍数でないとき，a^2 は 3 で割ると 1 余るので
$$a^2 = 3a'' + 1 \quad (a'' は整数)$$
と表せる。b についても同様であるから
$$b^2 = 3b'' + 1 \quad (b'' は整数)$$
と表せる。したがって
$$\begin{aligned} f(1) &= a^2 + 2b^2 + 3 \\ &= (3a''+1) + 2(3b''+1) + 3 \\ &= 3(a'' + 2b'' + 2) \end{aligned}$$
よって，$f(1)$ を 3 で割った余りは 0 である。　……(答)
$$\begin{aligned} f(2) &= 4a^2 + 4b^2 + 17 \\ &= 4(3a''+1) + 4(3b''+1) + 17 \\ &= 3(4a'' + 4b'' + 8) + 1 \end{aligned}$$
よって，$f(2)$ を 3 で割った余りは 1 である。　……(答)

(2)　背理法で証明する。
「$f(x) = 0$ を満たす整数 x が存在する」と仮定し，その整数を α とすると
$$f(\alpha) = 0$$
$$2\alpha^3 + a^2\alpha^2 + 2b^2\alpha + 1 = 0$$
$$\alpha(2\alpha^2 + a^2\alpha + 2b^2) = -1 \quad \cdots\cdots①$$
となり，①を満たす整数 α が存在する。
ここで，$f(x) = 2x^3 + a^2x^2 + 2b^2x + 1$ の各項の係数は 2，a^2，$2b^2$，1 であり，a，b は 3 の倍数ではなく，0 ではないので $a^2 > 0$，$b^2 > 0$，よって，すべて正の整数であるから，$f(x) = 0$ を満たす整数の解 $x = \alpha$ は負の数である。また，①において，$2\alpha^2 + a^2\alpha + 2b^2$ は整数だから
$$\begin{cases} \alpha = -1 \\ 2\alpha^2 + a^2\alpha + 2b^2 = 1 \end{cases}$$
となることが必要となるが
$$2\alpha^2 + a^2\alpha + 2b^2 = 2(-1)^2 + a^2(-1) + 2b^2$$

$$= -a^2 + 2b^2 + 2$$
$$= -(3a'' + 1) + 2(3b'' + 1) + 2$$
$$= 3(-a'' + 2b'' + 1)$$

となるので，$2\alpha^2 + a^2\alpha + 2b^2$ を3で割った余りは0であり

$$2\alpha^2 + a^2\alpha + 2b^2 \neq 1$$

これは，$2\alpha^2 + a^2\alpha + 2b^2 = 1$ に矛盾する。

したがって，$f(x) = 0$ を満たす整数 x は存在しない。   (証明終)

(3) $f(x) = 0$ を満たす有理数 x が存在するならば，(2)よりその有理数 x は負の数であり，整数ではないので

$$\frac{q}{p} \quad (p \geq 2, \ q < 0, \ p, \ q \text{ は互いに素な整数})$$

と表せて，$f\left(\dfrac{q}{p}\right) = 0$ つまり $2\left(\dfrac{q}{p}\right)^3 + a^2\left(\dfrac{q}{p}\right)^2 + 2b^2\dfrac{q}{p} + 1 = 0$ が成り立つので

$$\frac{2q^3}{p^3} + \frac{a^2 q^2}{p^2} + \frac{2b^2 q}{p} + 1 = 0$$

$$2q^3 + p^3\left(\frac{a^2 q^2}{p^2} + \frac{2b^2 q}{p} + 1\right) = 0$$

$$2q^3 = -(a^2 q^2 + 2b^2 pq + p^2)\,p \quad \cdots\cdots②$$

$a^2 q^2 + 2b^2 pq + p^2$ は整数であるから，$2q^3$ は p の倍数である。そして p と q は互いに素であるから，2が p の倍数である。$p \geq 2$ であることから

$$p = 2$$

②において，$p = 2$ より

$$2q^3 = -2(a^2 q^2 + 4b^2 q + 4)$$
$$q^3 = -(a^2 q^2 + 4b^2 q + 4)$$
$$q^3 + a^2 q^2 + 4b^2 q = -4$$
$$(q^2 + a^2 q + 4b^2)\,q = -4 \quad \cdots\cdots③$$

$q^2 + a^2 q + 4b^2$ は整数であるから，q は -4 の約数であり，かつ $p = 2$ とは互いに素な負の整数であるから

$$q = -1$$

③に $q = -1$ を代入すると

$$(1 - a^2 + 4b^2)(-1) = -4$$
$$a^2 - 4b^2 = -3$$
$$(a + 2b)(a - 2b) = -3$$

a，b は3の倍数でない整数であるから，$a + 2b$，$a - 2b$ も整数である。

よって，$a + 2b$，$a - 2b$，さらに a，b の値の組は次の表のようになる。

$a+2b$	-3	-1	1	3
$a-2b$	1	3	-3	-1

a	-1	1	-1	1
b	-1	-1	1	1

これらは，すべて a, b が3の倍数ではないことを満たしている。

よって，求める整数の組 (a, b) は

$(a, b) = (-1, -1)$, $(1, -1)$, $(-1, 1)$, $(1, 1)$ ……(答)

解 法 2

(1)　a は3の倍数ではないので，a を3で割ると1または2余るので

　　　$a \equiv 1 \pmod 3$　または　$a \equiv 2 \pmod 3$

$a \equiv 1 \pmod 3$ のとき

　　　$a^2 \equiv 1^2 = 1 \pmod 3$

$a \equiv 2 \pmod 3$ のとき

　　　$a^2 \equiv 2^2 = 4 \equiv 1 \pmod 3$

よって　　$a^2 \equiv 1 \pmod 3$

同様に　　$b^2 \equiv 1 \pmod 3$

よって

　　　$f(1) = a^2 + 2b^2 + 3 \equiv 1 + 2 \cdot 1 + 3 = 6 \equiv 0 \pmod 3$

したがって，$f(1)$ を3で割ると余りは0である。……(答)

　　　$f(2) = 4a^2 + 4b^2 + 17 \equiv 4 \cdot 1 + 4 \cdot 1 + 17 \equiv 1 + 1 + 2 = 4 \equiv 1 \pmod 3$

したがって，$f(2)$ を3で割ると余りは1である。……(答)

(2)　背理法で証明する。

「$f(x) = 0$ を満たす整数 x が存在する」と仮定し，その整数を α とすると，$f(\alpha) = 0$ より，$f(\alpha) \equiv 0 \pmod 3$ であるが

$\alpha \equiv 2 \pmod 3$ のとき，(1)より　　$f(\alpha) \equiv f(2) \equiv 1 \pmod 3$

$\alpha \equiv 0 \pmod 3$ のとき　　$f(\alpha) \equiv f(0) = 1 \pmod 3$

よって，$\alpha \equiv 1 \pmod 3$　……④ が必要である。

また，$f(\alpha) = 2\alpha^3 + a^2\alpha^2 + 2b^2\alpha + 1 = 0$ より

　　　$\alpha(2\alpha^2 + a^2\alpha + 2b^2) = -1$

$2\alpha^2 + a^2\alpha + 2b^2$ は整数であるから，$\alpha = \pm 1$ であるが，④より $\alpha = 1$ である。ところが，$f(1) = a^2 + 2b^2 + 3 > 3$ より $f(1) \neq 0$ であるから，$\alpha = 1$ に反する。

よって，$f(x) = 0$ を満たす整数 x は存在しない。　　　　　　　(証明終)

6

自然数 n に対して、10^n を 13 で割った余りを a_n とおく。a_n は 0 から 12 までの整数である。以下の問いに答えよ。

(1) a_{n+1} は $10a_n$ を 13 で割った余りに等しいことを示せ。

(2) $a_1, a_2, \cdots, a_6$ を求めよ。

(3) 以下の 3 条件を満たす自然数 N をすべて求めよ。
  (i) N を十進法で表示したとき 6 桁となる。
  (ii) N を十進法で表示して、最初と最後の桁の数字を取り除くと 2016 となる。
  (iii) N は 13 で割り切れる。

ポイント (1) 問題文をよく読み定義を理解して、10^n に関する等式を立てる。もとの数、割った数、商、余りの 4 つがわかれば等式がつくれるから、条件として足りないものは何かを考える。本問では、商がわかっていないので、商を b_n とおくことで、$10^n = 13b_n + a_n$ と表すことができる。また a_{n+1} は 10^{n+1} を 13 で割った余りである。これらから証明につながる関係式が得られないかを考える。

(2) a_1 は 10 を 13 で割った余りである。ならば、実際に 10 を 13 で割ったら a_1 が求められる。a_2 は 10^2 を 13 で割った余りであるから、実際に 100 を 13 で割ると 9 余ることから $a_2 = 9$ を求めてもよいが、このように計算していくと、a_6 を求めるときには 1000000 を実際に 13 で割って、商が 76923 で余りが 1 となることより $a_6 = 1$ を求めることになる。結果は得られるが、それでは計算が面倒なので、〔解法 1〕のように(1)で証明したことを利用する。つまり、a_6 は $10a_5$ を 13 で割った余りに等しいことを利用する。

(3) 条件(i), (ii)より $N = \alpha \times 10^5 + 20160 + \beta$ (α, β はそれぞれ $1 \leq \alpha \leq 9$, $0 \leq \beta \leq 9$ を満たす整数) と表すところがポイントである。N を 13 で割って、余りが 0 となるということで条件(iii)が満たされることになるから、この等式をもとにして、$N = 13 \times (商) + (余り)$ と表すことを考える。そのために、$10^n = 13b_n + a_n$ が成り立つことを用いた。

　合同式を利用した解き方は〔解法 2〕のようになる。

解法 1

(1) 10^n を 13 で割った余りは a_n である。さらに，商を b_n とおくと

$$10^n = 13b_n + a_n$$

と表せる。両辺を 10 倍して

$$10^{n+1} = 130b_n + 10a_n \quad \cdots\cdots ①$$

一方で

$$10^{n+1} = 13b_{n+1} + a_{n+1} \quad \cdots\cdots ②$$

とも表せるので，①，②より

$$130b_n + 10a_n = 13b_{n+1} + a_{n+1}$$
$$10a_n = 13(b_{n+1} - 10b_n) + a_{n+1}$$

ここで，$b_{n+1} - 10b_n$ は整数なので $13(b_{n+1} - 10b_n)$ は 13 の倍数である。a_{n+1} は 0 から 12 までの整数であるから，a_{n+1} は $10a_n$ を 13 で割った余りに等しい。　（証明終）

(2) a_1 は 10 を 13 で割った余りなので

$$10 = 13 \times 0 + 10$$

と表されることから

$$a_1 = 10 \quad \cdots\cdots (答)$$

(1)より，a_2 は $10a_1 = 100$ を 13 で割った余りに等しいので

$$100 = 13 \times 7 + 9$$

より　　$a_2 = 9 \quad \cdots\cdots (答)$

a_3 は $10a_2 = 90$ を 13 で割った余りに等しいので

$$90 = 13 \times 6 + 12$$

より　　$a_3 = 12 \quad \cdots\cdots (答)$

a_4 は $10a_3 = 120$ を 13 で割った余りに等しいので

$$120 = 13 \times 9 + 3$$

より　　$a_4 = 3 \quad \cdots\cdots (答)$

a_5 は $10a_4 = 30$ を 13 で割った余りに等しいので

$$30 = 13 \times 2 + 4$$

より　　$a_5 = 4 \quad \cdots\cdots (答)$

a_6 は $10a_5 = 40$ を 13 で割った余りに等しいので

$$40 = 13 \times 3 + 1$$

より　　$a_6 = 1 \quad \cdots\cdots (答)$

(3) 条件(i), (ii)より

$$N = \alpha \times 10^5 + 20160 + \beta \quad \cdots\cdots ③$$

$$(\alpha, \ \beta \text{ はそれぞれ } 1 \leqq \alpha \leqq 9, \ 0 \leqq \beta \leqq 9 \text{ を満たす整数})$$

と表せる。ここで

$$\begin{cases} 10^5 = 13b_5 + a_5 \\ 10^4 = 13b_4 + a_4 \\ 10^3 = 13b_3 + a_3 \\ 10^2 = 13b_2 + a_2 \\ 10^1 = 13b_1 + a_1 \end{cases}$$

であるから

$$N = \alpha \times 10^5 + 2 \times 10^4 + 0 \times 10^3 + 1 \times 10^2 + 6 \times 10^1 + \beta$$

$$= \alpha(13b_5 + a_5) + 2(13b_4 + a_4) + 0(13b_3 + a_3) + 1(13b_2 + a_2) + 6(13b_1 + a_1) + \beta$$

$$= 13(\alpha b_5 + 2b_4 + b_2 + 6b_1) + (\alpha a_5 + 2a_4 + a_2 + 6a_1 + \beta)$$

$$= 13(\alpha b_5 + 2b_4 + b_2 + 6b_1) + (4\alpha + 2 \times 3 + 9 + 6 \times 10 + \beta) \quad (\because \quad (2))$$

$$= 13(\alpha b_5 + 2b_4 + b_2 + 6b_1 + 5) + (4\alpha + \beta + 10)$$

$\alpha b_5 + 2b_4 + b_2 + 6b_1 + 5$ は整数なので $13(\alpha b_5 + 2b_4 + b_2 + 6b_1 + 5)$ は 13 の倍数である。
よって，N が 13 で割り切れるための条件は，$4\alpha + \beta + 10$ が 13 で割り切れることである。

$1 \leqq \alpha \leqq 9, \ 0 \leqq \beta \leqq 9$ なので

$$4 \times 1 + 0 + 10 = 14 \leqq 4\alpha + \beta + 10 \leqq 4 \times 9 + 9 + 10 = 55$$

であるから

$$4\alpha + \beta + 10 = 26, \ 39, \ 52$$

$$4\alpha + \beta = 16, \ 29, \ 42$$

これを満たす α, β の組は

$$(\alpha, \ \beta) = (2, \ 8), \ (3, \ 4), \ (4, \ 0), \ (5, \ 9), \ (6, \ 5), \ (7, \ 1), \ (9, \ 6)$$

③にこれらを代入して，求める自然数 N は

$$220168, \ 320164, \ 420160, \ 520169, \ 620165, \ 720161, \ 920166 \quad \cdots\cdots (\text{答})$$

参考 条件(i), (ii)より，十進法で $\alpha 2016\beta_{(10)}$ と表される数は
$$\alpha 2016\beta = \alpha 00000 + 20160 + \beta$$
$$= \alpha \times 10^5 + 20160 + \beta$$
と表すことができる。

解法 2

(1) 10^n を 13 で割った余りを a_n とおくと

$$10^n \equiv a_n \pmod{13}$$

$$10^{n+1} \equiv a_{n+1} \pmod{13}$$

が成り立つので

$$a_{n+1} \equiv 10^{n+1}$$
$$= 10 \times 10^n$$
$$\equiv 10a_n \pmod{13}$$

したがって，a_{n+1} は $10a_n$ を 13 で割った余りに等しい。　　　　　　　（証明終）

(2)　$a_1 \equiv 10^1 \pmod{13}$ より　　$a_1 = 10$

$$a_2 \equiv 10a_1 = (13-3) \times 10 \equiv -3 \times 10$$
$$= -3 \times (13-3) \equiv (-3)^2 = 9 \pmod{13}$$

より　　$a_2 = 9$

$$a_3 \equiv 10a_2 = (13-3) \times 9 \equiv -3 \times 9$$
$$= -3 \times (13-4) \equiv -3 \times (-4) = 12 \pmod{13}$$

より　　$a_3 = 12$

$$a_4 \equiv 10a_3 = (13-3) \times 12 \equiv -3 \times 12$$
$$= -3 \times (13-1) \equiv -3 \times (-1) = 3 \pmod{13}$$

より　　$a_4 = 3$

$$a_5 \equiv 10a_4 = (13-3) \times 3 \equiv -3 \times 3 = -9 = 4-13 \equiv 4 \pmod{13}$$

より　　$a_5 = 4$

$$a_6 \equiv 10a_5 = (13-3) \times 4 \equiv -3 \times 4 = -12 = 1-13 \equiv 1 \pmod{13}$$

より　　$a_6 = 1$

よって　　$a_1 = 10$, $a_2 = 9$, $a_3 = 12$, $a_4 = 3$, $a_5 = 4$, $a_6 = 1$　……（答）

(3)　条件(i), (ii)より

$$N = \alpha \times 10^5 + 2 \times 10^4 + 0 \times 10^3 + 1 \times 10^2 + 6 \times 10^1 + \beta \quad \cdots\cdots①$$
$$(\alpha, \ \beta \text{ はそれぞれ } 1 \leq \alpha \leq 9, \ 0 \leq \beta \leq 9 \text{ を満たす整数})$$

と表せる。

$$N = \alpha \times 10^5 + 2 \times 10^4 + 0 \times 10^3 + 1 \times 10^2 + 6 \times 10^1 + \beta$$
$$\equiv 4\alpha + 2 \times 3 + 1 \times 9 + 6 \times 10 + \beta$$
$$(\because \ (2)\text{より } 10^5 \equiv 4, \ 10^4 \equiv 3, \ 10^3 \equiv 12, \ 10^2 \equiv 9, \ 10^1 \equiv 10 \pmod{13})$$
$$= 4\alpha + \beta + 75$$
$$\equiv 4\alpha + \beta - 3 \pmod{13}$$

条件(iii)より

$$4\alpha + \beta - 3 \equiv 0 \pmod{13}$$

これを満たす α, β の組は

$$(\alpha, \ \beta) = (2, \ 8), \ (3, \ 4), \ (4, \ 0), \ (5, \ 9), \ (6, \ 5), \ (7, \ 1), \ (9, \ 6)$$

①にこれらを代入して，求める自然数 N は

220168, 320164, 420160, 520169, 620165, 720161, 920166　……（答）

7 2015 年度 〔5〕 Level B

以下の問いに答えよ。

(1) n が正の偶数のとき，$2^n - 1$ は 3 の倍数であることを示せ。

(2) n を自然数とする。$2^n + 1$ と $2^n - 1$ は互いに素であることを示せ。

(3) p, q を異なる素数とする。$2^{p-1} - 1 = pq^2$ を満たす p, q の組をすべて求めよ。

ポイント (1) n が正の偶数のとき，$n = 2m$（m は自然数）とおくことができるから，$2^n - 1 = 2^{2m} - 1 = 4^m - 1$ と表せる。

$2^n - 1$ が 3 の倍数となることを証明するには〔**解法1**〕のように 4^m を $(3+1)^m$ とみなして二項定理を用いて変形する方法や，〔**解法2**〕のように一般に $a^m - b^m = (a - b)(a^{m-1} + a^{m-2}b + a^{m-3}b^2 + \cdots + a^2 b^{m-3} + ab^{m-2} + b^{m-1})$ が成り立つことを用いて $4^m - 1 = (4-1)(4^{m-1} + 4^{m-2} + 4^{m-3} + \cdots + 4^2 + 4 + 1)$ と因数分解する方法が考えられる。また，〔**解法3**〕のように数学的帰納法で証明することも考えられる。まずは，取り組みやすそうな解法を選んで解答してみよう。解法を読むだけでは気づかないこともある。実際に自分ですべての解法で解き直してみることをおすすめする。

(2) 背理法で証明する。「$2^n + 1$ と $2^n - 1$ は互いに素ではない」と仮定して，矛盾を導く。

(3) (1), (2)で証明した命題をどのように利用するかがポイントとなる。形で判断すると，(1)での正の偶数 n が(3)では $p - 1$ に対応することがわかる。すると，$p - 1$ が正の偶数，つまり p が正の奇数ということになる。p は素数なので，2，3，5，7，11，…のうち 2 だけが偶数であり，この場合だけが(1)を利用する際の例外にあたるので，別扱いにして場合分けする。

次に(2)で証明したことも利用するはずなので，式変形の過程で常に $(2^n + 1)(2^n - 1)$ の形に因数分解するタイミングをさぐる。1 は素数ではないことにも注意する。

このように設問の関連を考えることで解法がみえてくる。小問間の関係を強く意識して解答に臨むとよい。

解法 1

(1) n が正の偶数なので $n = 2m$ （m は自然数）

とおけて，このとき

$$2^n - 1 = 2^{2m} - 1 = 4^m - 1 = (3+1)^m - 1$$
$$= {}_m C_0 3^m \cdot 1^0 + {}_m C_1 3^{m-1} \cdot 1^1 + {}_m C_2 3^{m-2} \cdot 1^2 + \cdots + {}_m C_{m-1} 3^1 \cdot 1^{m-1} + {}_m C_m 3^0 \cdot 1^m - 1$$
$$= 3^m + {}_m C_1 3^{m-1} + {}_m C_2 3^{m-2} + \cdots + {}_m C_{m-1} 3 + 1 - 1$$
$$= 3(3^{m-1} + {}_m C_1 3^{m-2} + {}_m C_2 3^{m-3} + \cdots + {}_m C_{m-1})$$

ここで
$$3^{m-1} + {}_mC_1 3^{m-2} + {}_mC_2 3^{m-3} + \cdots + {}_mC_{m-1}$$
は整数であるから
$$3(3^{m-1} + {}_mC_1 3^{m-2} + {}_mC_2 3^{m-3} + \cdots + {}_mC_{m-1})$$
は3の倍数となる。

したがって，n が正の偶数のとき，$2^n - 1$ は3の倍数である。　　　　　（証明終）

(2)　背理法で証明する。

「$2^n + 1$ と $2^n - 1$ は互いに素ではない」と仮定する。$2^n + 1$ と $2^n - 1$ の最大公約数を d とする。互いに素ではないので，d は2以上の自然数であり
$$\begin{cases} 2^n + 1 = da & \cdots\cdots① \\ 2^n - 1 = db \end{cases} \quad (a,\ b \text{ は互いに素な自然数で，} a > b)$$
と表せる。

辺々を引き　　$d(a-b) = 2$

よって　　　$d = 2$　かつ　$a - b = 1$

①に $d = 2$ を代入すると
$$2^n + 1 = 2a \quad \text{すなわち} \quad 2^n = 2a - 1$$
よって 2^n は奇数となり，2^n が偶数であることに矛盾する。

これは，「$2^n + 1$ と $2^n - 1$ は互いに素ではない」と仮定したことによるので，$2^n + 1$ と $2^n - 1$ は互いに素である。　　　　　（証明終）

(3)　$2^{p-1} - 1 = pq^2$　$\cdots\cdots②$　において，素数 p を $p = 2$，$p \geqq 3$ の場合に分けて考える。

(ア)　$p = 2$ のとき
$$2^{2-1} - 1 = 2q^2 \quad q^2 = \frac{1}{2}$$
これを満たす素数 q は存在しない。

(イ)　$p \geqq 3$ のとき

p が3以上の素数とすると，p は奇数であり，$p - 1$ は正の偶数である。

ここで，(1)で証明した命題を用いると，$2^{p-1} - 1$ は正の3の倍数であるから，右辺について
$$pq^2 = 3h \quad (h \text{ は正の整数})$$
と表せる。

p，q は異なる素数なので
$$p = 3 \quad \text{または} \quad q = 3$$
$p = 3$ のとき，②に代入すると

$$2^{3-1}-1=3q^2 \qquad q^2=1$$

これを満たす素数 q は存在しない。

よって, p は 5 以上の素数であり, そのもとで $q=3$ のとき, ②に代入すると

$$2^{p-1}-1=p \cdot 3^2 \qquad 2^{p-1}-1=9p$$

ここで, $p-1$ は正の偶数なので

$$p-1=2n \quad (n=2, 3, \cdots) \quad (\because \quad p \text{ は 5 以上の素数})$$

とおくことができて

$$2^{2n}-1=9p \qquad 4^n-1=9p$$

$$(2^n+1)(2^n-1)=9p$$

$n \geqq 2$ より $2^n+1 \geqq 2^n-1 \geqq 3$ で, (2)より 2^n+1 と 2^n-1 は互いに素な整数なので

$$\begin{cases} 2^n+1=9 & \cdots\cdots③ \\ 2^n-1=p \end{cases} \quad \text{または} \quad \begin{cases} 2^n+1=p & \cdots\cdots④ \\ 2^n-1=9 \end{cases}$$

③のとき $\quad (n, p)=(3, 7)$

であり, p は 5 以上の素数であることに適する。

④を満たす n, p は存在しない。

(ア), (イ)より, 求める p, q の組は

$$(p, q)=(7, 3) \quad \cdots\cdots(答)$$

解法 2

(1) ＜因数分解を用いた解法＞

n が正の偶数なので $\quad n=2m \quad (m \text{ は自然数})$

とおけて, このとき

$$2^n-1=2^{2m}-1=4^m-1$$
$$=(4-1)(4^{m-1}+4^{m-2}+4^{m-3}+\cdots+4^2+4+1)$$
$$=3(4^{m-1}+4^{m-2}+4^{m-3}+\cdots+4^2+4+1)$$

ここで

$$4^{m-1}+4^{m-2}+4^{m-3}+\cdots+4^2+4+1$$

は整数であるから

$$3(4^{m-1}+4^{m-2}+4^{m-3}+\cdots+4^2+4+1)$$

は 3 の倍数となる。

したがって, n が正の偶数のとき, 2^n-1 は 3 の倍数である。 （証明終）

解法 3

(1) ＜数学的帰納法を用いた解法＞

n が正の偶数であるとき $\quad n=2m \quad (m=1, 2, 3, \cdots)$

と表せる。すべての正の整数 m に対して

「$2^{2m}-1$ は 3 の倍数である」 ……①

ことを数学的帰納法で証明する。

(i) $m=1$ のとき

$$2^2-1=3$$

であるから①は成り立つ。

(ii) $m=k$ のとき

①が成り立つ，つまり，「$2^{2k}-1$ は 3 の倍数である」と仮定すると

$$2^{2k}-1=3l \quad (l=1,\ 2,\ 3,\ \cdots)$$

と表せる。このとき

$$2^{2(k+1)}-1=2^{2k}\cdot 2^2-1=(3l+1)\cdot 4-1$$
$$=3(4l+1)$$

$4l+1$ は整数なので，$3(4l+1)$ は 3 の倍数である。

よって，①は $m=k+1$ のときにも成り立つ。

(i)，(ii)により，すべての正の整数 m に対して①は成り立つ。

したがって，すべての正の偶数 n に対して，2^n-1 は 3 の倍数である。（証明終）

8 2014 年度 〔2〕 Level A

以下の問いに答えよ。

(1) 任意の自然数 a に対し，a^2 を 3 で割った余りは 0 か 1 であることを証明せよ。

(2) 自然数 a, b, c が $a^2 + b^2 = 3c^2$ を満たすと仮定すると，a, b, c はすべて 3 で割り切れなければならないことを証明せよ。

(3) $a^2 + b^2 = 3c^2$ を満たす自然数 a, b, c は存在しないことを証明せよ。

ポイント (1) (2)を考察する際に必要な事実を証明する問題である。a^2 を 3 で割った余りが 0 か 1 であることを証明するので，自然数 a を 3 で割った余りについて場合分けする。つまり，自然数 k を用いて $a = 3k$, $a = 3k-2$, $a = 3k-1$ と場合分けする。または，$a = 3k$ $(k = 1, 2, 3, \cdots)$, $a = 3k+1$ $(k = 0, 1, 2, \cdots)$, $a = 3k+2$ $(k = 0, 1, 2, \cdots)$ と，k の値を変えて表してもよい。もしもこのように表す理由がわからなければ，例えば，$a = 4k+1$ と表してみるとよい。$a^2 = (4k+1)^2 = 16k^2 + 8k + 1$ となり，3 で割った余りについての情報が得られないことがわかる。

(2) $a^2 + b^2 = 3c^2$ ($= 3$ の倍数) であるから，a^2, b^2 を 3 で割った余りについて考察してみよう。どのような場合に $a^2 + b^2$ が 3 の倍数になるであろうか。(1)で a^2, b^2 を 3 で割った余りは 0 か 1 であることは証明したので，余りについての組合せを考えると，a^2, b^2 がともに 3 の倍数である場合に限られることがわかる。さらに，a, b がともに 3 の倍数であることも，(1)での場合分けよりわかる。このときに c がどのような数になるのか考えてみよう。

(3) 背理法で証明する。$a^2 + b^2 = 3c^2$ を満たす自然数 a, b, c が存在すると仮定して矛盾を導く。解答を進めていくと，a, b, c が何度でも 3 で割り切れることになる。これは自然数の性質に矛盾する。この議論は頻出事項なのでマスターしておこう。

解法

(1) 任意の自然数 a は自然数 k を用いて次の(ア)～(ウ)のいずれかに場合分けされる。

(ア) $a = 3k$ のとき　$a^2 = (3k)^2 = 3 \cdot 3k^2$

$3k^2$ は整数なので，a^2 を 3 で割った余りは 0 である。

(イ) $a = 3k-2$ のとき　$a^2 = (3k-2)^2 = 3(3k^2 - 4k + 1) + 1$

$3k^2 - 4k + 1$ は整数なので，a^2 を 3 で割った余りは 1 である。

(ウ) $a = 3k-1$ のとき　$a^2 = (3k-1)^2 = 3(3k^2 - 2k) + 1$

$3k^2 - 2k$ は整数なので，a^2 を 3 で割った余りは 1 である。

(ア)～(ウ)より，a^2 を 3 で割った余りは 0 か 1 である。　　　　　　　(証明終)

(2)　a^2+b^2 が $3c^2$ つまり 3 の倍数になるための条件は，(1)より a^2，b^2 がともに 3 の倍数になることで，それは a，b がともに 3 の倍数となることである。

そこで

$a=3\alpha$，$b=3\beta$　（α，β は自然数）

とおくと

$a^2+b^2=(3\alpha)^2+(3\beta)^2=3^2(\alpha^2+\beta^2)$

よって

$c^2=3(\alpha^2+\beta^2)$

となるので，c^2 が 3 の倍数でなければならず，(1)より c も 3 の倍数でなければならない。

したがって，自然数 a，b，c が $a^2+b^2=3c^2$ を満たすと仮定すると，a，b，c はすべて 3 で割り切れなければならない。　　　　　　　　　　　　　　　　（証明終）

(3)　$a^2+b^2=3c^2$ を満たす自然数 a，b，c が存在すると仮定すると，(2)より，a，b，c はすべて 3 で割り切れなければならないから

$a=3\alpha$，$b=3\beta$，$c=3\gamma$　（α，β，γ は自然数）

とおくと

$(3\alpha)^2+(3\beta)^2=3(3\gamma)^2$

$\alpha^2+\beta^2=3\gamma^2$

が成り立つから，(2)より，α，β，γ はすべて 3 で割り切れなければならない。同様の議論を繰り返すことより，自然数 a，b，c は何度でも 3 で割り切れることになる。すると，a は有限であるため，n を大きくすると $\dfrac{a}{3^n}$ はいずれ 1 よりも小さくなる。すなわち，何度でも 3 で割り切れることは a が自然数であることに矛盾する。b，c についても同様である。

したがって，$a^2+b^2=3c^2$ を満たす自然数 a，b，c は存在しない。　　（証明終）

§3 場合の数と確率

9　2020 年度 〔4〕　　　　　　　　　　　　　Level　B

　4 個のサイコロを同時に投げるとき，出る目すべての積を X とする。以下の問い
に答えよ。

(1)　X が 25 の倍数になる確率を求めよ。

(2)　X が 4 の倍数になる確率を求めよ。

(3)　X が 100 の倍数になる確率を求めよ。

ポイント　4 個のサイコロの目の積に関する確率を求める問題である。

(1)　X が 25 の倍数になるための条件は，$25=5 \times 5$ より，因数 5 をもつ目，つまり 5 の
目が少なくとも 2 個出ることである。直接求めることもできるが，余事象の確率を求め
ると要領よく解答できる。本問のように直接求めると 3 つの場合についての検討が必要
で，余事象だと 2 つの場合について求めることになるというように，場合分けの数だけ
の問題であれば，〔**解法2**〕のように直接求めてもたいした違いはない。

(2)　X が 4 の倍数になるための条件は，$4=2 \times 2$ より，因数 2 を 2 つもつ 4 の目が少な
くとも 1 個出ること，あるいは因数 2 を 1 つもつ 2 か 6 の目が少なくとも 2 個出ること
である。この 2 つの場合に重複している目の出方が存在するというように，(1)と比べて
複雑な構造をしているので，要領よく解答するにはどうすればよいかを考えよう。これ
も(1)と同じように余事象の確率を求めるとよい。4 の倍数になる事象の余事象とは「奇
数の目だけが出る」または「2，6 の目が 1 個だけ出て奇数の目が 3 個出る」事象であ
り，非常にすっきりとする。

(3)　X が 100 の倍数になるための条件について考えよう。X が $100=2^2 \cdot 5^2$ の倍数とな
るための条件は，因数 2 が少なくとも 2 個，因数 5 が少なくとも 2 個存在することであ
る。サイコロの目の出方について考えよう。(1)，(2)での考察もうまく利用しよう。ある
1 つの事象に注目して漏れのないように，かつ重複がないように数え上げることがポイ
ントになる。要領よく数え上げる方法の 1 つとして，〔**参考**〕ではサイコロを 2 個振っ
たときの結果を 6×6 の表にして一覧化する手法を紹介した。使えると便利である。

解法 1

(1)　4 個のサイコロの目の出方は　　$6^4=1296$ 通り

X が 25 の倍数になる事象の余事象は，25 の倍数にならない，つまり 5 の目が出ない
か，または 1 個だけ出る事象である。

⑺　5の目が出ない事象は　　　$5^4 = 625$ 通り

⑻　5の目が1個だけ出る事象は　　　$_4C_1 \cdot 1 \cdot 5^3 = 500$ 通り

⑺, ⑻の合計は　　　$625 + 500 = 1125$ 通り

以上より, 余事象の確率は

$$\frac{1125}{1296} = \frac{125}{144}$$

よって, X が25の倍数になる確率は

$$1 - \frac{125}{144} = \frac{19}{144} \quad \cdots\cdots (答)$$

(2)　X が4の倍数になる事象の余事象は, 4の倍数にならない, つまり4個とも奇数の目が出るか, または2, 6の目が1個だけ出て奇数の目が3個出る事象である。

㋕　4個とも奇数の目が出る事象は　　　$3^4 = 81$ 通り

㋖　2, 6の目が1個だけ出て奇数の目が3個出る事象は

$$_4C_1 \cdot 2 \cdot 3^3 = 216 \text{ 通り}$$

㋕, ㋖の合計は　　　$81 + 216 = 297$ 通り

以上より, 余事象の確率は

$$\frac{297}{1296} = \frac{11}{48}$$

よって, X が4の倍数になる確率は

$$1 - \frac{11}{48} = \frac{37}{48} \quad \cdots\cdots (答)$$

(3)　X が100の倍数になるための条件は因数2が少なくとも2個, 因数5が少なくとも2個存在することであり, 次の㋚と㋟の場合がある。

㋚　5の目が2個出る場合

4の目が何個出るのかに注目して

5の目が2個出て2または6の目が2個出る事象は

$$_4C_2 \cdot 2^2 \cdot 1^2 = 24 \text{ 通り}$$

5の目が2個, 4の目が1個出て1, 2, 3, 6のいずれかの目が1個出る事象は

$$\frac{4!}{2!} \cdot 1 \cdot 1^2 \cdot 4 = 48 \text{ 通り}$$

5の目が2個出て4の目が2個出る事象は

$$_4C_2 \cdot 1^2 \cdot 1^2 = 6 \text{ 通り}$$

㋟　5の目が3個出る場合

5の目が3個出て4の目が1個出る事象は

$$_4C_1 \cdot 1 \cdot 1^3 = 4 \text{ 通り}$$

(サ), (シ)の合計は $24 + 48 + 6 + 4 = 82$ 通り

よって, X が 100 の倍数になる確率は

$$\frac{82}{1296} = \frac{41}{648} \quad \cdots\cdots (答)$$

参考 (サ)の 5 の目が 2 個出る場合の数え上げ方が難しい。
5 の目 2 個以外の 2 個のサイコロの目について考える
ので, 表で検討することがおすすめである。残り 2 個
のサイコロの目で因数 4 があるのが何通りあるのかを
調べる際に右の表を利用しよう。表より 5 の目が 2 個
出た残りの 2 個のサイコロの条件を満たす目の出方は
13 通りあることがわかる。

	1	2	3	4	5	6
1				○	/	
2		○		○	/	○
3				○		
4	○	○	○	○	/	○
5	/	/	/	/	/	/
6		○	/	○	/	○

この表を利用した(サ)の 5 の目が 2 個出る場合の数え
上げ方は次のようになる。表より, 5 の目以外の 2 個
のサイコロで因数 4 が存在する目の出方は 13 通りあ
り, 5 の目が出るサイコロが 4 個のうちのどの 2 個であるかも考えると

$$_4C_2 \cdot 13 = 6 \cdot 13 = 78 \text{ 通り}$$

〔解法〕ではこれと(シ)の 4 通りとの合計で 82 通りとしている。

この表を作るという手法はサイコロを 2 個振る, 2 回振るという場合に有効であり,
特にややこしい条件設定であるほど効力を発揮する。例えば, 2 個のサイコロを振ると
きに, 2 個のサイコロの目の積を 5 で割ったときの余りが 3 である確率を求めよ, など
といった場合には表を作ればすぐに解答できる。

解 法 2

(1) 4 個のサイコロの目の出方は $6^4 = 1296$ 通り

X が 25 の倍数になるための条件は 5 の目が少なくとも 2 個出ることである。

(i) 5 の目が 2 個だけ出る事象は $_4C_2 \cdot 1^2 \cdot 5^2 = 150$ 通り

(ii) 5 の目が 3 個だけ出る事象は $_4C_3 \cdot 1^3 \cdot 5 = 20$ 通り

(iii) 5 の目が 4 個出る事象は   1 通り

(i)〜(iii)の合計は $150 + 20 + 1 = 171$ 通り

よって, X が 25 の倍数になる確率は

$$\frac{171}{1296} = \frac{19}{144} \quad \cdots\cdots (答)$$

10　2018 年度　〔3〕　Level B

1から4までの数字を1つずつ書いた4枚のカードが箱に入っている。箱の中から1枚カードを取り出してもとに戻す試行を n 回続けて行う。k 回目に取り出したカードの数字を X_k とし，積 $X_1X_2\cdots X_n$ を4で割った余りが0，1，2，3である確率をそれぞれ p_n，q_n，r_n，s_n とする。p_n，q_n，r_n，s_n を求めよ。

> **ポイント**　「積 $X_1X_2\cdots X_n$ を4で割った余り」と「積 $X_1X_2\cdots X_nX_{n+1}$ を4で割った余り」の関係を調べることで，p_n，q_n，r_n，s_n に関する漸化式をつくり，それをもとにして，それぞれの確率を求める。
>
> 「積 $X_1X_2\cdots X_n$ を4で割った余り」が0のとき，$n+1$ 回目に取り出した X_{n+1} に対して「積 $X_1X_2\cdots X_nX_{n+1}$ を4で割った余り」がいくらになるか，「積 $X_1X_2\cdots X_n$ を4で割った余り」が1のとき，$n+1$ 回目に取り出した X_{n+1} に対して「積 $X_1X_2\cdots X_nX_{n+1}$ を4で割った余り」がいくらになるか，というように順に考えていけばよい。表，図などで，わかりやすく対応をつける。このようにして〔解法〕の4つの漸化式を得る。
>
> ここから，それぞれの確率を求めていくことになるが，突破口は①，③より q_n と s_n が同じ確率であることを読み取ることにある。①，③だけで q_n，s_n が求まるので，これらを求めて，残りの式と結びつけよう。
>
> n が1のとき，2のとき，と具体的な数で考えて規則性を見つけようとするのではなく，一般的な n と $n+1$ との関係で考えて p_n，q_n，r_n，s_n についての漸化式をつくるところが本問のポイントとなる。

解法

「積 $X_1X_2\cdots X_n$ を4で割った余り」，「X_{n+1} の値」，「積 $X_1X_2\cdots X_nX_{n+1}$ を4で割った余り」の関係について考える。

「積 $X_1X_2\cdots X_n$ を4で割った余り」が0のとき

$$\begin{cases} X_{n+1}=1 \text{を取り出すと，積 } X_1X_2\cdots X_{n+1} \text{を4で割った余りが0}\\ X_{n+1}=2 \text{を取り出すと，積 } X_1X_2\cdots X_{n+1} \text{を4で割った余りが0}\\ X_{n+1}=3 \text{を取り出すと，積 } X_1X_2\cdots X_{n+1} \text{を4で割った余りが0}\\ X_{n+1}=4 \text{を取り出すと，積 } X_1X_2\cdots X_{n+1} \text{を4で割った余りが0} \end{cases}$$

となる。このように，「積 $X_1X_2\cdots X_n$ を4で割った余り」が1，2，3のときも X_{n+1} に対して「積 $X_1X_2\cdots X_nX_{n+1}$ を4で割った余り」がそれぞれいくらになるのかを調べて，次のような対応を得る。

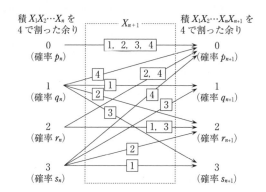

図より

$$\begin{cases} p_{n+1}=p_n+\dfrac{1}{4}q_n+\dfrac{1}{2}r_n+\dfrac{1}{4}s_n \\[2mm] q_{n+1}=\dfrac{1}{4}q_n+\dfrac{1}{4}s_n \qquad\qquad \cdots\cdots① \\[2mm] r_{n+1}=\dfrac{1}{4}q_n+\dfrac{1}{2}r_n+\dfrac{1}{4}s_n \quad \cdots\cdots② \\[2mm] s_{n+1}=\dfrac{1}{4}q_n+\dfrac{1}{4}s_n \qquad\qquad \cdots\cdots③ \end{cases}$$

X_1 を4で割った余りが0，1，2，3である確率 p_1, q_1, r_1, s_1 は，それぞれ $\dfrac{1}{4}$ である。

①，③より $q_n=s_n$ であり，これを①に代入すると

$$q_{n+1}=\frac{1}{4}(q_n+s_n)=\frac{1}{2}q_n$$

数列 $\{q_n\}$ は初項 $\dfrac{1}{4}$，公比 $\dfrac{1}{2}$ の等比数列であるから

$$q_n=\frac{1}{4}\left(\frac{1}{2}\right)^{n-1}=\left(\frac{1}{2}\right)^{n+1} \quad \cdots\cdots④ \quad \cdots\cdots(答)$$

よって

$$s_n=\left(\frac{1}{2}\right)^{n+1} \quad \cdots\cdots⑤ \quad \cdots\cdots(答)$$

これらを②に代入すると

$$\begin{aligned} r_{n+1}&=\frac{1}{4}\cdot\left(\frac{1}{2}\right)^{n+1}+\frac{1}{2}r_n+\frac{1}{4}\cdot\left(\frac{1}{2}\right)^{n+1} \\[2mm] &=\frac{1}{2}r_n+2\cdot\frac{1}{4}\cdot\left(\frac{1}{2}\right)^{n+1} \\[2mm] &=\frac{1}{2}r_n+\left(\frac{1}{2}\right)^{n+2} \end{aligned}$$

両辺を $\left(\dfrac{1}{2}\right)^{n+1}$ で割って

$$\frac{r_{n+1}}{\left(\dfrac{1}{2}\right)^{n+1}}=\frac{1}{2}\cdot\frac{r_n}{\left(\dfrac{1}{2}\right)^{n+1}}+\frac{1}{2}$$

$$2^{n+1}r_{n+1}=2^n r_n+\frac{1}{2}$$

数列 $\{2^n r_n\}$ は初項 $2^1 r_1=\dfrac{1}{2}$，公差 $\dfrac{1}{2}$ の等差数列であるから

$$2^n r_n=\frac{1}{2}+(n-1)\cdot\frac{1}{2}=\frac{1}{2}n$$

$$r_n=n\left(\frac{1}{2}\right)^{n+1}\quad\cdots\cdots⑥\quad\cdots\cdots（答）$$

④，⑤，⑥を $p_n+q_n+r_n+s_n=1$ に代入すると

$$p_n=1-\left\{\left(\frac{1}{2}\right)^{n+1}+n\left(\frac{1}{2}\right)^{n+1}+\left(\frac{1}{2}\right)^{n+1}\right\}$$

$$=1-(n+2)\left(\frac{1}{2}\right)^{n+1}\quad\cdots\cdots（答）$$

11

赤玉 2 個, 青玉 1 個, 白玉 1 個が入った袋が置かれた円形のテーブルの周りに A, B, C の 3 人がこの順番で時計回りに着席している。3 人のうち, ひとりが袋から玉を 1 個取り出し, 色を確認したら袋にもどす操作を考える。1 回目は A が玉を取り出し, 次のルール(a), (b), (c)に従って勝者が決まるまで操作を繰り返す。

(a) 赤玉を取り出したら, 取り出した人を勝者とする。

(b) 青玉を取り出したら, 次の回も同じ人が玉を取り出す。

(c) 白玉を取り出したら, 取り出した人の左隣りの人が次の回に玉を取り出す。

A, B, C の 3 人が n 回目に玉を取り出す確率をそれぞれ a_n, b_n, c_n ($n=1$, 2, …) とする。ただし, $a_1=1$, $b_1=c_1=0$ である。以下の問いに答えよ。

(1) A が 4 回目に勝つ確率と 7 回目に勝つ確率をそれぞれ求めよ。

(2) $d_n=a_n+b_n+c_n$ ($n=1$, 2, …) とおくとき, d_n を求めよ。

(3) 自然数 $n \geqq 3$ に対し, a_{n+1} を a_{n-2} と n を用いて表せ。

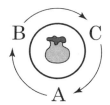

ポイント (1) まず, ルールを正しく把握すること。回数の数え方にも注意する。累積で 1 回目, 2 回目, 3 回目と数えていく。A→B→C→A→B→C→A→B→C→A のようにぐるぐると回り, A に 4 回目に回ってきたときに勝つなどと間違った解釈をしないこと。

A が 4 回目に勝つための条件は, 「1 回目から 3 回目まで青玉を取り出し, A が 4 回目に赤玉を取り出す」または「1 回目から 3 回目まで白玉を取り出し, A が 4 回目に赤玉を取り出す」ことである。

A が 4 回目に勝つことを考えることができれば, A が 7 回目に勝つことを考えることについても基本的なアプローチの仕方は同様である。回数が増えてくると場合も増えてくるので見落としのないように考えること。目のつけどころとしては, 7 回目に A が赤玉を取り出すときに, 玉を取り出す人の順が 0 周, 1 周, 2 周している場合のどれかでそれぞれ考える。0 周, 2 周する場合については, A が 4 回目に勝つ場合と同様に考えられるが, 1 周する場合は少し複雑である。1 周するためには, 白玉, 青玉がそれぞれちょうど 3 回ずつ出る必要がある。この場合, 白玉と青玉がどのような順番で出たとし

ても7回目にはAが玉を取り出すことになるので，白玉，青玉の出る順番の順列を考えればよい。

(2)　「どの n に対してもA，B，Cのいずれかが玉を取り出すので，$d_n = 1$ である」という，よくある理屈とは違う。例えば $n = 10$ のときの $d_{10} = a_{10} + b_{10} + c_{10}$ における a_{10}，b_{10}，c_{10} とはそれぞれA，B，Cが10回目に玉を取り出す確率であり，d_{10} とは10回目に誰かが玉を取り出す確率，つまり9回目の操作終了時までに赤玉が出ず勝者が決まらない確率のことである。

(3)　a_{n-2} を扱うので $n \geq 3$ で定義する。Aが $n-2$ 回目に玉を取り出した後に，$n+1$ 回目に再びAが玉を取り出すのにはどのような場合があるだろうか。また，B，Cが $n-2$ 回目に玉を取り出す場合もある。それぞれ，ルール(b)・(c)をどのように組み合わせたらよいかを考える。

　〔解法2〕は，漸化式 $a_{n+1} = \dfrac{1}{4}(a_n + c_n)$，$b_{n+1} = \dfrac{1}{4}(b_n + a_n)$，$c_{n+1} = \dfrac{1}{4}(c_n + b_n)$ を導き，式変形により解く解法である。

解法 1

(1)　1回の試行で「赤玉を取り出す」確率は $\dfrac{2}{4} = \dfrac{1}{2}$，「青玉を取り出す」確率は $\dfrac{1}{4}$，「白玉を取り出す」確率は $\dfrac{1}{4}$ である。

Aが4回目に勝つための条件は，「1回目から3回目まで青玉を取り出し，Aが4回目に赤玉を取り出す」または「1回目から3回目まで白玉を取り出し，Aが4回目に赤玉を取り出す」ことであるから，確率は

$$\left(\frac{1}{4}\right)^3 \frac{1}{2} + \left(\frac{1}{4}\right)^3 \frac{1}{2} = \frac{1}{128} \times 2 = \frac{1}{64} \quad \cdots\cdots(\text{答})$$

Aが7回目に勝つための条件は，「1回目から6回目まで青玉を取り出し，Aが7回目に赤玉を取り出す」または「1回目から6回目まで白玉を取り出し，Aが7回目に赤玉を取り出す」または「1回目から6回目までに青玉を3回，白玉を3回取り出し，Aが7回目に赤玉を取り出す」ことであるから，確率は

$$\left(\frac{1}{4}\right)^6 \frac{1}{2} + \left(\frac{1}{4}\right)^6 \frac{1}{2} + {}_6\mathrm{C}_3 \left(\frac{1}{4}\right)^3 \left(\frac{1}{4}\right)^3 \frac{1}{2} = \left(\frac{1}{2} + \frac{1}{2} + 20 \cdot \frac{1}{2}\right)\left(\frac{1}{4}\right)^6$$

$$= \frac{11}{4096} \quad \cdots\cdots(\text{答})$$

(2)　d_n は「A，B，Cのいずれかが n 回目に玉を取り出す」確率，つまり $n \geq 2$ に対し「$n-1$ 回目までに勝負がつかない」確率で，それは「1回目から $n-1$ 回目まで青玉または白玉を取り出す」確率なので

$$d_n = \left(\frac{1}{4} + \frac{1}{4}\right)^{n-1} = \left(\frac{1}{2}\right)^{n-1} \quad \cdots\cdots ①$$

また，$n=1$ のときには「A，B，C のいずれかが 1 回目に玉を取り出す」確率であり，$d_1 = a_1 = 1$ であるから，① は $n=1$ のときにも成り立つ。

よって　　$d_n = \left(\frac{1}{2}\right)^{n-1}$　$(n = 1,\ 2,\ 3,\ \cdots)$　$\cdots\cdots$（答）

(3)　$n \geqq 3$ に対し，a_{n+1}（A が $n+1$ 回目に玉を取り出す確率）と a_{n-2}（A が $n-2$ 回目に玉を取り出す確率）との関係を求めるので，$n-2$ 回目の試行から $n+1$ 回目の試行にかけての事象の関係について考察する。A が $n+1$ 回目に玉を取り出すのは，次の 4 つの場合が考えられる。

(ア)　$n-2$ 回目に玉を取り出すのが A で，それ以降 $n-2$ 回目を含めて 3 回連続で青玉を取り出す場合

　　　確率は　　$\left(\frac{1}{4}\right)^3 a_{n-2}$

(イ)　$n-2$ 回目に玉を取り出すのが A で，それ以降 $n-2$ 回目を含めて 3 回連続で白玉を取り出す場合

　　　確率は　　$\left(\frac{1}{4}\right)^3 a_{n-2}$

(ウ)　$n-2$ 回目に玉を取り出すのが B で，それ以降 $n-2$ 回目を含めた 3 回で青玉を 1 回，白玉を 2 回取り出す場合

　　　確率は　　${}_3\mathrm{C}_2 \frac{1}{4}\left(\frac{1}{4}\right)^2 b_{n-2}$

(エ)　$n-2$ 回目に玉を取り出すのが C で，それ以降 $n-2$ 回目を含めた 3 回で青玉を 2 回，白玉を 1 回取り出す場合

　　　確率は　　${}_3\mathrm{C}_1 \left(\frac{1}{4}\right)^2 \frac{1}{4} c_{n-2}$

したがって，(ア)～(エ)より

$$\begin{aligned}
a_{n+1} &= \left(\frac{1}{4}\right)^3 a_{n-2} + \left(\frac{1}{4}\right)^3 a_{n-2} + {}_3\mathrm{C}_2 \frac{1}{4}\left(\frac{1}{4}\right)^2 b_{n-2} + {}_3\mathrm{C}_1 \left(\frac{1}{4}\right)^2 \frac{1}{4} c_{n-2} \\
&= \left(\frac{1}{4}\right)^3 \{2a_{n-2} + 3(b_{n-2} + c_{n-2})\} \\
&= \left(\frac{1}{4}\right)^3 \left[2a_{n-2} + 3\left\{\left(\frac{1}{2}\right)^{n-3} - a_{n-2}\right\}\right] \quad \left(\because \ (2)より\ a_{n-2} + b_{n-2} + c_{n-2} = \left(\frac{1}{2}\right)^{n-3}\right) \\
&= \left(\frac{1}{4}\right)^3 \left\{-a_{n-2} + 3\left(\frac{1}{2}\right)^{n-3}\right\} \\
&= -\frac{1}{64} a_{n-2} + \frac{3}{2^{n+3}} \quad \cdots\cdots（答）
\end{aligned}$$

解法 2

(2) $n+1$ 回目にAが玉を取り出すとき，n 回目については次の 2 つの場合がある。

n 回目にAが玉を取り出し，Aが青玉を取り出すとき。

n 回目にCが玉を取り出し，Cが白玉を取り出すとき。

よって $\qquad a_{n+1}=\dfrac{1}{4}a_n+\dfrac{1}{4}c_n$ ……②

同様に $\qquad b_{n+1}=\dfrac{1}{4}b_n+\dfrac{1}{4}a_n$ ……③

$\qquad\qquad c_{n+1}=\dfrac{1}{4}c_n+\dfrac{1}{4}b_n$ ……④

②＋③＋④ より

$$a_{n+1}+b_{n+1}+c_{n+1}=\dfrac{1}{2}(a_n+b_n+c_n)$$

よって，数列 $\{a_n+b_n+c_n\}$ は公比 $\dfrac{1}{2}$ の等比数列で，初項は $a_1+b_1+c_1=1+0+0=1$

であるから $\qquad a_n+b_n+c_n=\left(\dfrac{1}{2}\right)^{n-1}$

すなわち $\qquad d_n=\left(\dfrac{1}{2}\right)^{n-1}$ $(n=1,\ 2,\ 3,\ \cdots)$ ……(答)

(3) $n\geqq 3$ であるから

$$
\begin{aligned}
a_{n+1}&=\dfrac{1}{4}(a_n+c_n) \quad (\because\quad ②) \\
&=\dfrac{1}{4}\left\{\dfrac{1}{4}(a_{n-1}+c_{n-1})+\dfrac{1}{4}(c_{n-1}+b_{n-1})\right\} \quad (\because\quad ②,\ ④) \\
&=\dfrac{1}{16}(a_{n-1}+b_{n-1}+2c_{n-1}) \\
&=\dfrac{1}{16}\left\{\dfrac{1}{4}(a_{n-2}+c_{n-2})+\dfrac{1}{4}(b_{n-2}+a_{n-2})+2\cdot\dfrac{1}{4}(c_{n-2}+b_{n-2})\right\} \\
&\qquad\qquad\qquad\qquad\qquad\qquad\qquad\qquad (\because\quad ②,\ ③,\ ④) \\
&=\dfrac{1}{64}\{2a_{n-2}+3(b_{n-2}+c_{n-2})\} \\
&=\dfrac{1}{64}\left[2a_{n-2}+3\left\{\left(\dfrac{1}{2}\right)^{n-3}-a_{n-2}\right\}\right] \quad \left(\because\quad a_{n-2}+b_{n-2}+c_{n-2}=\left(\dfrac{1}{2}\right)^{n-3}\right) \\
&=\dfrac{1}{64}\left\{-a_{n-2}+3\left(\dfrac{1}{2}\right)^{n-3}\right\} \\
&=-\dfrac{1}{64}a_{n-2}+\dfrac{3}{2^{n+3}} \quad ……(答)
\end{aligned}
$$

12 　2016 年度 〔3〕　Level A

　座標平面上で円 $x^2+y^2=1$ に内接する正六角形で，点 $P_0(1,\ 0)$ を 1 つの頂点とするものを考える。この正六角形の頂点を P_0 から反時計まわりに順に $P_1,\ P_2,\ P_3,\ P_4,\ P_5$ とする。ある頂点に置かれている 1 枚のコインに対し，1 つのサイコロを 1 回投げ，出た目に応じてコインを次の規則にしたがって頂点上を動かす。

　　(規則)　(i)　1 から 5 までの目が出た場合は，出た目の数だけコインを反時計まわりに動かす。例えば，コインが P_4 にあるときに 4 の目が出た場合は P_2 まで動かす。

　　　　　　(ii)　6 の目が出た場合は，x 軸に関して対称な位置にコインを動かす。ただし，コインが x 軸上にあるときは動かさない。例えば，コインが P_5 にあるときに 6 の目が出た場合は P_1 に動かす。

はじめにコインを 1 枚だけ P_0 に置き，1 つのサイコロを続けて何回か投げて，1 回投げるごとに上の規則にしたがってコインを動かしていくゲームを考える。以下の問いに答えよ。

(1)　2 回サイコロを投げた後に，コインが P_0 の位置にある確率を求めよ。

(2)　3 回サイコロを投げた後に，コインが P_0 の位置にある確率を求めよ。

(3)　n を自然数とする。n 回サイコロを投げた後に，コインが P_0 の位置にある確率を求めよ。

ポイント　(1)　2 回サイコロを投げるときに出る目の出方は $6^2=36$ 通りである。このうち，2 回サイコロを投げた後に，コインが P_0 の位置にある場合の数を 1 回目のサイコロの目，2 回目のサイコロの目の組み合わせで具体的に考えてみるとよい。2 回目に P_0 の位置にあるための目の出方は 1 回目にコインがどこにあっても必ず 1 通りである。

(2)　(1)では 2 回サイコロを投げた後に，コインが P_0 の位置にある確率を求めた。よって，コインが P_0 の位置にない確率もわかっている。2 回サイコロを投げた後にコインがある位置に対して，3 回目に何が出ればコインが P_0 の位置にあることになるのかを探る。3 回目に P_0 の位置にあるための目の出方は 2 回目にコインがどこにあっても必ず 1 通りである。

(3)　(2)で使った思考過程を一般的な n 回目の試行に対しても適用する。n 回サイコロを投げた後に，コインが P_0 の位置にある確率を p_n とおいて，$n=2,\ 3,\ 4,\ \cdots$ における $p_n,\ p_{n-1}$ に関わる漸化式を立てて，p_n を求める。

解 法

(1)　2回サイコロを投げるときに出る目の出方は，$6^2 = 36$通りである。

2回サイコロを投げた後に，コインがP_0の位置にあるための条件は，次の表のようにサイコロの目が出ることである。

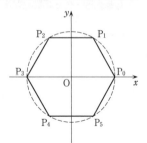

1回目のサイコロの目	1	2	3	4	5	6
2回目のサイコロの目	5	4	3	2	1	6

よって，求める確率は　　$\dfrac{6}{36} = \dfrac{1}{6}$　……(答)

> **参考**　2回目にP_0の位置にあるための目の出方は，1回目に出た目にかかわらず（1回目にコインがどこにあっても）必ず1通りであるので，求める確率は$\dfrac{1}{6}$としてもよい。

(2)　(1)より，2回サイコロを投げた後に，コインがP_0の位置にある確率は$\dfrac{1}{6}$，コインがP_0以外の位置にある確率は$\dfrac{5}{6}$である。

3回サイコロを投げた後に，コインがP_0の位置にあるための条件は

- 2回サイコロを投げた後にP_0の位置にある $\left(確率\dfrac{1}{6}\right)$ とき

  …3回目に6の目が出る $\left(確率\dfrac{1}{6}\right)$ こと

- 2回サイコロを投げた後にP_0以外の位置P_kにある $\left(確率\dfrac{5}{6}\right)$ とき

  …3回目に$6-k$の目が出る $\left(確率\dfrac{1}{6}\right)$ こと

であるから，求める確率は

$$\dfrac{1}{6} \cdot \dfrac{1}{6} + \dfrac{5}{6} \cdot \dfrac{1}{6} = \dfrac{1}{6}　……(答)$$

(3)　$n = 2, 3, 4, \cdots$に対して，n回サイコロを投げた後にコインがP_0の位置にある確率をp_nとするとき，n回サイコロを投げた後に，コインがP_0の位置にあるための条件は

- $n-1$回サイコロを投げた後にP_0の位置にある（確率p_{n-1}）とき

  …n回目に6の目が出る $\left(確率\dfrac{1}{6}\right)$ こと

・$n-1$ 回サイコロを投げた後に P_0 以外の位置 P_k にある（確率 $1-p_{n-1}$）とき

…n 回目に $6-k$ の目が出る $\left(確率 \dfrac{1}{6}\right)$ こと

であるから，求める確率 p_n に関して

$$p_n = p_{n-1} \cdot \frac{1}{6} + (1-p_{n-1}) \cdot \frac{1}{6}$$

が成り立つ。

$$\therefore \quad p_n = \frac{1}{6}$$

これは，$n=1$ のときにも成り立つ。

したがって　　$p_n = \dfrac{1}{6}$　$(n=1, 2, 3, \cdots)$

よって，求める確率は　　$\dfrac{1}{6}$　……(答)

13

2015 年度 〔4〕 　　　　　　　　　　　　　　　　　　　　　Level B

袋の中に最初に赤玉2個と青玉1個が入っている。次の操作を繰り返し行う。

(操作) 袋から1個の玉を取り出し，それが赤玉ならば代わりに青玉1個を袋に入れ，青玉ならば代わりに赤玉1個を袋に入れる。袋に入っている3個の玉がすべて青玉になるとき，硬貨を1枚もらう。

(1) 2回目の操作で硬貨をもらう確率を求めよ。

(2) 奇数回目の操作で硬貨をもらうことはないことを示せ。

(3) 8回目の操作ではじめて硬貨をもらう確率を求めよ。

(4) 8回の操作でもらう硬貨の総数がちょうど1枚である確率を求めよ。

ポイント (1) 袋の中の玉の個数が赤玉 m 個，青玉 n 個であるとき，(m, n) と表すことにすると，$(2, 1) \rightarrow (1, 2)$，$(1, 2) \rightarrow (2, 1)$，$(1, 2) \rightarrow (0, 3)$，$(2, 1) \rightarrow (3, 0)$，$(3, 0) \rightarrow (2, 1)$，$(0, 3) \rightarrow (1, 2)$ のような玉の個数の変化が考えられる。それぞれの確率がいくらかを求めておく。

2回目の操作で硬貨をもらうための条件は2回目の操作後に $(0, 3)$ となることである。$(2, 1)$ から $(0, 3)$ にどのように推移していくのかを考えよう。

(2) 3，4回目の操作で起こる事象を自分なりにわかりやすく書き上げてみて，玉の個数の変化の様子を考察してみよう。ここで4回目の操作まで考えることで(3)・(4)の解答にもつなげることができる。考察してわかることは，奇数回目の操作終了後には，袋の中には青玉が偶数個入っており，偶数回目の操作終了後には，袋の中には青玉が奇数個入っているということである。したがって，青玉が3個になって硬貨を1枚もらえるのは偶数回目終了後に限られることを証明する問題である。証明問題なので，数学的帰納法を用いて丁寧に証明しよう。ある程度明らかな命題の証明なので，〔**解法2**〕のように説明を加えればよいのだろうが，証明としてどこまで要求している問題なのかはっきりしないので丁寧に示しておく方がよい。

(3) 奇数回目の操作で硬貨をもらうことはないので「硬貨をもらう」ことを考えれば，2回の操作を一つの単位としてとらえるところがポイントである。$(2, 1)$ は2回の操作終了後に $(2, 1)$，$(0, 3)$ のいずれかになる。本問は2，4，6回目でも $(0, 3)$ とはならずに，8回目ではじめて $(0, 3)$ となる事象の確率を求めるということである。

(4) (3)と同じく2回の操作を一つの単位として扱えばよい。どの回で $(0, 3)$ となり硬貨をもらうのかで場合分けして確率を求めればよい。

解 法 1

(1) 袋の中の玉の個数が赤玉 m 個，青玉 n 個であるとき，(m, n) と表すことにする。

$(2, 1) \rightarrow (1, 2)$，$(1, 2) \rightarrow (2, 1)$ の確率が $\dfrac{2}{3}$

$(1, 2) \rightarrow (0, 3)$，$(2, 1) \rightarrow (3, 0)$ の確率が $\dfrac{1}{3}$

$(3, 0) \rightarrow (2, 1)$，$(0, 3) \rightarrow (1, 2)$ の確率が 1 である。

2回目の操作で硬貨をもらうための条件は

$$(2, 1) \rightarrow (1, 2) \rightarrow \boxed{(0, 3)}$$

となることである。よって，2回目の操作で硬貨をもらう確率は

$$\frac{2}{3} \cdot \frac{1}{3} = \frac{2}{9} \quad \cdots\cdots (答)$$

(2) 4回目の操作終了までの袋の中の玉の個数の変化は次のようになる。

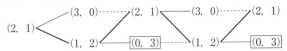

$n = 1, 2, 3, \cdots$ に対して，「$2n-1$ 回目の操作で，$(3, 0)$ または $(1, 2)$ となり，硬貨をもらうことはない」$\cdots\cdots$① ことを数学的帰納法で証明する。

(i) $n = 1$ のとき，1回目の操作で，$(2, 1)$ が $(3, 0)$ または $(1, 2)$ となるので硬貨をもらうことはない。よって，①は成り立つ。

(ii) $n = k$ のとき，①が成り立つ，つまり，$2k-1$ 回目の操作で，$(3, 0)$ または $(1, 2)$ となり，硬貨をもらうことはないと仮定する。このとき

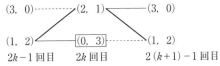

となるので，$n = k+1$ のときにも①は成り立つ。

(i)，(ii)より，$n = 1, 2, 3, \cdots$ に対して①は成り立つ。

つまり，奇数回目の操作で硬貨をもらうことはない。　　　　　　(証明終)

(3) 8回目の操作ではじめて硬貨をもらうための条件は，1，2回目の操作で

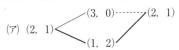

のように玉の個数が推移し，㋐が3，4回目，5，6回目の操作でも繰り返され，7，8回目の操作で

$$(イ)\ (2,\ 1)$$

$$(1,\ 2) \longrightarrow \boxed{(0,\ 3)}$$

のように玉の個数が推移することである。

㋐が起こる確率は　$\dfrac{1}{3}\cdot1+\dfrac{2}{3}\cdot\dfrac{2}{3}=\dfrac{7}{9}$

㋑が起こる確率は　$\dfrac{2}{3}\cdot\dfrac{1}{3}=\dfrac{2}{9}$

よって，8回目の操作ではじめて硬貨をもらう（㋐が続けて3回起こり，その後に㋑が起こる）確率は

$$\left(\dfrac{7}{9}\right)^3\cdot\dfrac{2}{9}=\dfrac{686}{6561}\quad\cdots\cdots(答)$$

(4)　　　　　　　　　　　　　　　　$(2,\ 1)$

(ウ)　$\boxed{(0,\ 3)}$--------$(1,\ 2)$

㋒が起こる確率は　$1\cdot\dfrac{2}{3}=\dfrac{2}{3}$

8回の操作でもらう硬貨の総数がちょうど1枚であるための条件は，玉の取り出し方㋐，㋑，㋒について，次の4つの場合のいずれかが起こることである。

8回目で硬貨をもらう場合：㋐→㋐→㋐→㋑

この確率は，(3)より　$\dfrac{686}{6561}$

6回目で硬貨をもらう場合：㋐→㋐→㋑→㋒

この確率は　$\dfrac{7}{9}\cdot\dfrac{7}{9}\cdot\dfrac{2}{9}\cdot\dfrac{2}{3}=\dfrac{588}{6561}$

4回目で硬貨をもらう場合：㋐→㋑→㋒→㋐

この確率は　$\dfrac{7}{9}\cdot\dfrac{2}{9}\cdot\dfrac{2}{3}\cdot\dfrac{7}{9}=\dfrac{588}{6561}$

2回目で硬貨をもらう場合：㋑→㋒→㋐→㋐

この確率は　$\dfrac{2}{9}\cdot\dfrac{2}{3}\cdot\dfrac{7}{9}\cdot\dfrac{7}{9}=\dfrac{588}{6561}$

したがって，8回の操作でもらう硬貨の総数がちょうど1枚である確率は

$$\dfrac{686}{6561}+\dfrac{588}{6561}\times3=\dfrac{2450}{6561}\quad\cdots\cdots(答)$$

解法 2

(2) 4回目の操作終了までの袋の中の玉の個数の変化は次のようになる。

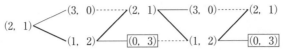

このように，はじめに (2，1) からスタートすると，必ず奇数回目の操作後の袋の中で青玉は偶数個で，偶数回目の操作後の袋の中で青玉は奇数個になる。

よって，奇数回目の操作で青玉が3個になって硬貨をもらうことはない。

(証明終)

14 2014年度〔4〕 Level A

Aさんは5円硬貨を3枚，Bさんは5円硬貨を1枚と10円硬貨を1枚持っている。2人は自分が持っている硬貨すべてを一度に投げる。それぞれが投げた硬貨のうち表が出た硬貨の合計金額が多い方を勝ちとする。勝者は相手の裏が出た硬貨をすべてもらう。なお，表が出た硬貨の合計金額が同じときは引き分けとし，硬貨のやりとりは行わない。このゲームについて，以下の問いに答えよ。

⑴ AさんがBさんに勝つ確率 p，および引き分けとなる確率 q をそれぞれ求めよ。

⑵ ゲーム終了後にAさんが持っている硬貨の合計金額の期待値 E を求めよ。

ポイント ⑴ Aさんは5円硬貨を3枚持っている。同じ金額の硬貨であるが，これらは区別がつくとして扱う。表が出た硬貨の合計金額が0円であるための条件は，表が出た硬貨が0枚であることだから，確率は $\left(\dfrac{1}{2}\right)^3=\dfrac{1}{8}$ である。表が出た硬貨の合計金額が5円であるための条件は，表が出た硬貨が1枚，裏が出た硬貨が2枚であることだから，3枚のうちのどの1枚が表かを考えて，確率は，${}_3\mathrm{C}_1\cdot\dfrac{1}{2}\left(\dfrac{1}{2}\right)^2=\dfrac{3}{8}$ である。以下，10円，15円のときも考えてみる。

Bさんは，5円硬貨1枚と10円硬貨1枚を持っている。表が出た硬貨の合計金額が0円である条件は，どちらの硬貨も裏が出ることであるから，確率は $\dfrac{1}{2}\cdot\dfrac{1}{2}=\dfrac{1}{4}$ である。表が出た硬貨の合計金額が5円である条件は，5円硬貨が表で，10円硬貨が裏であることだから，確率は $\dfrac{1}{2}\cdot\dfrac{1}{2}=\dfrac{1}{4}$ である。以下10円，15円のときも考えてみる。

それぞれの場合について，勝ち負けとゲーム終了後にAさんが持っている硬貨の合計金額とそのときの確率を調べる。面倒に感じるかもしれないが，この段階でここまで求めておくと⑵の解答にも役に立つ。〔解法〕のような表にしておくとよい。表の形式は自分にとってわかりやすいように工夫してみよう。

解 法

表が出た硬貨の合計金額〔円〕		勝者(―は引き分け)	ゲーム終了後のAさんの合計金額〔円〕	確　率
A	B			
0	0	―	15	それぞれ
	5	B	0	
	10	B	0	$\left(\dfrac{1}{2}\right)^3 \cdot \dfrac{1}{2} \cdot \dfrac{1}{2} = \dfrac{1}{32}$
	15	B	0	
5	0	A	30	それぞれ
	5	―	15	
	10	B	5	${}_3C_1 \cdot \dfrac{1}{2}\left(\dfrac{1}{2}\right)^2 \cdot \dfrac{1}{2} \cdot \dfrac{1}{2} = \dfrac{3}{32}$
	15	B	5	
10	0	A	30	それぞれ
	5	A	25	
	10	―	15	${}_3C_2 \cdot \left(\dfrac{1}{2}\right)^2 \cdot \dfrac{1}{2} \cdot \dfrac{1}{2} \cdot \dfrac{1}{2} = \dfrac{3}{32}$
	15	B	10	
15	0	A	30	それぞれ
	5	A	25	
	10	A	20	$\left(\dfrac{1}{2}\right)^3 \cdot \dfrac{1}{2} \cdot \dfrac{1}{2} = \dfrac{1}{32}$
	15	―	15	

(1) AさんがBさんに勝つ確率 p は

$$p = 3 \cdot \frac{1}{32} + 3 \cdot \frac{3}{32} = \frac{3}{8} \quad \cdots\cdots(答)$$

引き分けとなる確率 q は

$$q = 2 \cdot \frac{1}{32} + 2 \cdot \frac{3}{32} = \frac{1}{4} \quad \cdots\cdots(答)$$

(2) ゲーム終了後にAさんが持っている硬貨の合計金額の期待値 E は

$$E = 0 \cdot 3 \cdot \frac{1}{32} + 5 \cdot 2 \cdot \frac{3}{32} + 10 \cdot \frac{3}{32} + 15 \cdot \left(2 \cdot \frac{1}{32} + 2 \cdot \frac{3}{32}\right) + 20 \cdot \frac{1}{32}$$
$$+ 25\left(\frac{1}{32} + \frac{3}{32}\right) + 30\left(\frac{1}{32} + 2 \cdot \frac{3}{32}\right)$$

$$= \frac{255}{16} \text{円} \quad \cdots\cdots(答)$$

15

横一列に並んだ6枚の硬貨に対して，以下の操作Lと操作Rを考える。

　　L：さいころを投げて，出た目と同じ枚数だけ左端から順に硬貨の表と裏を反転
　　　する。

　　R：さいころを投げて，出た目と同じ枚数だけ右端から順に硬貨の表と裏を反転
　　　する。

たとえば，表表裏表裏表　と並んだ状態で操作Lを行うときに，3の目が出た場合は，
裏裏表表裏表　となる。

以下，「最初の状態」とは硬貨が6枚とも表であることとする。

⑴　最初の状態から操作Lを2回続けて行うとき，表が1枚となる確率を求めよ。

⑵　最初の状態からL，Rの順に操作を行うとき，表の枚数の期待値を求めよ。

⑶　最初の状態からL，R，Lの順に操作を行うとき，すべての硬貨が表となる確率
　を求めよ。

ポイント　⑴　頭の中だけで考えていても6枚の硬貨がどのような状態になるのかわか
りにくいので，最初の状態から操作Lを2回続けて行うとき，6枚の硬貨がどのように
なるのかを実際に書いて実験・考察してみよう。すべての場合を書かなくても1回目の
操作Lを行ったときの状態を考えてみればかなり見通しがよくなり，2回目の操作Lで
どの目が出たら表が1枚となるのかわかるだろう。

⑵　2回さいころを投げたときに出る目の出方は36通りであるから，1回目と2回目
に出た目の組み合わせによって，硬貨が何枚表となっているのかを表にしてみるとよい。
規則性が見出せれば表を埋めることにさほど時間はかからない。このように2回さいこ
ろを振る，2個のさいころを振るなど6×6＝36通りのパターンがあるものに関しては，
一見，手間のように感じるかもしれないが，表にするとわかりやすくなる場合が多い。
複雑な条件であるほど効果的である。表の硬貨の枚数を読み取って，期待値の定義から
表の硬貨の枚数を求める。

⑶　3回目に操作Lを行い，すべての硬貨が表となるということは，2回目の操作R終
了後に裏になっている硬貨が左端から連続して並んでいなければならない。まずは2回
目の操作R終了後に裏になっている硬貨が左端から1，2，3，4，5，6個の連続し
ている6つのパターンを書いて考えてみよう。

解 法

(1) 2回さいころを振るときの目の出方は $6^2 = 36$ 通りである。表を○，裏を×で表すと，最初の状態は○○○○○○である。

1回目に1が出るとき	×○○○○○　……①
1回目に2が出るとき	××○○○○
1回目に3が出るとき	×××○○○
1回目に4が出るとき	××××○○
1回目に5が出るとき	×××××○
1回目に6が出るとき	××××××　……②

「①の状態で2回目に6が出る」または「②の状態で2回目に1が出る」ときに○××××となり，表が1枚となる。つまり

$$(1回目，2回目) = (1，6)，(6，1)$$

の目が出るときの2通りである。

よって，求める確率は　$\dfrac{2}{36} = \dfrac{1}{18}$　……(答)

(2) 最初の状態からL，Rの順に操作を行うとき，表が何枚であるかを表にすると次のようになる。

1回目＼2回目	1	2	3	4	5	6
1	4	3	2	1	0	1
2	3	2	1	0	1	2
3	2	1	0	1	2	3
4	1	0	1	2	3	4
5	0	1	2	3	4	5
6	1	2	3	4	5	6

それぞれの事象の起こる確率は同様に確からしく $\dfrac{1}{36}$ であるから，表の枚数の確率は次のようになる。

表の枚数	0	1	2	3	4	5	6	合計
確率	$\dfrac{5}{36}$	$\dfrac{10}{36}$	$\dfrac{8}{36}$	$\dfrac{6}{36}$	$\dfrac{4}{36}$	$\dfrac{2}{36}$	$\dfrac{1}{36}$	1

よって，表の枚数の期待値は

$$0 \cdot \frac{5}{36} + 1 \cdot \frac{10}{36} + 2 \cdot \frac{8}{36} + 3 \cdot \frac{6}{36} + 4 \cdot \frac{4}{36} + 5 \cdot \frac{2}{36} + 6 \cdot \frac{1}{36} = \frac{19}{9}　……(答)$$

(3) 3回目の操作L後にすべての硬貨が表になるときの2回目の操作R後の硬貨の表・裏には次の6つの場合があり，それぞれ1回目，2回目に出ればよい目と確率を求める。

$\times \bigcirc \bigcirc \bigcirc \bigcirc$ （1回目，2回目）= (6, 5) 確率 $\dfrac{1}{36}$

$\times \times \bigcirc \bigcirc \bigcirc$ （1回目，2回目）= (6, 4) 確率 $\dfrac{1}{36}$

$\times \times \times \bigcirc \bigcirc$ （1回目，2回目）= (6, 3) 確率 $\dfrac{1}{36}$

$\times \times \times \times \bigcirc$ （1回目，2回目）= (6, 2) 確率 $\dfrac{1}{36}$

$\times \times \times \times \times \bigcirc$ （1回目，2回目）= (6, 1) 確率 $\dfrac{1}{36}$

$\times \times \times \times \times \times$ (2)の表より 確率 $\dfrac{5}{36}$

それぞれの場合に関して，3回目の操作L後にすべての硬貨が表となるさいころの目の出方は必ず1通り存在し，確率は $\dfrac{1}{6}$ となる。

よって，求める確率は

$$\left(\dfrac{1}{36} \times 5 + \dfrac{5}{36} \right) \times \dfrac{1}{6} = \dfrac{5}{18} \times \dfrac{1}{6} = \dfrac{5}{108} \quad \cdots\cdots \text{(答)}$$

16 2012年度〔5〕 Level A

いくつかの玉が入った箱Aと箱Bがあるとき，次の試行Tを考える。

（試行T） 箱Aから2個の玉を取り出して箱Bに入れ，その後，
箱Bから2個の玉を取り出して箱Aに入れる。

最初に箱Aに黒玉が3個，箱Bに白玉が2個入っているとき，以下の問いに答えよ。

(1) 試行Tを1回行ったときに，箱Aに黒玉が n 個入っている確率 p_n $(n=1, 2, 3)$ を求めて既約分数で表せ。

(2) 試行Tを2回行ったときに，箱Aに黒玉が n 個入っている確率 q_n $(n=1, 2, 3)$ を求めて既約分数で表せ。

(3) 試行Tを3回行ったときに，箱Aの中がすべて黒玉になっている確率を求めて既約分数で表せ。

ポイント (1) 玉がどのように移動するかを考察するために，図示してみるとよい。最初に箱Aに黒玉が3個，箱Bに白玉が2個入っているので，「箱Aから2個の玉を取り出して箱Bに入れる」と必ず，箱Aに黒玉が1個，箱Bに黒玉が2個，白玉が2個入っていることになる。次に箱Bから2個の玉を取り出すときにどのような取り出し方をするかを考える。

(2)・(3) 箱の中の玉の個数についてのパターンには限りがあるから，事象は同じサイクルで繰り返されるので，確率を丁寧に追って求めていく。(2)では，図において，(オ)の起こる確率は余事象の確率に注目して，$1-\frac{1}{3}=\frac{2}{3}$ として求めてもよい。(ク)の起こる確率も同様にして，$1-\left(\frac{5}{18}+\frac{11}{18}\right)=\frac{1}{9}$ と求めてもよい。ただ，求めるのがそれほど難しくなければ直接求めた上で，確率の合計が1となることを検算のために用いることも方法の一つである。(3)では(エ)のとき箱Aの中がすべて黒玉になることはないことに注意しよう。

解 法

(1) 試行Tを1回行うと次のようになる。

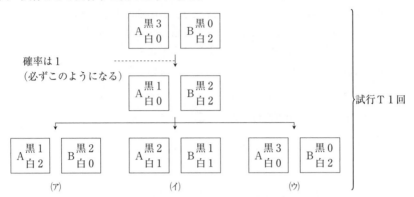

(ア) 箱Bにおいて，黒2個，白2個から白2個を取り出す確率を求めて

$$p_1 = \frac{{}_2C_2}{{}_4C_2} = \frac{1}{6} \quad \cdots\cdots (答)$$

(イ) 箱Bにおいて，黒2個，白2個から黒1個，白1個を取り出す確率を求めて

$$p_2 = \frac{{}_2C_1 \cdot {}_2C_1}{{}_4C_2} = \frac{4}{6} = \frac{2}{3} \quad \cdots\cdots (答)$$

(ウ) 箱Bにおいて，黒2個，白2個から黒2個を取り出す確率を求めて

$$p_3 = \frac{{}_2C_2}{{}_4C_2} = \frac{1}{6} \quad \cdots\cdots (答)$$

(2) 箱A，Bの中に入っている黒玉，白玉の個数によって場合分けすると，(1)での試行Tを1回行った後の3つの結果以外にはない。そこでこの3つの場合に次の試行Tを行ったときの結果と，それぞれの確率を求めると次のようになる。確率は(1)と同様に求める。

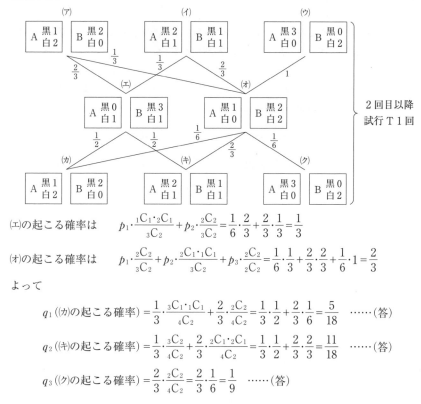

(エ)の起こる確率は $p_1 \cdot \dfrac{{}_1C_1 \cdot {}_2C_1}{{}_3C_2} + p_2 \cdot \dfrac{{}_2C_2}{{}_3C_2} = \dfrac{1}{6} \cdot \dfrac{2}{3} + \dfrac{2}{3} \cdot \dfrac{1}{3} = \dfrac{1}{3}$

(オ)の起こる確率は $p_1 \cdot \dfrac{{}_2C_2}{{}_3C_2} + p_2 \cdot \dfrac{{}_2C_1 \cdot {}_1C_1}{{}_3C_2} + p_3 \cdot \dfrac{{}_2C_2}{{}_2C_2} = \dfrac{1}{6} \cdot \dfrac{1}{3} + \dfrac{2}{3} \cdot \dfrac{2}{3} + \dfrac{1}{6} \cdot 1 = \dfrac{2}{3}$

よって

$$q_1 \,((\text{カ})\text{の起こる確率}) = \dfrac{1}{3} \cdot \dfrac{{}_3C_1 \cdot {}_1C_1}{{}_4C_2} + \dfrac{2}{3} \cdot \dfrac{{}_2C_2}{{}_4C_2} = \dfrac{1}{3} \cdot \dfrac{1}{2} + \dfrac{2}{3} \cdot \dfrac{1}{6} = \dfrac{5}{18} \quad \cdots\cdots(\text{答})$$

$$q_2 \,((\text{キ})\text{の起こる確率}) = \dfrac{1}{3} \cdot \dfrac{{}_3C_2}{{}_4C_2} + \dfrac{2}{3} \cdot \dfrac{{}_2C_1 \cdot {}_2C_1}{{}_4C_2} = \dfrac{1}{3} \cdot \dfrac{1}{2} + \dfrac{2}{3} \cdot \dfrac{2}{3} = \dfrac{11}{18} \quad \cdots\cdots(\text{答})$$

$$q_3 \,((\text{ク})\text{の起こる確率}) = \dfrac{2}{3} \cdot \dfrac{{}_2C_2}{{}_4C_2} = \dfrac{2}{3} \cdot \dfrac{1}{6} = \dfrac{1}{9} \quad \cdots\cdots(\text{答})$$

(3) (2)の図より，3回目の試行で(オ)の起こる確率は

$$q_1 \cdot \dfrac{1}{3} + q_2 \cdot \dfrac{2}{3} + q_3 \cdot 1 = \dfrac{5}{18} \cdot \dfrac{1}{3} + \dfrac{11}{18} \cdot \dfrac{2}{3} + \dfrac{1}{9} \cdot 1 = \dfrac{11}{18}$$

よって，試行Tを3回行ったときに箱Aの中がすべて黒玉になっている確率（(ク)の起こる確率）は

$$\dfrac{11}{18} \cdot \dfrac{1}{6} = \dfrac{11}{108} \quad \cdots\cdots(\text{答})$$

17

　1から4までの数字が1つずつ書かれた4枚のカードがある。その4枚のカードを横一列に並べ，以下の操作を考える。

　　操作：1から4までの数字が1つずつ書かれた4個の球が入っている袋から同時
　　　　　に2個の球を取り出す。球に書かれた数字が i と j ならば，i のカードと j
　　　　　のカードを入れかえる。その後，2個の球は袋に戻す。

初めにカードを左から順に1，2，3，4と並べ，上の操作を n 回繰り返した後の
カードについて，以下の問いに答えよ。

⑴　$n=2$ のとき，カードが左から順に1，2，3，4と並ぶ確率を求めよ。

⑵　$n=2$ のとき，カードが左から順に4，3，2，1と並ぶ確率を求めよ。

⑶　$n=2$ のとき，左端のカードの数字が1になる確率を求めよ。

⑷　$n=3$ のとき，左端のカードの数字の期待値を求めよ。

ポイント　　1回の操作における球の取り出し方は $_4C_2=6$ 通りである。
⑴　$n=2$ のとき，カードが左から順に1，2，3，4と並ぶときの球の取り出し方は
2回連続して同じ数字の組の球を取り出した場合しかない。
⑵　$n=2$ のとき，カードが左から順に4，3，2，1と並ぶときの球の取り出し方は
1と4，2と3の球を取り出す場合しかない。取り出す順番にも注意すること。
⑶　左端のカード1の動きについて考える。つまりカード1はいったん動いたのか，そ
のままだったのかを場合分けして考えよう。
⑷　期待値の定義をきちんと理解しておこう。また，初めに左端にあった1とそれ以外
の数字については操作後に左端になる確率が異なることが予想される。2，3，4につ
いてはそれぞれ操作後に左端になる確率は等しいと考えられる。

解 法

(1)　4個の球が入っている袋から同時に2個の球を取り出すとき，その取り出し方は $_4C_2 = \dfrac{4 \cdot 3}{2 \cdot 1} = 6$ 通りなので，2回繰り返すと 6^2 通りである。

$n = 2$ のとき，カードが左から順に1，2，3，4と並ぶのは，1回目と2回目に同じ数字の組の球を取り出したことにより，いったん移動したカードが元に戻って再び元どおりに並んだ場合である。そのような球の取り出し方は

$$_4C_2 \cdot 1 = \dfrac{4 \cdot 3}{2 \cdot 1} \cdot 1 = 6 \text{ 通り}$$

よって，$n = 2$ のとき，カードが左から順に1，2，3，4と並ぶ確率は

$$\dfrac{6}{6^2} = \dfrac{1}{6} \quad \cdots\cdots (\text{答})$$

(2)　$n = 2$ のとき，カードが左から順に4，3，2，1と並ぶのは1と4，2と3がそれぞれ入れかわる場合であり，順番も考えると，次の2つが考えられる。

(ア)　1回目に1と4の球を取り出し，2回目に2と3の球を取り出す場合

(イ)　1回目に2と3の球を取り出し，2回目に1と4の球を取り出す場合

(ア)，(イ)ともに1通りなので合計2通り。

よって，$n = 2$ のとき，カードが左から順に4，3，2，1と並ぶ確率は

$$\dfrac{2}{6^2} = \dfrac{1}{18} \quad \cdots\cdots (\text{答})$$

(3)　$n = 2$ のとき，左端のカードの数字が1になるのは，次の2つの場合である。

(ウ)　1回目に1を含む組（つまり，1と2，1と3，1と4のいずれかの組）の球を取り出し，2回目も同じ組を取り出す場合

この取り出し方は $3 \cdot 1 = 3$ 通りある。

(エ)　1回目と2回目に1を含まない組（つまり，2と3，3と4，4と2のいずれかの組）の球を取り出す場合

この取り出し方は $(_3C_2)^2 = 3^2 = 9$ 通りある。

(ウ)，(エ)の合計は $3 + 9 = 12$ 通りである。

よって，$n = 2$ のとき，左端のカードの数字が1になる確率は

$$\dfrac{12}{6^2} = \dfrac{1}{3} \quad \cdots\cdots (\text{答})$$

⑷　$n=3$ のとき，左端のカードの数字が 1 になる確率を求める。操作を 3 回繰り返すと取り出し方は 6^3 通りである。左端のカードの数字が 1 になるのは，次の 2 つの場合である。

㋔　2 回目終了時に左端のカードの数字が 1 であり，3 回目に 1 を含まない組の球を取り出す場合

この取り出し方は $12 \times 3 = 36$ 通りある。

㋕　2 回目終了時に左端のカードの数字が 1 以外であり，3 回目に 1 と 2 回目終了時に左端にあるカードの数字の組の球を取り出す場合

この取り出し方は $(36-12) \times 1 = 24$ 通りある。

㋔，㋕の合計は $36 + 24 = 60$ 通りである。

よって，$n=3$ のとき，左端のカードの数字が 1 になる確率は

$$\frac{60}{6^3} = \frac{5}{18}$$

$n=3$ のとき，左端のカードの数字が 2，3，4 である確率は，対称性より，それぞれ等しく，$\dfrac{1}{3}\left(1 - \dfrac{5}{18}\right) = \dfrac{13}{54}$ である。

したがって，$n=3$ のとき，左端のカードの数字の期待値は

$$1 \cdot \frac{5}{18} + 2 \cdot \frac{13}{54} + 3 \cdot \frac{13}{54} + 4 \cdot \frac{13}{54} = \frac{22}{9} \quad \cdots\cdots(\text{答})$$

18

　次のような競技を考える。競技者がサイコロを振る。もし，出た目が気に入ればその目を得点とする。そうでなければ，もう1回サイコロを振って，2つの目の合計を得点とすることができる。ただし，合計が7以上になった場合は得点は0点とする。この取り決めによって，2回目を振ると得点が下がることもあることに注意しよう。次の問いに答えよ。

(1)　競技者が常にサイコロを2回振るとすると，得点の期待値はいくらか。

(2)　競技者が最初の目が6のときだけ2回目を振らないとすると，得点の期待値はいくらか。

(3)　得点の期待値を最大にするためには，競技者は最初の目がどの範囲にあるときに2回目を振るとよいか。

ポイント　(1)・(2)　サイコロを2個振るまたは2回振るという試行の場合は，表にしてしまうのが事象を簡単に整理するコツである。たかだか36マスを考察すればよいのである。複雑な条件が設定されているときほど効果がある。表を作成することで，(1)・(2)はすぐに結果が得られる。
　(3)　数学で損得や有利不利を判定する場合の判断基準は，「期待値」である。2回目を振るか振らないかは，1回目に出た目と2回目を振ったときの得点の期待値とを比較して決定する。

解 法 1

(1)　1回目，2回目にサイコロの出た目に応じて得られる得点を表にする（次表1）。各マスの得点の得られる確率はそれぞれ $\dfrac{1}{36}$ である。

よって，競技者が常にサイコロを2回振るとすると，得点の期待値は

$$0 \times \frac{21}{36} + 2 \times \frac{1}{36} + 3 \times \frac{2}{36} + 4 \times \frac{3}{36} + 5 \times \frac{4}{36} + 6 \times \frac{5}{36} = \frac{35}{18} \quad \cdots\cdots (\text{答})$$

(2)　競技者が最初の目が6のときだけ2回目を振らない場合に得られる得点を表にする（次表2；1回目が「6」の場合の6マスは2回目は振らず1回目で6点が確定している場合）。

このとき，得点の期待値は，次の表1と表2とを比較して

$$(\text{(1)で求めた期待値}) + 6 \times \frac{1}{6} \quad (\text{1回目で6が出る確率})$$

$$= \frac{35}{18} + \frac{18}{18} = \frac{53}{18} \quad \cdots\cdots(答)$$

1回目＼2回目	1	2	3	4	5	6
1	2	3	4	5	6	0
2	3	4	5	6	0	0
3	4	5	6	0	0	0
4	5	6	0	0	0	0
5	6	0	0	0	0	0
6	0	0	0	0	0	0

表　1

1回目＼2回目	1	2	3	4	5	6
1	2	3	4	5	6	0
2	3	4	5	6	0	0
3	4	5	6	0	0	0
4	5	6	0	0	0	0
5	6	0	0	0	0	0
6	1回目で6点と確定					

表　2

(3)　最初の目が k $(k=1, 2, \cdots, 6)$ であるとする。

このとき2回目を振ることにすると，得点の期待値は，$k=1, 2, 3, 4, 5$ のとき

$$(k+1) \times \frac{1}{6} + (k+2) \times \frac{1}{6} + \cdots + 6 \times \frac{1}{6} + 0 \times \frac{k}{6}$$

$$= \frac{1}{6} \underbrace{\{(k+1) + (k+2) + \cdots + 6\}}_{(6-k) \text{ 項}}$$

$$= \frac{1}{6} \cdot \frac{1}{2} (6-k)\{(k+1) + 6\}$$

$$= \frac{1}{12} (6-k)(k+7) \quad \cdots\cdots①$$

$k=6$ のとき2回目を振ると得点は0なので，①は $k=6$ のときも成り立つ。

①と，最初の目が k で2回目を振らなかったときの得点 k との比較をする。

（最初の目が k で2回目を振ったときの期待値）－（得点 k）

$$= \frac{1}{12} (6-k)(k+7) - k$$

$$= \frac{1}{12} \{(6-k)(k+7) - 12k\}$$

$$= \frac{1}{12} \{42 - k(k+13)\}$$

ここで，$f(k) = \frac{1}{12} \{42 - k(k+13)\}$ とおくと

$$f(1) > f(2) > 0 > f(3) > f(4) > f(5) > f(6)$$

となる。

したがって，得点の期待値を最大にするためには，競技者は最初の目が1，2のとき
だけ2回目を振るとよい。　……(答)

〔注〕 k を使った一般的な期待値の計算がよくわからない人は，次のように具体例で考えてから一般化してみるとよくわかる。

例えば，$k=3$ のとき

$$\begin{cases} 2\,回目に\,1\,が出ると得点は\,4\,で，その確率は\,\dfrac{1}{6} \\[2mm] 2\,回目に\,2\,が出ると得点は\,5\,で，その確率は\,\dfrac{1}{6} \\[2mm] 2\,回目に\,3\,が出ると得点は\,6\,で，その確率は\,\dfrac{1}{6} \\[2mm] 2\,回目に\,4，5，6\,が出ると得点は\,0\,で，その確率は\,\dfrac{3}{6} \end{cases}$$

よって，2回目を振ったときの期待値は

$$4\times\frac{1}{6}+5\times\frac{1}{6}+6\times\frac{1}{6}+0\times\frac{3}{6}$$

で得られる。

この式を一般化して k で表すと

$$(k+1)\times\frac{1}{6}+(k+2)\times\frac{1}{6}+\cdots+6\times\frac{1}{6}+0\times\frac{k}{6}$$

参考 (2)では（表2）において最初に6が出たときに2回目を振らないとすると「1回目で6点と確定」としたが，2回目の出た目にかかわらず6点が得られるとしても期待値は同じであり，形式的に

（表1）$\boxed{0}\,\boxed{0}\,\boxed{0}\,\boxed{0}\,\boxed{0}\,\boxed{0}$ → （表2）$\boxed{6}\,\boxed{6}\,\boxed{6}\,\boxed{6}\,\boxed{6}\,\boxed{6}$

となったとしてもよい。

その際には

$$((1)で求めた期待値)+6\times\frac{6}{36}\,(36\,マス中\,6\,マス)=\frac{53}{18}$$

となる。

解法 2

(3) 表1の各マスの得点になる確率がすべて $\dfrac{1}{36}$ であることから，得点の期待値を最大にするためにはマスの得点の合計を最大にすればよい。

(2)のように最初の目が6のときに2回目を振らないとすると

（表1）$\boxed{0}\,\boxed{0}\,\boxed{0}\,\boxed{0}\,\boxed{0}\,\boxed{0}$ → $\boxed{6}\,\boxed{6}\,\boxed{6}\,\boxed{6}\,\boxed{6}\,\boxed{6}$

よって，合計点が0点から36点になるので，最初の目が6のときは2回目は振らない方がよい。

最初の目が5以上のときに2回目を振らないとすると，さらに

（表1）$\boxed{6}\,\boxed{0}\,\boxed{0}\,\boxed{0}\,\boxed{0}\,\boxed{0}$ → $\boxed{5}\,\boxed{5}\,\boxed{5}\,\boxed{5}\,\boxed{5}\,\boxed{5}$

よって，合計点が6点から30点になるので，最初の目が5以上のときにも2回目は振らない方がよい。

最初の目が4以上のときに2回目を振らないとすると，さらに

　　　（表1）$\boxed{5}\boxed{6}\boxed{0}\boxed{0}\boxed{0}\boxed{0}$　→　$\boxed{4}\boxed{4}\boxed{4}\boxed{4}\boxed{4}\boxed{4}$

よって，合計点が11点から24点になるので，最初の目が4以上のときにも2回目は振らない方がよい。

最初の目が3以上のときに2回目を振らないとすると，さらに

　　　（表1）$\boxed{4}\boxed{5}\boxed{6}\boxed{0}\boxed{0}\boxed{0}$　→　$\boxed{3}\boxed{3}\boxed{3}\boxed{3}\boxed{3}\boxed{3}$

よって，合計点が15点から18点になるので，最初の目が3以上のときにも2回目は振らない方がよい。

最初の目が2以上のときに2回目を振らないとすると

　　　（表1）$\boxed{3}\boxed{4}\boxed{5}\boxed{6}\boxed{0}\boxed{0}$　→　$\boxed{2}\boxed{2}\boxed{2}\boxed{2}\boxed{2}\boxed{2}$

よって，合計点が18点から12点になるので，最初の目が2のときは2回目は振る方がよい。

最初の目が1のときに2回目を振らないとすると

　　　（表1）$\boxed{2}\boxed{3}\boxed{4}\boxed{5}\boxed{6}\boxed{0}$　→　$\boxed{1}\boxed{1}\boxed{1}\boxed{1}\boxed{1}\boxed{1}$

よって，合計点が20点から6点になるので，最初の目が1のときにも2回目は振る方がよい。

したがって，得点の期待値を最大にするためには，競技者は最初の目が1，2のときだけ2回目を振るとよい。　……(答)

19 2009 年度〔2〕 Level B

k は 2 以上の自然数とする。「1」と書かれたカードが 1 枚,「2」と書かれたカードが 2 枚, …,「k」と書かれたカードが k 枚ある。そのうちの偶数が書かれたカードの枚数を M, 奇数が書かれたカードの枚数を N で表す。この $(M+N)$ 枚のカードをよくきって 1 枚を取り出し, そこに書かれた数を記録してもとに戻すという操作を n 回繰り返す。記録された n 個の数の和が偶数となる確率を p_n とする。次の問いに答えよ。

(1) p_1 と p_2 を M, N で表せ。

(2) p_{n+1} を p_n, M, N で表せ。

(3) $\dfrac{M-N}{M+N}$ を k で表せ。

(4) p_n を n と k で表せ。

ポイント (1) 2 個の数の和が偶数となるのは 2 個とも偶数か, 2 個とも奇数の場合である。
(2) $(n+1)$ 回目までの数の和が偶数になるのは,「n 回目までの数の和が偶数で $(n+1)$ 回目に偶数を取り出す場合」または,「n 回目までの数の和が奇数で $(n+1)$ 回目に奇数を取り出す場合」である。この確率 p_{n+1} を p_n, M, N を用いて表す。
(3) $M-N$ を求める際, M と N の値をそれぞれ求めて計算することもできるが, $M+N$ が求めやすいので, 〔**解法**〕では, $M+N$ と N を計算して, $(M+N)-2N$ とする方法を採用した。他に $2M-(M+N)$ を考えてもよい。いずれも, k の偶数・奇数に分けて計算するのが自然である。
(4) k, M, N はすべて定数であるから, p_{n+1} を p_n, M, N で表した 2 項間の漸化式については, その特性方程式を利用して一般項を求めることができる。

解 法

(1) 1 回の操作で取り出されるカードの数字が偶数である確率は $\dfrac{M}{M+N}$, 奇数である確率は $\dfrac{N}{M+N}$ であるから

$$p_1 = \frac{M}{M+N} \quad \cdots\cdots (\text{答})$$

p_2 は 2 回操作を繰り返したとき, 記録された 2 個の数の和が偶数となる確率, つまり 2 回とも偶数または 2 回とも奇数のカードを取り出す確率だから

$$p_2 = \left(\frac{M}{M+N}\right)^2 + \left(\frac{N}{M+N}\right)^2 = \frac{M^2+N^2}{(M+N)^2} \quad \cdots\cdots\text{(答)}$$

(2) $(n+1)$ 回の操作で，数の和が偶数となるのは，次のような場合である。

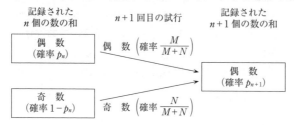

よって

$$p_{n+1} = p_n \times \frac{M}{M+N} + (1-p_n) \times \frac{N}{M+N}$$

$$\therefore \quad p_{n+1} = \frac{M-N}{M+N}p_n + \frac{N}{M+N} \quad \cdots\cdots\text{(答)}$$

(3) カードの枚数の合計は $(M+N)$ 枚であり，一方，$(1+2+\cdots+k)$ 枚でもあるから

$$M+N = \frac{k(k+1)}{2}$$

が成り立つ。

また　　$M-N = (M+N) - 2N = \dfrac{k(k+1)}{2} - 2N$

ここで k が偶数の場合，奇数の場合について N がどのように表されるのか考える。

(ア) k が偶数のとき

$$N = 1 + 3 + \cdots + (k-1)$$

$$= \underbrace{(2\cdot1-1) + (2\cdot2-1) + \cdots + \left(2\cdot\frac{k}{2}-1\right)}_{\frac{k}{2}\text{個}}$$

$$= \frac{1}{2}\cdot\frac{k}{2}\{1 + (k-1)\}$$

$$= \frac{k^2}{4}$$

(イ) k が奇数のとき

$$N = 1 + 3 + \cdots + k$$

$$= (2 \cdot 1 - 1) + (2 \cdot 2 - 1) + \cdots + \left(2 \cdot \frac{k+1}{2} - 1\right)$$

$$\underbrace{\qquad\qquad}_{\dfrac{k+1}{2} \text{ 個}}$$

$$= \frac{1}{2} \cdot \frac{k+1}{2}(1+k)$$

$$= \frac{(k+1)^2}{4}$$

(ア), (イ)より

$$M - N = \begin{cases} \dfrac{k(k+1)}{2} - 2 \cdot \dfrac{k^2}{4} = \dfrac{k}{2} & (k \text{ が偶数のとき}) \\[3mm] \dfrac{k(k+1)}{2} - 2 \cdot \dfrac{(k+1)^2}{4} = -\dfrac{k+1}{2} & (k \text{ が奇数のとき}) \end{cases}$$

よって

$$\frac{M-N}{M+N} = \begin{cases} \dfrac{\dfrac{k}{2}}{\dfrac{k(k+1)}{2}} = \dfrac{1}{k+1} & (k \text{ が偶数のとき}) \\[6mm] \dfrac{-\dfrac{k+1}{2}}{\dfrac{k(k+1)}{2}} = -\dfrac{1}{k} & (k \text{ が奇数のとき}) \end{cases} \quad \cdots\cdots(\text{答})$$

〔注〕 (ア)では $k-1$ が $\dfrac{k}{2}$ 番目の奇数であることを求めて, 等差数列の和の公式 $\dfrac{1}{2} \times (項数) \times (初項 + 末項)$ を利用した。(イ)も同様。

参考 $M-N$ の計算には, 次の(i), (ii)の方法もある。(ii)は(i)の数の並び $-1+2-3+4-\cdots + (-1)^k k$ に注目した。

(i) $k = 2m$ のとき

$$M - N = (2 + 4 + 6 + \cdots + 2m) - \{1 + 3 + 5 + \cdots + (2m-1)\}$$

$$= (-1 + 2) + (-3 + 4) + (-5 + 6) + \cdots + \{-(2m-1) + 2m\}$$

$$= \underbrace{1 + 1 + 1 + \cdots + 1}_{m \text{ 個}} = m = \frac{k}{2}$$

$k = 2m - 1$ のとき

$$M - N = \{2 + 4 + 6 + \cdots + (2m-2)\} - \{1 + 3 + 5 + \cdots + (2m-1)\}$$

$$= (-1 + 2) + (-3 + 4) + (-5 + 6) + \cdots + \{-(2m-3) + (2m-2)\} - (2m-1)$$

$$= \underbrace{(1 + 1 + \cdots + 1)}_{m-1 \text{ 個}} - (2m-1) = -m = -\frac{k+1}{2}$$

(ii) $$M - N = -1 + 2 - 3 + 4 - \cdots + (-1)^k k$$

$$= 1 \cdot (-1) + 2 \cdot (-1)^2 + 3 \cdot (-1)^3 + \cdots + k \cdot (-1)^k$$

と表せる。この式から, この式の両辺に -1 をかけた式を辺々引くと

$$M-N = 1\cdot(-1) + 2\cdot(-1)^2 + \quad\cdots\quad + k\cdot(-1)^k$$

$$\underline{-)\ \ -(M-N) = \qquad\qquad 1\cdot(-1)^2 + 2\cdot(-1)^3 + \cdots + (k-1)\cdot(-1)^k + k\cdot(-1)^{k+1}}$$

$$2(M-N) = (-1) + (-1)^2 + (-1)^3 + \cdots + (-1)^k \quad - k\cdot(-1)^{k+1}$$

$$= \frac{(-1)\{1-(-1)^k\}}{1-(-1)} - k\cdot(-1)^{k+1}$$

$$= -\frac{1}{2} + \frac{1}{2}(-1)^k + k\cdot(-1)^k$$

$$\therefore\quad M-N = -\frac{1}{4} + (-1)^k\cdot\frac{2k+1}{4}$$

が得られる。この結果は k の偶・奇に関係ないが，これを用いた $\dfrac{M-N}{M+N}$ は場合分けしたものと比べて複雑なものになる。

(4)　(2)より

$$p_{n+1} = \frac{M-N}{M+N}p_n + \frac{N}{M+N} \quad\cdots\cdots①$$

ここで

$$\alpha = \frac{M-N}{M+N}\alpha + \frac{N}{M+N} \quad\cdots\cdots②$$

とおく。

①，②の辺々を引くと

$$p_{n+1} - \alpha = \frac{M-N}{M+N}\bigl(p_n - \alpha\bigr)$$

②を α について解くと $\alpha = \dfrac{1}{2}$ となるので

$$p_{n+1} - \frac{1}{2} = \frac{M-N}{M+N}\Bigl(p_n - \frac{1}{2}\Bigr)$$

よって，数列 $\left\{p_n - \dfrac{1}{2}\right\}$ は初項 $p_1 - \dfrac{1}{2} = \dfrac{M}{M+N} - \dfrac{1}{2}$，公比 $\dfrac{M-N}{M+N}$ の等比数列だから

$$p_n - \frac{1}{2} = \Bigl(\frac{M}{M+N} - \frac{1}{2}\Bigr)\Bigl(\frac{M-N}{M+N}\Bigr)^{n-1} = \frac{2M-(M+N)}{2(M+N)}\Bigl(\frac{M-N}{M+N}\Bigr)^{n-1}$$

$$= \frac{M-N}{2(M+N)}\Bigl(\frac{M-N}{M+N}\Bigr)^{n-1} = \frac{1}{2}\Bigl(\frac{M-N}{M+N}\Bigr)^n$$

$$\therefore\quad p_n = \frac{1}{2}\Bigl(\frac{M-N}{M+N}\Bigr)^n + \frac{1}{2}$$

ゆえに，(3)の結果を代入して

$$p_n = \begin{cases} \dfrac{1}{2}\Bigl(\dfrac{1}{k+1}\Bigr)^n + \dfrac{1}{2} & (k \text{ が偶数のとき}) \\[3mm] \dfrac{1}{2}\Bigl(-\dfrac{1}{k}\Bigr)^n + \dfrac{1}{2} & (k \text{ が奇数のとき}) \end{cases} \quad\cdots\cdots(\text{答})$$

20

　1 から 10 までの番号が 1 つずつ書かれた 10 枚のカードがある。k を 2 から 9 までの整数の 1 つとする。よくきった 10 枚のカードから 1 枚を抜き取り，そのカードの番号が k より大きいなら，抜き取ったカードの番号を得点とする。抜き取ったカードの番号が k 以下なら，そのカードを戻さずに，残りの 9 枚の中から 1 枚を抜き取り，2 回目に抜き取ったカードの番号を得点とする。このとき，次の問いに答えよ。

(1) 得点が 1 である確率と 10 である確率をそれぞれ求めよ。

(2) 2 以上 9 以下の整数 n に対して，得点が n である確率を求めよ。

(3) 得点の期待値を求めよ。

ポイント　問題の内容を正しく把握すること。

(1) 具体的な得点が 1 と 10 のときについて，試行の内容を理解して，(2)の得点が n となるときの考え方につなげていく。抜き取ったカードは元に戻さないので，1 回目に 1 を抜き取ると 2 回目には 1 を抜き取れないことに注意すること。問題で設定されている条件を把握しているつもりでも式を立てるときに意外な落とし穴にはまる可能性がある。

(2) $2 \leqq n \leqq k$ の場合と $k < n \leqq 9$（$k+1 \leqq n \leqq 9$）の場合に分けて考える。考え方は(1)と同じであり，$2 \leqq n \leqq k$ の場合については 2 回目の試行を行うことになるが，1 回目に n は抜き取られてはいけないことに注意すること。

(3) (1)と(2)の結果をまとめ，期待値 $E(X)$ の定義 $E(X) = \sum_{n=1}^{10} n \cdot P(X=n)$ で計算し，期待値を求める。

解 法

(1) 10 枚のカードから抜き取ったカードの番号を m_1，$m_1 \leqq k$ のとき残り 9 枚の中から 1 枚抜き取ったカードの番号を m_2 とし，得点を X とおく。このとき
「$X=1$」となるのは「$2 \leqq m_1 \leqq k$ かつ $m_2=1$」のように抜き取ったときであるから

$$P(X=1) = \frac{k-1}{10} \cdot \frac{1}{9} = \frac{k-1}{90} \quad \cdots\cdots (答)$$

「$X=10$」となるのは「$m_1=10$ または $(m_1 \leqq k$ かつ $m_2=10)$」のように抜き取ったときであるから

$$P(X=10) = \frac{1}{10} + \frac{k}{10} \cdot \frac{1}{9} = \frac{k+9}{90} \quad \cdots\cdots (答)$$

(2) (i) $2 \leqq n \leqq k$ のとき，「$(m_1 \leqq k$ かつ $m_1 \neq n)$ かつ $(m_2=n)$」のとき得点が n に

なるので，その確率は

$$P(X=n)=\frac{k-1}{10}\cdot\frac{1}{9}=\frac{k-1}{90}$$

(ii)　$k+1\leqq n\leqq 9$ のとき，「$(m_1=n)$ または $(m_1\leqq k$ かつ $m_2=n)$」のとき得点が n になるので，その確率は

$$P(X=n)=\frac{1}{10}+\frac{k}{10}\cdot\frac{1}{9}=\frac{k+9}{90}$$

(i)，(ii)より

$$P(X=n)=\begin{cases}\dfrac{k-1}{90} & (2\leqq n\leqq k \text{ のとき}) \\[3mm] \dfrac{k+9}{90} & (k+1\leqq n\leqq 9 \text{ のとき})\end{cases}\quad\cdots\cdots(\text{答})$$

(3)　(1)と(2)の結果より，1以上10以下の整数 n に対して

$$P(X=n)=\begin{cases}\dfrac{k-1}{90} & (1\leqq n\leqq k \text{ のとき}) \\[3mm] \dfrac{k+9}{90} & (k+1\leqq n\leqq 10 \text{ のとき})\end{cases}$$

が成り立つ。

よって，得点の期待値 $E(X)$ は

$$\begin{aligned}E(X)&=\sum_{n=1}^{10}n\cdot P(X=n)=\sum_{n=1}^{k}n\cdot\frac{k-1}{90}+\sum_{n=k+1}^{10}n\cdot\frac{k+9}{90}\\&=\frac{k-1}{90}\sum_{n=1}^{k}n+\frac{k+9}{90}\sum_{n=k+1}^{10}n\\&=\frac{k-1}{90}\cdot\frac{k(k+1)}{2}+\frac{k+9}{90}\cdot\frac{(10-k)\{(k+1)+10\}}{2}\\&=\frac{1}{180}\{k(k-1)(k+1)+(k+9)(10-k)(k+11)\}\\&=\frac{1}{18}(-k^2+10k+99)\quad\cdots\cdots(\text{答})\end{aligned}$$

参考　(3)では n，k の定義をよく理解して式を立てること。基準になる数 k がまず定められている。つまり k は定数である。それに対して得点 n が決まっていく仕組みになっている。

§4 数列とその極限

21 2019 年度 〔4〕　Level B

座標平面上の 3 点 O $(0, 0)$, A $(2, 0)$, B $(1, \sqrt{3})$ を考える。点 P_1 は線分 AB 上にあり，A，B とは異なる点とする。

線分 AB 上の点 P_2, P_3, …… を以下のように順に定める。点 P_n が定まったとき，点 P_n から線分 OB に下ろした垂線と OB との交点を Q_n とし，点 Q_n から線分 OA に下ろした垂線と OA との交点を R_n とし，点 R_n から線分 AB に下ろした垂線と AB との交点を P_{n+1} とする。

$n \to \infty$ のとき，P_n が限りなく近づく点の座標を求めよ。

ポイント 〔解法 1〕では点 P_n を線分 AB 上にとり，手順にそって Q_n, R_n, P_{n+1} と点を定めていく。直線 OB，AB，P_nQ_n，Q_nR_n，$P_{n+1}R_n$ のうち 2 つの直線の方程式を連立し，交点の座標を求めることで，それぞれの点の座標が得られる。このようにして求めた点 P_{n+1} の x 座標 x_{n+1} と点 P_n の x 座標 x_n から得られる数列 $\{x_n\}$ の漸化式より一般項を求める。それを $n \to \infty$ として極限を求めた。

〔解法 2〕では $BP_n = a_n$ とおいて，BQ_n，OQ_n，OR_n，AR_n，AP_{n+1}，BP_{n+1} と求めていく。3 つの角が 30°，60°，90° の直角三角形の利用で，求めることが容易である。このようにして求めた BP_{n+1} の長さ a_{n+1} と BP_n の長さ a_n から得られる数列 $\{a_n\}$ の漸化式より一般項を求める。それを $n \to \infty$ として極限を求めた。

解法 1

条件のように点をとると，右図のようになる。

直線 OB の方程式：$y = \sqrt{3} x$

直線 AB の方程式：$y = -\sqrt{3}(x-2)$ より

$$y = -\sqrt{3} x + 2\sqrt{3}$$

直線 AB 上にとる点 P_n の座標を (x_n, y_n) $(1 < x_n < 2)$ とすると

$$y_n = -\sqrt{3} x_n + 2\sqrt{3}$$

が成り立つ。

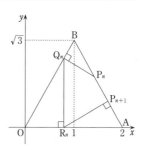

OB⊥P_nQ_n より，直線 P_nQ_n の傾きは $-\dfrac{1}{\sqrt{3}}$ であるから

直線 P_nQ_n の方程式：

$$y - y_n = -\frac{1}{\sqrt{3}}(x - x_n) \ \text{より} \qquad y = -\frac{1}{\sqrt{3}}x + \frac{1}{\sqrt{3}}x_n + y_n$$

ゆえに

$$y = -\frac{1}{\sqrt{3}}x + \frac{1}{\sqrt{3}}x_n - \sqrt{3}x_n + 2\sqrt{3}$$

$$= -\frac{1}{\sqrt{3}}x - \frac{2}{\sqrt{3}}x_n + 2\sqrt{3}$$

点 Q_n は直線 OB と P_nQ_n の交点であるから

$$\begin{cases} y = \sqrt{3}x \\ y = -\dfrac{1}{\sqrt{3}}x - \dfrac{2}{\sqrt{3}}x_n + 2\sqrt{3} \end{cases}$$

より, y を消去して

$$\sqrt{3}x = -\frac{1}{\sqrt{3}}x - \frac{2}{\sqrt{3}}x_n + 2\sqrt{3}$$

$$\frac{4}{\sqrt{3}}x = -\frac{2}{\sqrt{3}}x_n + 2\sqrt{3}$$

$$x = \frac{\sqrt{3}}{4}\left(-\frac{2}{\sqrt{3}}x_n + 2\sqrt{3}\right)$$

$$= -\frac{1}{2}x_n + \frac{3}{2}$$

これが点 Q_n の x 座標であり, 点 R_n の x 座標も同じである。

$AB \perp P_{n+1}R_n$ より直線 $P_{n+1}R_n$ の傾きは $\dfrac{1}{\sqrt{3}}$ であるから

直線 $P_{n+1}R_n$ の方程式:

$$y = \frac{1}{\sqrt{3}}\left\{x - \left(-\frac{1}{2}x_n + \frac{3}{2}\right)\right\} \ \text{より} \qquad y = \frac{1}{\sqrt{3}}x + \frac{1}{2\sqrt{3}}x_n - \frac{\sqrt{3}}{2}$$

点 P_{n+1} は直線 AB と $P_{n+1}R_n$ の交点であるから

$$\begin{cases} y = -\sqrt{3}x + 2\sqrt{3} \\ y = \dfrac{1}{\sqrt{3}}x + \dfrac{1}{2\sqrt{3}}x_n - \dfrac{\sqrt{3}}{2} \end{cases}$$

より, y を消去して

$$\frac{1}{\sqrt{3}}x + \frac{1}{2\sqrt{3}}x_n - \frac{\sqrt{3}}{2} = -\sqrt{3}x + 2\sqrt{3}$$

$$\frac{4}{\sqrt{3}}x = -\frac{1}{2\sqrt{3}}x_n + \frac{5\sqrt{3}}{2}$$

$$x = \frac{\sqrt{3}}{4}\left(-\frac{1}{2\sqrt{3}}x_n + \frac{5\sqrt{3}}{2}\right)$$

$$= -\frac{1}{8}x_n + \frac{15}{8}$$

これが点 P_{n+1} の x 座標 x_{n+1} であるから

$$x_{n+1} = -\frac{1}{8}x_n + \frac{15}{8}$$

$$x_{n+1} - \frac{5}{3} = -\frac{1}{8}\left(x_n - \frac{5}{3}\right)$$

数列 $\left\{x_n - \frac{5}{3}\right\}$ は，初項が $x_1 - \frac{5}{3}$，公比が $-\frac{1}{8}$ の等比数列であるから

$$x_n - \frac{5}{3} = \left(x_1 - \frac{5}{3}\right)\left(-\frac{1}{8}\right)^{n-1}$$

$$x_n = \frac{5}{3} + \left(x_1 - \frac{5}{3}\right)\left(-\frac{1}{8}\right)^{n-1}$$

$$\lim_{n\to\infty} x_n = \lim_{n\to\infty}\left\{\frac{5}{3} + \left(x_1 - \frac{5}{3}\right)\left(-\frac{1}{8}\right)^{n-1}\right\} = \frac{5}{3}$$

直線 AB の方程式に代入して

$$y_n = -\sqrt{3}\cdot\frac{5}{3} + 2\sqrt{3} = \frac{\sqrt{3}}{3}$$

したがって，$n\to\infty$ のとき，点 P_n が限りなく近づく点の座標は

$$\left(\frac{5}{3},\ \frac{\sqrt{3}}{3}\right)\ \ \cdots\cdots(\text{答})$$

解法 2

$$BP_n = a_n$$

とおくと，直角三角形 P_nBQ_n において

$$BQ_n = BP_n\cos 60° = \frac{1}{2}a_n$$

$$OQ_n = 2 - \frac{1}{2}a_n$$

直角三角形 Q_nOR_n において

$$OR_n = OQ_n\cos 60° = \frac{1}{2}\left(2 - \frac{1}{2}a_n\right) = 1 - \frac{1}{4}a_n$$

$$AR_n = 2 - \left(1 - \frac{1}{4}a_n\right) = 1 + \frac{1}{4}a_n$$

直角三角形 R_nAP_{n+1} において

$$AP_{n+1} = AR_n\cos 60° = \frac{1}{2}\left(1 + \frac{1}{4}a_n\right) = \frac{1}{2} + \frac{1}{8}a_n$$

よって

$$a_{n+1} = \mathrm{BP}_{n+1} = 2 - \mathrm{AP}_{n+1} = 2 - \left(\frac{1}{2} + \frac{1}{8}a_n\right) = \frac{3}{2} - \frac{1}{8}a_n$$

$$a_{n+1} - \frac{4}{3} = -\frac{1}{8}\left(a_n - \frac{4}{3}\right)$$

数列 $\left\{a_n - \dfrac{4}{3}\right\}$ は初項が $a_1 - \dfrac{4}{3}$，公比が $-\dfrac{1}{8}$ の等比数列であるから

$$a_n - \frac{4}{3} = \left(a_1 - \frac{4}{3}\right)\left(-\frac{1}{8}\right)^{n-1}$$

$$a_n = \frac{4}{3} + \left(a_1 - \frac{4}{3}\right)\left(-\frac{1}{8}\right)^{n-1}$$

よって

$$\lim_{n\to\infty} a_n = \lim_{n\to\infty}\left\{\frac{4}{3} + \left(a_1 - \frac{4}{3}\right)\left(-\frac{1}{8}\right)^{n-1}\right\} = \frac{4}{3}$$

したがって，$n\to\infty$ のとき，点 P_n の x 座標は限りなく $1 + \dfrac{1}{2}\cdot\dfrac{4}{3}$

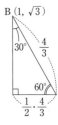

$= 1 + \dfrac{2}{3} = \dfrac{5}{3}$ に近づく。

直線 AB の方程式に代入して，y 座標は $-\sqrt{3}\cdot\dfrac{5}{3} + 2\sqrt{3} = \dfrac{\sqrt{3}}{3}$ に近づく。

よって，$n\to\infty$ のとき，点 P_n が限りなく近づく点の座標は

$$\left(\frac{5}{3}, \ \frac{\sqrt{3}}{3}\right) \quad \cdots\cdots (\text{答})$$

22

初項 $a_1 = 1$, 公差 4 の等差数列 $\{a_n\}$ を考える。以下の問いに答えよ。

(1) $\{a_n\}$ の初項から第 600 項のうち, 7 の倍数である項の個数を求めよ。

(2) $\{a_n\}$ の初項から第 600 項のうち, 7^2 の倍数である項の個数を求めよ。

(3) 初項から第 n 項までの積 $a_1 a_2 \cdots a_n$ が 7^{45} の倍数となる最小の自然数 n を求めよ。

ポイント (1) 数列 $\{a_n\}$ の「初項が 1 で, 公差が 4」という条件から, $a_n = 4n - 3$ である。$a_1,\ a_2,\ a_3,\ \cdots,\ a_{600}$ のうち, 7 の倍数であるものの個数を求めるのであるが, 7 の倍数は $7m$(m は整数)と表せるので, $4n - 3 = 7m$ とおくことができる。この不定方程式を解けばよいということに気づきたい。解の n と m とを求めて, 特に n がどのように表せているかで, a_1 から a_{600} までの中に 7 の倍数がいくつあるのかを求めることができる。

(2) (1)と同様に考えて $4n - 3 = 7^2 m$ とおき, 不定方程式を解いて, (1)と同様の過程を踏めばよい。

(3) $a_1 a_2 a_3 \cdots a_n$ に含まれる素因数 7 の個数を数えればよい。素因数 7 の個数が 45 個以上になれば, 7^{45} の倍数となることを理解する。ただし, 途中に $a_{13} = 49$ などというように素因数 7 が 2 個分の項が現れるので, それらも含めて素因数 7 の個数を求めなければならない。このためには, 49 には素因数 7 が 2 個含まれているが, それを 7 の倍数のところで 1 個, 7^2 の倍数のところで 1 個で合計 2 個と数えればよい。ただ, (1)より初項から第 600 項までには 7 の倍数だけで 85 個あり, すでに 45 個を大幅に超えている。第何項までがちょうど 45 個になるだろうか。(1)・(2)のように「初項から第 600 項まで」にある倍数の個数は求めることができるが, 「積に含まれる素因数 7 の個数が 45 個になるまで」に何項あるかということは求めにくい。例えば $n = 1,\ 2,\ \cdots,\ 13$ に対して, つまり初項から第 49 項までには(1)・(2)より 7 の倍数は 13 個, 7^2 の倍数は 1 個あるので, 初項から第 13 項までの積 $a_1 a_2 \cdots a_{13}$ は 7^{14} の倍数である。このような要領で数えていくことになるので 7^3 の倍数が出てくるまでに, $a_1 a_2 a_3 \cdots a_n$ の中にある素因数 7 の個数が 45 個以上になるのかならないのかを調べてみることにする。すると, 数列 $\{a_n\}$ の項のうち 7^3 の倍数となる項 $a_{258} = 1029$ までに合計 44 個であり, 1 個だけ足りないことがわかるから次の 7 の倍数が出てくるまでの積を求めればよい。よって, 次の 7 の倍数の項が第何項であるのかを求めればよいことになる。

本問では, 7^{45} の 45 に意味があったということである。すべての問題がこのように配慮されているとはいえないが, 本質的なところ以外で頭を悩ませることのないように無理のない設定になっていることが多い。

解 法

(1) 数列 $\{a_n\}$ の初項が 1 で，公差が 4 であることから　　$a_n = 1 + (n-1) \cdot 4 = 4n - 3$

$n = 1, 2, 3, \cdots, 600$ に対して $a_n = 4n - 3$ が 7 の倍数であるための条件は，$a_n = 4n - 3$ が $7m_1$（m_1 は整数）の形で表されることであり

$$4n - 3 = 7m_1 \qquad 4n - 7m_1 = 3 \quad \cdots\cdots①$$

これは $(n, m_1) = (-1, -1)$ のときに成り立ち

$$4(-1) - 7(-1) = 3 \quad \cdots\cdots②$$

①$-$② より　　$4(n+1) - 7(m_1+1) = 0 \qquad 4(n+1) = 7(m_1+1) \quad \cdots\cdots③$

$4(n+1)$ は 7 の倍数であるが，4 と 7 は互いに素なので，$n+1$ が 7 の倍数となり

$$n + 1 = 7l_1 \qquad \therefore \quad n = 7l_1 - 1 \quad (l_1 = 1, 2, 3, \cdots)$$

と表せる。

$n + 1 = 7l_1$ を③に代入すると

$$4 \cdot 7l_1 = 7(m_1 + 1) \qquad 4l_1 = m_1 + 1 \qquad m_1 = 4l_1 - 1$$

$$(n, m_1) = (7l_1 - 1, 4l_1 - 1) \quad (l_1 = 1, 2, 3, \cdots)$$

よって，$n = 1, 2, 3, \cdots, 600$ に対して，$n = 7l_1 - 1$ と表せる自然数 n は，$1 \leq 7l_1 - 1 \leq 600$ より，$l_1 = 1, 2, 3, \cdots, 85$ のときの 85 個であるから，求める 7 の倍数である項の個数は 85 個である。　……(答)

(2) $n = 1, 2, 3, \cdots, 600$ に対して $a_n = 4n - 3$ が 7^2 の倍数であるための条件は，$a_n = 4n - 3$ が $7^2 m_2$（m_2 は整数）の形で表されることであり

$$4n - 3 = 7^2 m_2 \qquad 4n - 49m_2 = 3 \quad \cdots\cdots④$$

これは $(n, m_2) = (13, 1)$ のときに成り立ち

$$4 \cdot 13 - 49 \cdot 1 = 3 \quad \cdots\cdots⑤$$

④$-$⑤ より　　$4(n-13) - 49(m_2-1) = 0 \qquad 4(n-13) = 49(m_2-1) \quad \cdots\cdots⑥$

$4(n-13)$ は 49 の倍数であるが，4 と 49 は互いに素なので，$n-13$ が 49 の倍数となり

$$n - 13 = 49l_2 \qquad \therefore \quad n = 49l_2 + 13 \quad (l_2 = 0, 1, 2, 3, \cdots)$$

と表せる。

$n - 13 = 49l_2$ を⑥に代入すると

$$4 \cdot 49l_2 = 49(m_2 - 1) \qquad 4l_2 = m_2 - 1 \qquad m_2 = 4l_2 + 1$$

$$(n, m_2) = (49l_2 + 13, 4l_2 + 1) \quad (l_2 = 0, 1, 2, 3, \cdots)$$

よって，$n = 1, 2, 3, \cdots, 600$ に対して，$n = 49l_2 + 13$ と表せる自然数 n は，$1 \leq 49l_2 + 13 \leq 600$ より，$l_2 = 0, 1, 2, \cdots, 11$ のときの 12 個であるから，求める 7^2 の倍数である項の個数は 12 個である。　……(答)

(3) $n=1, 2, 3, \cdots, 600$ に対して $a_n = 4n - 3$ が 7^3 の倍数であるための条件は, $a_n = 4n - 3$ が $7^3 m_3$ (m_3 は整数) の形で表されることであり

$$4n - 3 = 7^3 m_3 \qquad 4n - 343 m_3 = 3 \quad \cdots\cdots ⑦$$

これは $(n, m_3) = (-85, -1)$ のときに成り立ち

$$4(-85) - 343(-1) = 3 \quad \cdots\cdots ⑧$$

⑦ − ⑧ より $\qquad 4(n+85) - 343(m_3+1) = 0 \qquad 4(n+85) = 343(m_3+1) \quad \cdots\cdots ⑨$

$4(n+85)$ は 343 の倍数であるが, 4 と 343 は互いに素なので, $n+85$ が 343 の倍数となり

$$n + 85 = 343 l_3 \qquad \therefore \quad n = 343 l_3 - 85 \quad (l_3 = 1, 2, 3, \cdots)$$

と表せる。

$n + 85 = 343 l_3$ を⑨に代入すると

$$4 \cdot 343 l_3 = 343(m_3 + 1) \qquad 4 l_3 = m_3 + 1 \qquad m_3 = 4 l_3 - 1$$
$$(n, m_3) = (343 l_3 - 85, 4 l_3 - 1) \quad (l_3 = 1, 2, 3, \cdots)$$

よって, $n = 1, 2, 3, \cdots, 600$ に対して, $n = 343 l_3 - 85$ と表せる自然数 n は, $l_3 = 1$ のときの

$$n = 343 \cdot 1 - 85 = 258$$

の 1 個のみであるから, 7^3 の倍数である項の個数は 1 個である。

まず, $a_1 a_2 a_3 \cdots a_{258}$ が素因数 7 をいくつ含んでいるかを求める。

$a_1, a_2, a_3, \cdots, a_{258}$ の中にある 7 の倍数は, (1) より

$$1 \leqq 7 l_1 - 1 \leqq 258 \quad \text{から} \quad l_1 = 1, 2, 3, \cdots, 37$$

のときの 37 個である。

$a_1, a_2, a_3, \cdots, a_{258}$ の中にある 7^2 の倍数は, (2) より

$$1 \leqq 49 l_2 + 13 \leqq 258 \quad \text{から} \quad l_2 = 0, 1, 2, 3, 4, 5$$

のときの 6 個である。

$a_1, a_2, a_3, \cdots, a_{258}$ の中にある 7^3 の倍数は

$$n = 258$$

のときの, $a_{258} = 4 \cdot 258 - 3 = 3 \cdot 7^3$ の 1 個のみである。

ここまでで, $a_1 a_2 a_3 \cdots a_{258}$ が素因数 7 を $37 + 6 + 1 = 44$ 個含んでいることになるから, 7^{44} の倍数である。よって, $a_1 a_2 a_3 \cdots a_n$ が 7^{45} の倍数となるのは, a_{258} の次の 7 の倍数までの積をとったときである。それは, (1) において $l_1 = 38$ としたときの

$$7 \cdot 38 - 1 = 265$$

より, $a_1 a_2 \cdots a_{265}$ が 7^{45} の倍数のうち最小の数である。

したがって, 求める最小の自然数 n は $\qquad n = 265 \quad \cdots\cdots$(答)

23 2012 年度〔4〕 Level B

 p と q はともに整数であるとする。2次方程式 $x^2+px+q=0$ が実数解 $\alpha,\ \beta$ を持ち，条件 $(|\alpha|-1)(|\beta|-1) \neq 0$ をみたしているとする。このとき，数列 $\{a_n\}$ を

$$a_n = (\alpha^n-1)(\beta^n-1) \quad (n=1,\ 2,\ \cdots)$$

によって定義する。以下の問いに答えよ。

(1) $a_1,\ a_2,\ a_3$ は整数であることを示せ。

(2) $(|\alpha|-1)(|\beta|-1)>0$ のとき，極限値 $\displaystyle\lim_{n\to\infty}\left|\dfrac{a_{n+1}}{a_n}\right|$ は整数であることを示せ。

(3) $\displaystyle\lim_{n\to\infty}\left|\dfrac{a_{n+1}}{a_n}\right|=\dfrac{1+\sqrt{5}}{2}$ となるとき，p と q の値をすべて求めよ。ただし，$\sqrt{5}$ が無理数であることは証明なしに用いてよい。

ポイント (1) $\alpha,\ \beta$ の対称式である a_n は基本対称式 $\alpha+\beta,\ \alpha\beta$ で表すことができる。さらに $x^2+px+q=0$ において解と係数の関係を利用すると，$\alpha+\beta,\ \alpha\beta$ を $p,\ q$ で表すことができる。

(2) $(|\alpha|-1)(|\beta|-1)>0$ のとき「$|\alpha|>1$ かつ $|\beta|>1$」または「$0\leq|\alpha|<1$ かつ $0\leq|\beta|<1$」である。場合分けして考えていく。また，極限値が0になるような部分を上手に作っていく工夫をする。例えば，$0\leq|\alpha|<1$ のときは，このままにしておけば $\displaystyle\lim_{n\to\infty}\alpha^n=0$ となり，$1<|\alpha|$ のときは，$\dfrac{1}{\alpha^n}$ が出てくるように変形すると $\displaystyle\lim_{n\to\infty}\dfrac{1}{\alpha^n}=0$ となる。

(3) (2)の結果を利用する。(2)で示した命題の対偶も真であるから，$\displaystyle\lim_{n\to\infty}\left|\dfrac{a_{n+1}}{a_n}\right|=\dfrac{1+\sqrt{5}}{2}$ は整数でないので，$(|\alpha|-1)(|\beta|-1)\leq0$ が成り立つことがわかる。さらに $(|\alpha|-1)(|\beta|-1)\neq0$ であるから，$(|\alpha|-1)(|\beta|-1)<0$ より $|\alpha|$ と $|\beta|$ の値の範囲を考えて，極限値を求める。$\beta=\pm\dfrac{1+\sqrt{5}}{2}$ は $|\beta|>1$ を満たしているので，$p,\ q$ を求めた後で α について，$0\leq|\alpha|<1$ を満たしていることは確認しておこう。

解法

(1) 2次方程式 $x^2+px+q=0$ の解が $\alpha,\ \beta$ だから，解と係数の関係より，$\alpha+\beta=-p$，$\alpha\beta=q$ が成り立つ。

$$a_1=(\alpha-1)(\beta-1)=\alpha\beta-(\alpha+\beta)+1=p+q+1$$
$$a_2=(\alpha^2-1)(\beta^2-1)=(\alpha\beta)^2-(\alpha^2+\beta^2)+1$$

$$= (\alpha\beta)^2 - \{(\alpha+\beta)^2 - 2\alpha\beta\} + 1 = -p^2 + q^2 + 2q + 1$$

$$a_3 = (\alpha^3 - 1)(\beta^3 - 1) = (\alpha\beta)^3 - (\alpha^3 + \beta^3) + 1$$

$$= (\alpha\beta)^3 - \{(\alpha+\beta)^3 - 3\alpha\beta(\alpha+\beta)\} + 1 = p^3 + q^3 - 3pq + 1$$

ここで，p, q は整数であるから，a_1, a_2, a_3 は整数である。 (証明終)

(2)　$(|\alpha|-1)(|\beta|-1) > 0$

　$\Longleftrightarrow$「$|\alpha|>1$ かつ $|\beta|>1$」または「$0\leqq|\alpha|<1$ かつ $0\leqq|\beta|<1$」

(ア)　$|\alpha|>1$ かつ $|\beta|>1$ のとき

$$\lim_{n\to\infty}\left|\frac{a_{n+1}}{a_n}\right| = \lim_{n\to\infty}\left|\frac{(\alpha^{n+1}-1)(\beta^{n+1}-1)}{(\alpha^n-1)(\beta^n-1)}\right| = \lim_{n\to\infty}\left|\frac{\left(\alpha-\frac{1}{\alpha^n}\right)\left(\beta-\frac{1}{\beta^n}\right)}{\left(1-\frac{1}{\alpha^n}\right)\left(1-\frac{1}{\beta^n}\right)}\right|$$

$$\text{（分母分子を } \alpha^n\beta^n \text{ で割った）}$$

$$= \left|\frac{(\alpha-0)(\beta-0)}{(1-0)(1-0)}\right| \quad \left(\because \lim_{n\to\infty}\frac{1}{\alpha^n} = \lim_{n\to\infty}\frac{1}{\beta^n} = 0\right)$$

$$= |\alpha\beta| = |q|$$

(イ)　$0\leqq|\alpha|<1$ かつ $0\leqq|\beta|<1$ のとき

$$\lim_{n\to\infty}\left|\frac{a_{n+1}}{a_n}\right| = \lim_{n\to\infty}\left|\frac{(\alpha^{n+1}-1)(\beta^{n+1}-1)}{(\alpha^n-1)(\beta^n-1)}\right|$$

$$= \left|\frac{(0-1)(0-1)}{(0-1)(0-1)}\right| \quad \left(\because \lim_{n\to\infty}\alpha^n = \lim_{n\to\infty}\beta^n = 0\right)$$

$$= 1$$

よって，(ア)，(イ)より，$(|\alpha|-1)(|\beta|-1) > 0$ のとき，極限値 $\lim_{n\to\infty}\left|\frac{a_{n+1}}{a_n}\right|$ は整数である。

(証明終)

(3)　$\lim_{n\to\infty}\left|\frac{a_{n+1}}{a_n}\right| = \frac{1+\sqrt{5}}{2}$ となるときは，(2)で示した命題の対偶が真であることと，

$(|\alpha|-1)(|\beta|-1) \neq 0$ であることより，$(|\alpha|-1)(|\beta|-1) < 0$ となり，a_n は α, β の対称式だから，$0\leqq|\alpha|<1<|\beta|$ としても，一般性は失われない。

このとき

$$\lim_{n\to\infty}\left|\frac{a_{n+1}}{a_n}\right| = \lim_{n\to\infty}\left|\frac{(\alpha^{n+1}-1)(\beta^{n+1}-1)}{(\alpha^n-1)(\beta^n-1)}\right| = \lim_{n\to\infty}\left|\frac{(\alpha^{n+1}-1)\left(\beta-\frac{1}{\beta^n}\right)}{(\alpha^n-1)\left(1-\frac{1}{\beta^n}\right)}\right|$$

$$= \left|\frac{(0-1)(\beta-0)}{(0-1)(1-0)}\right| \quad \left(\because \lim_{n\to\infty}\alpha^n = \lim_{n\to\infty}\frac{1}{\beta^n} = 0\right)$$

$$= |\beta|$$

よって　　$|\beta| = \dfrac{1+\sqrt{5}}{2}$　　　$\therefore$　　$\beta = \pm\dfrac{1+\sqrt{5}}{2}$　　　これは $|\beta|>1$ を満たす。

(ウ)　$\beta = \dfrac{1+\sqrt{5}}{2}$ のとき

$2\beta - 1 = \sqrt{5}$ の両辺を 2 乗して整理すると　　　$\beta^2 - \beta - 1 = 0$

$x = \beta$ を $x^2 + px + q = 0$ に代入して

　　　$\beta^2 + p\beta + q = 0$　　　$(\beta+1) + p\beta + q = 0$　　$(\because \ \beta^2 - \beta - 1 = 0)$

　　　$(p+1)\beta + (q+1) = 0$

　　　$\dfrac{1}{2}(1+\sqrt{5})(p+1) + (q+1) = 0$　　　$(p + 2q + 3) + (p+1)\sqrt{5} = 0$

p, q は整数で，$\sqrt{5}$ は無理数であることから

　　　$p + 2q + 3 = 0$　　かつ　　$p + 1 = 0$

これを解いて　　$(p, \ q) = (-1, \ -1)$

このとき，$0 \leqq |\alpha| = \left|\dfrac{q}{\beta}\right| = \left|-\dfrac{1}{\beta}\right| = \left|\dfrac{1}{\beta}\right| < 1$　$(\because \ 1 < |\beta|)$　より，$0 \leqq |\alpha| < 1$ を満たして

いる。

(エ)　$\beta = -\dfrac{1+\sqrt{5}}{2}$ のとき

$2\beta + 1 = -\sqrt{5}$ の両辺を 2 乗して整理すると　　　$\beta^2 + \beta - 1 = 0$

$x = \beta$ を $x^2 + px + q = 0$ に代入して

　　　$\beta^2 + p\beta + q = 0$　　　$(-\beta+1) + p\beta + q = 0$　　$(\because \ \beta^2 + \beta - 1 = 0)$

　　　$(p-1)\beta + (q+1) = 0$

　　　$-\dfrac{1}{2}(1+\sqrt{5})(p-1) + (q+1) = 0$　　　$(p - 2q - 3) + (p-1)\sqrt{5} = 0$

p, q は整数で，$\sqrt{5}$ は無理数であることから

　　　$p - 2q - 3 = 0$　　かつ　　$p - 1 = 0$

これを解いて　　$(p, \ q) = (1, \ -1)$

このとき，$0 \leqq |\alpha| = \left|\dfrac{q}{\beta}\right| = \left|-\dfrac{1}{\beta}\right| = \left|\dfrac{1}{\beta}\right| < 1$　$(\because \ 1 < |\beta|)$　より，$0 \leqq |\alpha| < 1$ を満たして

いる。

よって，(ウ)，(エ)より，求める p と q の値は

　　　$(p, \ q) = (-1, \ -1), \ (1, \ -1)$　……(答)

24

2011 年度 〔3〕 Level A

数列 a_1, a_2, $\cdots$, a_n, $\cdots$ は

$$a_{n+1} = \frac{2a_n}{1-a_n{}^2}, \quad n = 1, 2, 3, \cdots$$

をみたしているとする。このとき，以下の問いに答えよ。

(1) $a_1 = \dfrac{1}{\sqrt{3}}$ とするとき，一般項 a_n を求めよ。

(2) $\tan\dfrac{\pi}{12}$ の値を求めよ。

(3) $a_1 = \tan\dfrac{\pi}{20}$ とするとき，

$$a_{n+k} = a_n, \quad n = 3, 4, 5, \cdots$$

をみたす最小の自然数 k を求めよ。

ポイント (1) a_2, a_3, a_4, $\cdots$ と求めていくことによって値が繰り返していることがわかり，$a_n = (-1)^n \cdot \sqrt{3}$ となることを帰納的に求める。一般項を求めるということなので $n = 1$ の場合も場合分けして答えること。

(2) 加法定理を利用して値を求める。$\dfrac{\pi}{12}$ を $\tan$ の値が既知である角の和または差で表すことを考えたい。どのような組み合わせがあるか考えてみよう。

(3) まずは，(1)と同じようにして順に求めていき，規則性を見つけ出すときには，初項が $a_1 = \tan\dfrac{\pi}{20}$ と $\tan$ の値として与えられていることと漸化式 $a_{n+1} = \dfrac{2a_n}{1-a_n{}^2}$ と定義されていることの関連を意識しよう。すると $a_{n+1} = \dfrac{2a_n}{1-a_n{}^2}$ が何を意味するかがわかる。本問では「$a_{n+k} = a_n$ をみたす最小の自然数 k」を求めるので，$a_{n+k} = a_n$ をみたす k を見つけても $a_{n+l} = a_n$ が $l = 0, 1, 2, \cdots, k-1$ では成り立たないことを示さなければならない。また〔解法2〕のように $a_n = \tan\left(\dfrac{\pi}{20} \cdot 2^{n-1}\right)$ と表すことができることを利用する解法も考えられる。$\tan$ の値は角度が π の整数倍ずれていても等しくなることに注意する。

解 法 1

(1)　$a_2 = \dfrac{2a_1}{1 - a_1{}^2} = \dfrac{\dfrac{2}{\sqrt{3}}}{1 - \dfrac{1}{3}} = \dfrac{\dfrac{2}{\sqrt{3}}}{\dfrac{2}{3}} = \sqrt{3}$

$a_3 = \dfrac{2a_2}{1 - a_2{}^2} = \dfrac{2\sqrt{3}}{1 - 3} = \dfrac{2\sqrt{3}}{-2} = -\sqrt{3}$

$a_4 = \dfrac{2a_3}{1 - a_3{}^2} = \dfrac{-2\sqrt{3}}{1 - 3} = \dfrac{-2\sqrt{3}}{-2} = \sqrt{3}$

数列 $\{a_n\}$ は，以下この繰り返しなので

$$a_n = (-1)^n \cdot \sqrt{3} \quad (n = 2, \ 3, \ 4, \ \cdots)$$

したがって

$$a_n = \begin{cases} \dfrac{1}{\sqrt{3}} & (n = 1 \ \text{のとき}) \\ (-1)^n \cdot \sqrt{3} & (n = 2, \ 3, \ 4, \ \cdots \ \text{のとき}) \end{cases} \qquad \cdots\cdots(答)$$

(2)　tan の加法定理より

$$\tan \frac{\pi}{12} = \tan\left(\frac{\pi}{3} - \frac{\pi}{4}\right)$$

$$= \frac{\tan\dfrac{\pi}{3} - \tan\dfrac{\pi}{4}}{1 + \tan\dfrac{\pi}{3}\tan\dfrac{\pi}{4}}$$

$$= \frac{\sqrt{3} - 1}{1 + \sqrt{3}\cdot 1}$$

$$= \frac{(\sqrt{3} - 1)^2}{(\sqrt{3} + 1)(\sqrt{3} - 1)}$$

$$= 2 - \sqrt{3} \quad \cdots\cdots(答)$$

(3)　$a_n = \tan\theta_n$ とおく。

$$a_{n+1} = \frac{2a_n}{1 - a_n{}^2}$$

$$= \frac{2\tan\theta_n}{1 - \tan^2\theta_n}$$

$$= \tan 2\theta_n$$

であるから

$$a_1 = \tan\frac{\pi}{20}, \quad a_2 = \tan\frac{\pi}{10}, \quad a_3 = \underset{\sim\sim\sim}{\tan\frac{\pi}{5}},$$

$$a_4 = \tan\frac{2}{5}\pi, \quad a_5 = \tan\frac{4}{5}\pi,$$

$$a_6 = \tan\frac{8}{5}\pi = \tan\left(\pi + \frac{3}{5}\pi\right) = \tan\frac{3}{5}\pi,$$

$$a_7 = \tan\frac{16}{5}\pi = \tan\left(2\pi + \frac{6}{5}\pi\right) = \tan\frac{6}{5}\pi = \tan\left(\pi + \frac{\pi}{5}\right) = \underset{\sim\sim\sim}{\tan\frac{\pi}{5}}$$

このように初めて $a_3 = a_7$ というように等しい項が得られた。これ以降，数列 $\{a_n\}$ の

各項は，$\tan\frac{\pi}{5}$, $\tan\frac{2}{5}\pi$, $\tan\frac{4}{5}\pi$, $\tan\frac{3}{5}\pi$ がこの順に繰り返されていくことになる。

ここで $0 < \theta < \pi$ をみたす角 $\frac{\pi}{20}$, $\frac{\pi}{10}$, $\frac{\pi}{5}$, $\frac{2}{5}\pi$, $\frac{3}{5}\pi$, $\frac{4}{5}\pi$ に対する tan の値はすべて

異なる。

したがって，$a_{n+k} = a_n$ をみたす最小の自然数 k は 4 である。 ……(答)

解法 2

(3) $a_n = \tan\left(\frac{\pi}{20} \cdot 2^{n-1}\right)$ $(n = 1, 2, 3, \cdots)$ と表すことができることを数学的帰納法に

よって証明する。

〔Ⅰ〕 $n = 1$ のとき

$a_1 = \tan\left(\frac{\pi}{20} \cdot 2^{1-1}\right) = \tan\frac{\pi}{20}$ となるから成り立つ。

〔Ⅱ〕 $n = k$ のとき

$a_k = \tan\left(\frac{\pi}{20} \cdot 2^{k-1}\right)$ が成り立つと仮定すると

$$\begin{aligned}
a_{k+1} &= \frac{2a_k}{1 - a_k{}^2} \\
&= \frac{2\tan\left(\dfrac{\pi}{20} \cdot 2^{k-1}\right)}{1 - \tan^2\left(\dfrac{\pi}{20} \cdot 2^{k-1}\right)} \\
&= \tan\left(2 \cdot \frac{\pi}{20} \cdot 2^{k-1}\right) \\
&= \tan\left\{\frac{\pi}{20} \cdot 2^{(k+1)-1}\right\}
\end{aligned}$$

となるので，$n = k + 1$ のときにも成り立つ。

〔Ⅰ〕，〔Ⅱ〕よりすべての自然数において $a_n = \tan\left(\dfrac{\pi}{20}\cdot 2^{n-1}\right)$ と表されることが証明された。よって

$a_{n+k} = a_n$

$\tan\left(\dfrac{\pi}{20}\cdot 2^{n+k-1}\right) = \tan\left(\dfrac{\pi}{20}\cdot 2^{n-1}\right)$

$\dfrac{\pi}{20}\cdot 2^{n+k-1} = \dfrac{\pi}{20}\cdot 2^{n-1} + h\pi$　（h は自然数）

$\dfrac{\pi}{20}\cdot 2^{n-1}(2^k-1) = h\pi$

$2^{n-1}(2^k-1) = 20h$

ここで右辺は 20 の倍数である。

左辺において $n \geqq 3$ なので 2^{n-1} は 4 の倍数である。そこで 2^k-1 が 5 の倍数となる最小の自然数 k を求めると 4 である。

したがって，$a_{n+k} = a_n$ をみたす最小の自然数 k は 4 である。　……(答)

§5 平面図形

25

2016 年度　〔2〕

Level　B

t を $0<t<1$ を満たす実数とする。面積が 1 である三角形 ABC において，辺 AB，BC，CA をそれぞれ $2:1$，$t:1-t$，$1:3$ に内分する点を D，E，F とする。また，AE と BF，BF と CD，CD と AE の交点をそれぞれ P，Q，R とする。このとき，以下の問いに答えよ。

(1)　3 直線 AE，BF，CD が 1 点で交わるときの t の値 t_0 を求めよ。

以下，t は $0<t<t_0$ を満たすものとする。

(2)　$\mathrm{AP}=k\mathrm{AE}$，$\mathrm{CR}=l\mathrm{CD}$ を満たす実数 k，l をそれぞれ求めよ。

(3)　三角形 BCQ の面積を求めよ。

(4)　三角形 PQR の面積を求めよ。

ポイント　(1)　まずは条件をもとに図示してみよう。チェバの定理を用いると，t の値を求めることができる。それが〔解法 1〕の解き方で，簡単に結果が得られる。〔解法 2〕ではベクトルの問題としてとらえて $\overrightarrow{\mathrm{AB}}\neq\vec{0}$，$\overrightarrow{\mathrm{AC}}\neq\vec{0}$，$\overrightarrow{\mathrm{AB}}\,\cancel{/\!/}\,\overrightarrow{\mathrm{AC}}$ である $\overrightarrow{\mathrm{AB}}$，$\overrightarrow{\mathrm{AC}}$ を用いて $\overrightarrow{\mathrm{AP}}$ を 2 通りの表し方で表して，係数を比較することで，まずは $\overrightarrow{\mathrm{AP}}$ を $\overrightarrow{\mathrm{AB}}$，$\overrightarrow{\mathrm{AC}}$ で表してみた。すると，$\overrightarrow{\mathrm{AE}}$ が $\overrightarrow{\mathrm{AB}}$，$\overrightarrow{\mathrm{AC}}$ を用いて表せて，点 E が辺 BC のどこに位置するのかがわかる。その点 E が辺 BC を $t:(1-t)$ に内分する点である。

(2)　$0<t<\dfrac{3}{5}$ であるから，点 E が(1)のときよりも頂点 B に近い側にあるような状況を図示して考察しよう。〔解法 1〕のように三角形 ACE と直線 BF，三角形 BCD と直線 AE について，メネラウスの定理を利用して解答すれば計算が楽である。〔解法 2〕ではベクトルの問題としてとらえる。$\overrightarrow{\mathrm{AE}}$ を k，$\overrightarrow{\mathrm{AB}}$，$\overrightarrow{\mathrm{AC}}$ で表すと辺 BC における点 E の位置がわかる。その点 E は辺 BC を $t:(1-t)$ に内分する点であることから k の値が求められる。$\mathrm{CR}=l\mathrm{CD}$ を満たす実数 l についても同じような方針を立てて求めることができる。

(3)　三角形 BCQ の面積を求めるときに，面積の比較ができる三角形の存在を探る。〔解法 1〕では，三角形 BCQ と三角形 BCF の面積を比較してみることにした。これらは高さが共通で，底辺を BQ，BF とみることになるので，比 BQ:QF を求める。ここでも(2)と同様に，三角形 ABF と直線 CD においてメネラウスの定理を利用したものが〔解法 1〕の解き方である。ベクトルで比を求めようとしたものが〔解法 2〕の解き

方である。三角形 BCQ と三角形 BCD の面積を比較してもよいだろう。

(4) 三角形 PQR の面積を求めたいので，三角形 ABC の面積から三角形 PQR 以外の面積を除く。(3)では三角形 BCQ の面積を求めたので，その結果を利用しつつ解答できるように，うまく残りの部分を分割する。

解法 1

(1) 特に 3 直線 AE，BF，CD が 1 点で交わるとき，三角形 ABC は下図のようになる。

チェバの定理より

$$\frac{AD}{DB}\cdot\frac{BE}{EC}\cdot\frac{CF}{FA}=1$$

$$\frac{2}{1}\cdot\frac{t}{1-t}\cdot\frac{1}{3}=1$$

$$2t=3\,(1-t)$$

$$\therefore\quad t=\frac{3}{5}$$

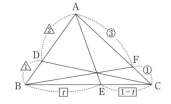

したがって $t_0=\dfrac{3}{5}$ ……(答)

(2) 以下，t は $0<t<\dfrac{3}{5}$ を満たすものとする。このとき，点 P，Q，R は下図のようになる。

三角形 ACE と直線 BF において，メネラウスの定理より

$$\frac{CF}{FA}\cdot\frac{AP}{PE}\cdot\frac{EB}{BC}=1$$

$$\frac{1}{3}\cdot\frac{AP}{PE}\cdot\frac{t}{1}=1$$

$$AP:PE=3:t$$

$$\therefore\quad AP=\frac{3}{t+3}AE$$

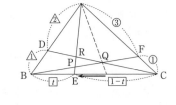

よって $k=\dfrac{3}{t+3}$ ……(答)

三角形 BCD と直線 AE において，メネラウスの定理より

$$\frac{BE}{EC}\cdot\frac{CR}{RD}\cdot\frac{DA}{AB}=1$$

$$\frac{t}{1-t}\cdot\frac{CR}{RD}\cdot\frac{2}{3}=1$$

$$CR:RD=(3-3t):2t$$

$$\therefore \quad \text{CR} = \frac{3-3t}{3-t}\text{CD}$$

よって $\quad l = \dfrac{3-3t}{3-t}$ ……(答)

(3) 三角形 BCQ と三角形 BCF の底辺をそれぞれ BQ，BF とみると，高さは等しいので

$$\triangle \text{BCQ} = \frac{\text{BQ}}{\text{BF}}\triangle \text{BCF}$$

$$= \frac{\text{BQ}}{\text{BF}} \cdot \frac{1}{4}\triangle \text{ABC}$$

$$= \frac{\text{BQ}}{4\text{BF}}$$

ここで，三角形 ABF と直線 CD において，メネラウスの定理より

$$\frac{\text{AD}}{\text{DB}} \cdot \frac{\text{BQ}}{\text{QF}} \cdot \frac{\text{FC}}{\text{CA}} = 1$$

$$\frac{2}{1} \cdot \frac{\text{BQ}}{\text{QF}} \cdot \frac{1}{4} = 1$$

$$\text{BQ} : \text{QF} = 2 : 1$$

したがって $\quad \text{BF} : \text{BQ} = 3 : 2$

よって $\quad \triangle \text{BCQ} = \dfrac{1}{4} \cdot \dfrac{2}{3} = \dfrac{1}{6}$ ……(答)

(4) 三角形 PQR の面積は

$$\triangle \text{PQR} = \triangle \text{ABC} - (\triangle \text{BCQ} + \triangle \text{CAR} + \triangle \text{ABP})$$

で求めることができる。

ここで，三角形 CAR と三角形 CAD の底辺をそれぞれ CR，CD とみると，高さは等しいので

$$\triangle \text{CAR} = \frac{\text{CR}}{\text{CD}}\triangle \text{CAD}$$

$$= \frac{2}{3}l\triangle \text{ABC}$$

$$= \frac{2}{3} \cdot \frac{3-3t}{3-t}$$

$$= \frac{2-2t}{3-t}$$

三角形 ABP と三角形 ABE の底辺をそれぞれ AP，AE とみると，高さは等しいので

$$\triangle \text{ABP} = \frac{\text{AP}}{\text{AE}}\triangle \text{ABE}$$

$$= tk \triangle \text{ABC}$$

$$= \frac{3t}{t+3}$$

したがって

$$\triangle \text{PQR} = 1 - \left(\frac{1}{6} + \frac{2-2t}{3-t} + \frac{3t}{t+3} \right)$$

$$= \frac{6(3-t)(3+t) - (3-t)(3+t) - 12(1-t)(3+t) - 18t(3-t)}{6(3-t)(3+t)}$$

$$= \frac{(5t-3)^2}{6(3-t)(3+t)} \quad \cdots\cdots(\text{答})$$

解法 2

(1) 点Pは直線 BF 上の点なので

$$\overrightarrow{\text{AP}} = (1-s)\overrightarrow{\text{AB}} + s\overrightarrow{\text{AF}}$$

$$= (1-s)\overrightarrow{\text{AB}} + \frac{3}{4}s\overrightarrow{\text{AC}} \quad \cdots\cdots① \quad (s \text{ は実数})$$

点Pは直線 CD 上の点なので

$$\overrightarrow{\text{AP}} = u\overrightarrow{\text{AD}} + (1-u)\overrightarrow{\text{AC}}$$

$$= \frac{2}{3}u\overrightarrow{\text{AB}} + (1-u)\overrightarrow{\text{AC}} \quad \cdots\cdots② \quad (u \text{ は実数})$$

$\overrightarrow{\text{AB}} \neq \vec{0}$, $\overrightarrow{\text{AC}} \neq \vec{0}$, $\overrightarrow{\text{AB}} \not\parallel \overrightarrow{\text{AC}}$ なので，①，②より

$$1-s = \frac{2}{3}u, \quad \frac{3}{4}s = 1-u$$

$$\therefore \quad s = \frac{2}{3}, \quad u = \frac{1}{2}$$

$s = \dfrac{2}{3}$ を①に代入すると

$$\overrightarrow{\text{AP}} = \frac{1}{3}\overrightarrow{\text{AB}} + \frac{1}{2}\overrightarrow{\text{AC}}$$

点Eは直線 AP 上の点なので

$$\overrightarrow{\text{AE}} = m\overrightarrow{\text{AP}}$$

$$= \frac{1}{3}m\overrightarrow{\text{AB}} + \frac{1}{2}m\overrightarrow{\text{AC}} \quad \cdots\cdots③ \quad (m \text{ は実数})$$

点Eは辺 BC 上の点なので

$$\frac{1}{3}m + \frac{1}{2}m = 1$$

$$\frac{5}{6}m = 1 \qquad \therefore \quad m = \frac{6}{5}$$

$m = \dfrac{6}{5}$ を③に代入すると

$$\overrightarrow{AE} = \dfrac{2\overrightarrow{AB} + 3\overrightarrow{AC}}{5}$$

よって，点 E は辺 BC を 3：2 に内分する点なので，それを $t：(1-t)$ に内分する点とみたときの t の値 t_0 は

$$t_0 = \dfrac{3}{5} \quad \cdots\cdots(\text{答})$$

(2)　以下，t は $0 < t < \dfrac{3}{5}$ を満たすものとする。

点 E は直線 AP 上の点なので，①より

$$\overrightarrow{AE} = \dfrac{1}{k}\overrightarrow{AP}$$

$$= \dfrac{1-s}{k}\overrightarrow{AB} + \dfrac{3s}{4k}\overrightarrow{AC} \quad \cdots\cdots④$$

点 E は辺 BC 上の点なので

$$\dfrac{1-s}{k} + \dfrac{3s}{4k} = 1 \qquad \therefore \quad s = 4 - 4k$$

$s = 4 - 4k$ を④に代入すると

$$\overrightarrow{AE} = \dfrac{4k-3}{k}\overrightarrow{AB} + \dfrac{3-3k}{k}\overrightarrow{AC}$$

よって，点 E は辺 BC を $\left(\dfrac{3}{k}-3\right)：\left(4-\dfrac{3}{k}\right)$ に内分する点なので，それを $t：(1-t)$ に内分する点とみたときの t の値は，$t = \dfrac{3}{k}-3$ である。

よって　　$k = \dfrac{3}{t+3} \quad \cdots\cdots(\text{答})$

点 R は直線 CD，直線 AE 上の点なので

$$\overrightarrow{CD} = \dfrac{1}{l}\overrightarrow{CR}$$

$$= \dfrac{1}{l}\{(1-n)\overrightarrow{CA} + n\overrightarrow{CE}\}$$

$$= \dfrac{1}{l}(1-n)\overrightarrow{CA} + \dfrac{1}{l}n(1-t)\overrightarrow{CB} \quad (n \text{ は実数})$$

点 D は辺 AB を 2：1 に内分する点なので

$$\begin{cases} \dfrac{1}{l}(1-n) = \dfrac{1}{3} \quad \cdots\cdots⑤ \\[2mm] \dfrac{1}{l}n(1-t) = \dfrac{2}{3} \end{cases}$$

辺々を加えて

$$\frac{1}{l} - \frac{1}{l}nt = 1 \qquad \therefore \quad n = \frac{1-l}{t}$$

$n = \dfrac{1-l}{t}$ を⑤に代入して

$$\frac{1}{l}\left(1 - \frac{1-l}{t}\right) = \frac{1}{3} \qquad \therefore \quad l = \frac{3-3t}{3-t} \quad \cdots\cdots(\text{答})$$

(3) 点 Q が線分 CD を $\alpha : (1-\alpha)$ に内分する点であるとすると

$$\overrightarrow{AQ} = \alpha\overrightarrow{AD} + (1-\alpha)\overrightarrow{AC}$$
$$= \frac{2}{3}\alpha\overrightarrow{AB} + (1-\alpha)\overrightarrow{AC} \quad \cdots\cdots⑥$$

点 Q が線分 BF を $\beta : (1-\beta)$ に内分する点であるとすると

$$\overrightarrow{AQ} = (1-\beta)\overrightarrow{AB} + \beta\overrightarrow{AF}$$
$$= (1-\beta)\overrightarrow{AB} + \frac{3}{4}\beta\overrightarrow{AC} \quad \cdots\cdots⑦$$

$\overrightarrow{AB} \neq \vec{0}$, $\overrightarrow{AC} \neq \vec{0}$, $\overrightarrow{AB} \not\parallel \overrightarrow{AC}$ なので，⑥，⑦より

$$\frac{2}{3}\alpha = 1-\beta, \quad 1-\alpha = \frac{3}{4}\beta$$

$$\therefore \quad \alpha = \frac{1}{2}, \quad \beta = \frac{2}{3}$$

$\alpha = \dfrac{1}{2}$ なので，点 Q は線分 CD の中点である。よって

$$\triangle BCQ = \frac{1}{2}\triangle BCD$$
$$= \frac{1}{2}\cdot\frac{1}{3}\triangle ABC$$
$$= \frac{1}{6} \quad \cdots\cdots(\text{答})$$

26 Level A

三角形 ABC の 3 辺の長さを $a=$ BC，$b=$ CA，$c=$ AB とする。実数 $t \geqq 0$ を与えたとき，A を始点とし B を通る半直線上に AP $= tc$ となるように点 P をとる。次の問いに答えよ。

(1) CP^2 を a，b，c，t を用いて表せ。

(2) 点 P が $\mathrm{CP} = a$ を満たすとき，t を求めよ。

(3) (2)の条件を満たす点 P が辺 AB 上にちょうど 2 つあるとき，∠A と∠B に関する条件を求めよ。

ポイント (1) CP について考察するので，CP を辺とする図形のうち，角度に関する条件が得られる三角形 ACP について考えることにする。なぜなら，三角形 ABC の 3 辺の長さがわかっているので，余弦定理から $\cos\angle\mathrm{CAB}$ （$=\cos\angle\mathrm{CAP}$）を求めることができるからである。

(2) $\mathrm{CP} = a$ とおいたときに得られる t の 2 次方程式の解を求める。その際，点 P が点 B に一致するとき，つまり $t=1$ であるときに，CP（つまり CB）が a に等しくなることから，$t=1$ が解の 1 つとなることに気づき，因数分解する際のヒントとする。

(3) $0 \leqq b^2 - a^2 < c^2$ は，$b \geqq a$ の条件のもとでは，$b^2 - a^2 < c^2$ であり，さらに $b^2 < c^2 + a^2$ となる。$b^2 = c^2 + a^2$ が成り立つとき，三角形 ABC は斜辺の長さが b の直角三角形となることを考えると，直感的に∠B が鋭角であることはわかるであろうが，余弦定理より

$$\cos\angle\mathrm{ABC} = \frac{c^2 + a^2 - b^2}{2ca} > 0$$

となることからも，$0 < \angle\mathrm{ABC} < \dfrac{\pi}{2}$ であることがわかる。

解法

(1) 三角形 ABC において，余弦定理より

$$\cos\angle\mathrm{CAB} = \frac{b^2 + c^2 - a^2}{2bc} \quad \cdots\cdots ①$$

三角形 ACP において，余弦定理より

$$\mathrm{CP}^2 = b^2 + (tc)^2 - 2b \cdot tc \cos\angle\mathrm{CAP}$$

ここで，①より

$$\mathrm{CP}^2 = b^2 + t^2 c^2 - 2tbc \cdot \frac{b^2 + c^2 - a^2}{2bc}$$

$$= b^2 + t^2 c^2 - t(b^2 + c^2 - a^2)$$

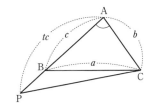

$$= c^2t^2 - (b^2+c^2-a^2)\,t + b^2 \quad \cdots\cdots(答)$$

(2)　点 P が CP $=a$ を満たすとき，(1)の結果に代入すると

$$a^2 = c^2t^2 - (b^2+c^2-a^2)\,t + b^2$$

$$c^2t^2 - (b^2+c^2-a^2)\,t + (b^2-a^2) = 0$$

$$\{c^2t - (b^2-a^2)\}(t-1) = 0$$

したがって　　$t = \dfrac{b^2-a^2}{c^2},\ 1$

$t \geqq 0$ であることを考慮して

$$\left.\begin{array}{ll} b \geqq a \text{ のとき} & t = \dfrac{b^2-a^2}{c^2},\ 1 \\[2mm] b < a \text{ のとき} & t = 1 \end{array}\right\} \quad \cdots\cdots(答)$$

(3)　(2)の条件を満たす点 P が辺 AB 上にちょうど 2 つあることから

$$b \geqq a \quad \text{かつ} \quad 0 \leqq \dfrac{b^2-a^2}{c^2} < 1$$

$0 \leqq \dfrac{b^2-a^2}{c^2} < 1$ の各辺に正の c^2 をかけると $0 \leqq b^2-a^2 < c^2$ となることから

$$b \geqq a \quad \cdots\cdots② \quad \text{かつ} \quad b^2-a^2 < c^2 \quad \cdots\cdots③$$

②より $\angle \mathrm{B} \geqq \angle \mathrm{A}$ が得られ，③より $b^2 < c^2+a^2$ となるから，$\angle \mathrm{B}$ は鋭角であることがわかる。

したがって，$\angle \mathrm{A}$ と $\angle \mathrm{B}$ に関する条件は

$$0 < \angle \mathrm{A} \leqq \angle \mathrm{B} < \dfrac{\pi}{2} \quad \cdots\cdots(答)$$

参考　内角と対辺について次のような関係が成り立つ。

27

座標平面に 3 点 O $(0, 0)$，A $(2, 6)$，B $(3, 4)$ をとり，点 O から直線 AB に垂線 OC を下ろす。また，実数 s と t に対し，点 P を

$$\overrightarrow{OP} = s\overrightarrow{OA} + t\overrightarrow{OB}$$

で定める。このとき，次の問いに答えよ。

(1) 点 C の座標を求め，$|\overrightarrow{CP}|^2$ を s と t を用いて表せ。

(2) s を定数として，t を $t \geqq 0$ の範囲で動かすとき，$|\overrightarrow{CP}|^2$ の最小値を求めよ。

> **ポイント** 2 直線が垂直であることは，直線の傾きや直線の方向ベクトルの内積などで把握できる。〔**解法 1**〕では直線の傾きを用いて，〔**解法 2**〕ではベクトルの内積を用いた。ただ，直線の傾きで考えると y 軸に平行な直線は傾きが定義されないので場合分けしなければならず，そのようなことを気にせずにすむベクトルの内積を用いた解法の方が利用しやすい。本問に関してはどちらでもよい。
>
> $|\overrightarrow{CP}|^2$ は，s，t についての 2 次式で表されるから，s を定数とすると t の 2 次関数になる。この 2 次関数の区間 $t \geqq 0$ における最小値を求める問題である。s の値についての場合分けが必要である。2 次関数の最小値についての問題は頻出問題だから場合分けの仕方をはじめ，解法をきちんと理解しておきたい。

解法 1

(1) 直線 AB の方程式は

$$y - 6 = \frac{4-6}{3-2}(x-2) \qquad \therefore \quad y = -2x + 10 \quad \cdots\cdots①$$

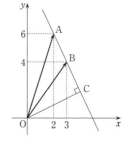

直線 OC は直線 AB に垂直であるから，傾きは $\dfrac{1}{2}$

よって，直線 OC の方程式は

$$y = \frac{1}{2}x \quad \cdots\cdots②$$

①，②より $x = 4,\ y = 2$

ゆえに C $(4, 2)$ $\cdots\cdots$(答)

このとき $\overrightarrow{CP} = \overrightarrow{OP} - \overrightarrow{OC} = s\overrightarrow{OA} + t\overrightarrow{OB} - \overrightarrow{OC}$

$$= s(2, 6) + t(3, 4) - (4, 2) = (2s + 3t - 4,\ 6s + 4t - 2)$$

したがって

$$|\overrightarrow{CP}|^2 = (2s + 3t - 4)^2 + (6s + 4t - 2)^2$$

$$= (4s^2 + 9t^2 + 16 + 12st - 24t - 16s) + (36s^2 + 16t^2 + 4 + 48st - 16t - 24s)$$

$$= 40s^2 + 60st + 25t^2 - 40s - 40t + 20 \quad \cdots\cdots(答)$$

(2) s を定数とする。t について降べきの順に整理して，平方完成すると

$$|\overrightarrow{\mathrm{CP}}|^2 = 25t^2 + 20(3s-2)t + 40s^2 - 40s + 20$$

$$= 25\left\{t^2 + \frac{4(3s-2)}{5}t\right\} + 40s^2 - 40s + 20$$

$$= 25\left\{t - \frac{2(2-3s)}{5}\right\}^2 + 4s^2 + 8s + 4$$

(ア) $\dfrac{2(2-3s)}{5} \geqq 0$ つまり $s \leqq \dfrac{2}{3}$ のとき

$t = \dfrac{2(2-3s)}{5}$ のときに $|\overrightarrow{\mathrm{CP}}|^2$ は最小値 $4s^2 + 8s + 4$ をとる。

(イ) $\dfrac{2(2-3s)}{5} < 0$ つまり $s > \dfrac{2}{3}$ のとき

$t = 0$ のときに $|\overrightarrow{\mathrm{CP}}|^2$ は最小値 $40s^2 - 40s + 20$ をとる。

(ア)，(イ)より，$|\overrightarrow{\mathrm{CP}}|^2$ の最小値は

$$\begin{cases} 4s^2 + 8s + 4 & \left(s \leqq \dfrac{2}{3} \text{ のとき}\right) \\[2mm] 40s^2 - 40s + 20 & \left(s > \dfrac{2}{3} \text{ のとき}\right) \end{cases} \quad \cdots\cdots(答)$$

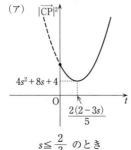
(ア) $s \leqq \dfrac{2}{3}$ のとき

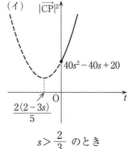
(イ) $s > \dfrac{2}{3}$ のとき

参考 (1)があるから，$|\overrightarrow{\mathrm{CP}}|^2$ が t の2次関数であることを利用するのが自然な解法であるが，図形的に点 C，P の位置関係を見ると以下のようになっているので参考にしてほしい。

s を定数，t を変数とすると，点 P は点 $\mathrm{A_0}$（ただし，$\overrightarrow{\mathrm{OA_0}} = s\overrightarrow{\mathrm{OA}}$）を通り，$\overrightarrow{\mathrm{OB}}$ に平行な直線 l を描く。また，t を $t \geqq 0$ に限定すると，点 P は半直線 g（直線 l の点 $\mathrm{A_0}$ の右側部分で点 $\mathrm{A_0}$ を含む）を描く。

点 C から直線 l に垂線 CH を引くとき，H が半直線 g 上に

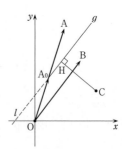

あれば $|\overrightarrow{\mathrm{CH}}|^2$ が，そうでなければ $|\overrightarrow{\mathrm{CA_0}}|^2$ が，$|\overrightarrow{\mathrm{CP}}|^2$ の最小値である。

場合分けの境界の値 $s=\dfrac{2}{3}$ について，$\overrightarrow{\mathrm{OA_0}}=\dfrac{2}{3}\overrightarrow{\mathrm{OA}}=\left(\dfrac{4}{3},\ 4\right)$ なので点 $\mathrm{A_0}$ の座標は

$\left(\dfrac{4}{3},\ 4\right)$ である。よって，直線 $\mathrm{CA_0}$ の傾きが

$$\frac{4-2}{\dfrac{4}{3}-4}=-\frac{3}{4}$$

となり，直線 g つまり直線 OB の傾き $\dfrac{4}{3}$ との積が $-\dfrac{3}{4}\cdot\dfrac{4}{3}=-1$ であることから

$g\perp\mathrm{CA_0}$

つまり点 $\mathrm{A_0}$，H が一致していることがわかる。

解法 2

(1) $\overrightarrow{\mathrm{OA}}=(2,\ 6)$，$\overrightarrow{\mathrm{OB}}=(3,\ 4)$

点 C は直線 AB 上にあるから，実数 u を用いて

$$\overrightarrow{\mathrm{OC}}=(1-u)\overrightarrow{\mathrm{OA}}+u\overrightarrow{\mathrm{OB}}$$

と表せる。

$$\overrightarrow{\mathrm{OC}}=(1-u)(2,\ 6)+u(3,\ 4)=(2+u,\ 6-2u)\quad\cdots\cdots③$$

また $\overrightarrow{\mathrm{AB}}=\overrightarrow{\mathrm{OB}}-\overrightarrow{\mathrm{OA}}=(1,\ -2)$

$\overrightarrow{\mathrm{AB}}\perp\overrightarrow{\mathrm{OC}}$ であるから，$\overrightarrow{\mathrm{AB}}\cdot\overrightarrow{\mathrm{OC}}=0$ である。これより

$$\overrightarrow{\mathrm{AB}}\cdot\overrightarrow{\mathrm{OC}}=1\cdot(2+u)+(-2)\cdot(6-2u)=-10+5u=0$$

$\therefore\quad u=2$

よって，$u=2$ を③に代入して $\overrightarrow{\mathrm{OC}}=(4,\ 2)$

ゆえに $\mathrm{C}(4,\ 2)$ $\cdots\cdots$(答)

このとき

$$\overrightarrow{\mathrm{CP}}=\overrightarrow{\mathrm{OP}}-\overrightarrow{\mathrm{OC}}=s\overrightarrow{\mathrm{OA}}+t\overrightarrow{\mathrm{OB}}-\overrightarrow{\mathrm{OC}}$$

$$|\overrightarrow{\mathrm{CP}}|^2=|s\overrightarrow{\mathrm{OA}}+t\overrightarrow{\mathrm{OB}}-\overrightarrow{\mathrm{OC}}|^2$$

$$=s^2|\overrightarrow{\mathrm{OA}}|^2+t^2|\overrightarrow{\mathrm{OB}}|^2+|\overrightarrow{\mathrm{OC}}|^2+2st\overrightarrow{\mathrm{OA}}\cdot\overrightarrow{\mathrm{OB}}-2t\overrightarrow{\mathrm{OB}}\cdot\overrightarrow{\mathrm{OC}}-2s\overrightarrow{\mathrm{OC}}\cdot\overrightarrow{\mathrm{OA}}$$

ここで

$$|\overrightarrow{\mathrm{OA}}|^2=2^2+6^2=40,\quad|\overrightarrow{\mathrm{OB}}|^2=3^2+4^2=25,\quad|\overrightarrow{\mathrm{OC}}|^2=4^2+2^2=20$$

$$\overrightarrow{\mathrm{OA}}\cdot\overrightarrow{\mathrm{OB}}=6+24=30,\quad\overrightarrow{\mathrm{OB}}\cdot\overrightarrow{\mathrm{OC}}=12+8=20,\quad\overrightarrow{\mathrm{OC}}\cdot\overrightarrow{\mathrm{OA}}=8+12=20$$

以上より

$$|\overrightarrow{\mathrm{CP}}|^2=40s^2+25t^2+20+60st-40t-40s$$

$$=40s^2+60st+25t^2-40s-40t+20\quad\cdots\cdots(答)$$

28 2008 年度 〔3〕 Level A

△OAB において，辺 AB 上に点 Q をとり，直線 OQ 上に点 P をとる。ただし，点 P は点 Q に関して点 O と反対側にあるとする。3 つの三角形△OAP，△OBP，△ABP の面積をそれぞれ a, b, c とする。このとき，次の問いに答えよ。

(1) $\overrightarrow{OQ}$ を $\overrightarrow{OA}$，$\overrightarrow{OB}$ および a, b を用いて表せ。

(2) $\overrightarrow{OP}$ を $\overrightarrow{OA}$，$\overrightarrow{OB}$ および a, b, c を用いて表せ。

(3) 3 辺 OA，OB，AB の長さはそれぞれ 3，5，6 であるとする。点 P を中心とし，3 直線 OA，OB，AB に接する円が存在するとき，$\overrightarrow{OP}$ を $\overrightarrow{OA}$ と $\overrightarrow{OB}$ を用いて表せ。

ポイント (1) ベクトルの大きさは線分の長さで表されるから面積の関係を線分の長さの関係に置き換える。三角形 OAP と三角形 OBP は辺 OP を共有しているから，△OAP：△OBP は AQ：BQ に等しいことに着目する。

(2) 三角形 OAB と三角形 ABP は共有している辺 AB を底辺と見なして，△OAB：△ABP＝OQ：QP であることに着目する。

(3) 点 P を中心とし 3 直線 OA，OB，AB に接する円が存在するとき，三角形 OAP，三角形 OBP，三角形 ABP の点 P からの高さはすべてその円（傍接円）の半径に等しいことを利用する。また点 P は三角形 OAB の∠O の二等分線と∠A，∠B の外角の二等分線の交点になっている。

解 法

(1) △OAP：△OBP＝AQ：BQ であるから

$$AQ : BQ = a : b$$

ゆえに

$$\overrightarrow{OQ} = \frac{b\overrightarrow{OA} + a\overrightarrow{OB}}{a+b} \quad \cdots\cdots（答）$$

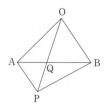

参考 △OAP：△OBP＝AQ：BQ は次のように示すことができる。

〔I〕 ∠PQA＝θ とおくと，底辺を OP としたときの三角形 OAP，三角形 OBP の高さはそれぞれ AQ$\sin\theta$，BQ$\sin\theta$ と表すことができるから

$$\triangle OAP : \triangle OBP = \frac{1}{2}\cdot OP\cdot AQ\sin\theta : \frac{1}{2}\cdot OP\cdot BQ\sin\theta$$
$$= AQ : BQ$$

また，次のように考えてもよい。

〔Ⅱ〕　三角形 OAQ，三角形 OBQ は底辺をそれぞれ AQ，BQ としたときの高さは共通であるから

$$\triangle OAQ : \triangle OBQ = AQ : BQ$$

三角形 APQ，三角形 BPQ は底辺をそれぞれ AQ，BQ としたときの高さは共通であるから

$$\triangle APQ : \triangle BPQ = AQ : BQ$$

よって

$$(\triangle OAQ + \triangle APQ) : (\triangle OBQ + \triangle BPQ) = AQ : BQ$$

$$\therefore \quad \triangle OAP : \triangle OBP = AQ : BQ$$

いずれにしても結果をすぐに使えるようにしておきたい。

(2)　$\triangle OAB : \triangle ABP = OQ : QP$ であるから

$$OQ : QP = (a+b-c) : c$$

点 P は点 Q に関して点 O と反対側にあるため

$$OQ : OP = OQ : (OQ + QP)$$

$$= (a+b-c) : (a+b)$$

$$\therefore \quad \overrightarrow{OP} = \frac{a+b}{a+b-c} \overrightarrow{OQ} = \frac{a+b}{a+b-c} \cdot \frac{b\overrightarrow{OA} + a\overrightarrow{OB}}{a+b}$$

$$= \frac{b\overrightarrow{OA} + a\overrightarrow{OB}}{a+b-c} \quad \cdots\cdots(答)$$

(3)　点 P を中心とし，3 直線 OA，OB，AB に接する円とこの 3 直線との接点をそれぞれ T_1，T_2，T_3，また円の半径を r とすると

$$PT_1 \perp OA \quad , \quad PT_2 \perp OB \quad , \quad PT_3 \perp AB$$

$$PT_1 = PT_2 = PT_3 = r$$

であるから

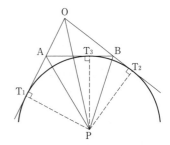

$$a = \triangle OAP = \frac{1}{2} \cdot OA \cdot PT_1 = \frac{3}{2}r$$

$$b = \triangle OBP = \frac{1}{2} \cdot OB \cdot PT_2 = \frac{5}{2}r$$

$$c = \triangle ABP = \frac{1}{2} \cdot AB \cdot PT_3 = \frac{6}{2}r$$

ゆえに，(2)の結果より

$$\overrightarrow{OP} = \frac{b\overrightarrow{OA} + a\overrightarrow{OB}}{a+b-c} = \frac{\frac{5}{2}r\overrightarrow{OA} + \frac{3}{2}r\overrightarrow{OB}}{\frac{3}{2}r + \frac{5}{2}r - \frac{6}{2}r} = \frac{5\overrightarrow{OA} + 3\overrightarrow{OB}}{2} \quad \cdots\cdots(答)$$

29

2008 年度 〔5〕   Level B

いくつかの半径 3 の円を，半径 2 の円 Q に外接し，かつ，互いに交わらないように配置する。このとき，次の問いに答えよ。

(1) 半径 3 の円の 1 つを R とする。円 Q の中心を端点とし，円 R に接する 2 本の半直線のなす角を θ とおく。ただし，$0<\theta<\pi$ とする。このとき，$\sin\theta$ を求めよ。

(2) $\dfrac{\pi}{3}<\theta<\dfrac{\pi}{2}$ を示せ。

(3) 配置できる半径 3 の円の最大個数を求めよ。

ポイント   (3)では，右図のように円 R を並べていくときに最大何個配置できるかを問われている。それを手助けする設問として(1)，(2)がある。円 Q の中心における円 R の視角が θ であるから，配置できる半径 3 の円の最大個数が n であるための条件は，$n\theta\leqq 2\pi<(n+1)\theta$ が成り立つことである。$4\theta<2\pi<6\theta$ であることは(2)の証明をすることでわかるので，円 R を 4 個は配置できるが 6 個は配置できないことがわかる。よって，5 個を配置することができるかどうかを検証する。

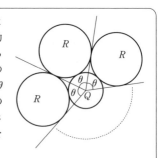

このとき，第 1 象限において $\theta_1>\theta_2$ のとき $\cos\theta_1<\cos\theta_2$ となることを利用する解法が 〔解法 1〕 である。〔解法 2〕は $\tan x$ の増減を利用する解法であり，(2)では第 1 象限において $\theta_1>\theta_2$ のとき $\tan\theta_1>\tan\theta_2$ となることを利用している。$\dfrac{\theta}{2}$ と $\pi-2\theta$ の大小関係に着目した解法が 〔解法 3〕 であり，〔解法 2〕より計算は少なくてすむが発想が難しい。〔解法 4〕は正五角形の辺の比を利用する方法である。

解法 1

(1) 円 Q，R の中心をそれぞれ Q，R とし，図のように点 T をとると

$$\angle\mathrm{TQR}=\frac{\theta}{2}$$

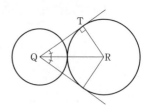

$\angle\mathrm{QTR}=\dfrac{\pi}{2}$，$\mathrm{QR}=5$，$\mathrm{TR}=3$ であるから

$$\mathrm{TQ}=4$$

よって

$$\sin\frac{\theta}{2}=\frac{3}{5}, \quad \cos\frac{\theta}{2}=\frac{4}{5}$$

ゆえに

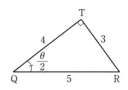

$$\sin\theta = \sin\left(2\cdot\frac{\theta}{2}\right) = 2\sin\frac{\theta}{2}\cos\frac{\theta}{2}$$

$$= 2\cdot\frac{3}{5}\cdot\frac{4}{5} = \frac{24}{25} \quad \cdots\cdots(\text{答})$$

(2)　$\triangle$QRT において，$0<\dfrac{\theta}{2}<\dfrac{\pi}{2}$ を満たす $\dfrac{\theta}{2}$ について $\sin\dfrac{\theta}{2}=\dfrac{3}{5}$，$\dfrac{1}{2}<\dfrac{3}{5}<\dfrac{\sqrt{2}}{2}$ である

から

$$\sin\frac{\pi}{6}<\sin\frac{\theta}{2}<\sin\frac{\pi}{4}$$

よって

$$\frac{\pi}{6}<\frac{\theta}{2}<\frac{\pi}{4} \qquad \therefore \quad \frac{\pi}{3}<\theta<\frac{\pi}{2} \hspace{3cm} (\text{証明終})$$

参考1 　(1)より

$$\cos\theta = 1 - 2\sin^2\frac{\theta}{2} = 1 - 2\left(\frac{3}{5}\right)^2 = \frac{7}{25}$$

$\cos\dfrac{\pi}{3}=\dfrac{1}{2}$，$\cos\dfrac{\pi}{2}=0$ であるから

$$\cos\frac{\pi}{2}<\cos\theta<\cos\frac{\pi}{3}$$

$$\frac{\pi}{3}<\theta<\frac{\pi}{2}$$

とすることもできる。

参考2 　(1)で求めた $\sin\theta=\dfrac{24}{25}$ と $\sin\dfrac{\pi}{3}=\dfrac{1}{2}$，$\sin\dfrac{\pi}{2}=1$ より

$$\sin\frac{\pi}{3}<\sin\theta<\sin\frac{\pi}{2}$$

したがって

$$\frac{\pi}{3}<\theta<\frac{\pi}{2}$$

とはできないことに注意する。$\cos\theta$ は $0\leqq\theta\leqq\pi$ において角と値が1対1に対応がつくから〔参考1〕のように解答できるが，$\sin\theta$ は対応がつかないから $\dfrac{\pi}{2}<\theta<\pi$ の θ で $\sin\theta=\dfrac{24}{25}$ となっているのかもしれない。$0<\theta<\dfrac{\pi}{2}$ であることが示せてからであれば問題はない。

(3)　(ア)　$\dfrac{\pi}{3}<\theta<\dfrac{\pi}{2}$ より　　$\dfrac{4}{3}\pi<4\theta<2\pi$

$4\theta<2\pi$ であるから，4個は配置できる。

(イ)　$\dfrac{\pi}{3}<\theta<\dfrac{\pi}{2}$ より　　$2\pi<6\theta$

よって6個は配置できない。

(ウ)　5個配置できるかどうかを調べるために 5θ と 2π の大小関係を比較する。

そこで，$5\alpha=2\pi$ を満たす $\alpha\left(=\dfrac{2}{5}\pi\right)$ について調べる。

$5\alpha=2\pi$ より　　$3\alpha=2\pi-2\alpha$

$$\sin 3\alpha=\sin(2\pi-2\alpha)$$
$$=-\sin 2\alpha$$

2倍角の公式，3倍角の公式より

$$3\sin\alpha-4\sin^3\alpha=-2\sin\alpha\cos\alpha\quad\cdots\cdots①$$

$\sin\alpha=\sin\dfrac{2}{5}\pi\neq0$ であるから①の両辺を $\sin\alpha$ で割ると

$$3-4\sin^2\alpha=-2\cos\alpha$$
$$3-4(1-\cos^2\alpha)=-2\cos\alpha$$
$$4\cos^2\alpha+2\cos\alpha-1=0$$

$\cos\alpha=\cos\dfrac{2}{5}\pi>0$ であるから　　$\cos\alpha=\dfrac{-1+\sqrt{5}}{4}$

一方，2倍角の公式より

$$\cos\theta=\cos\left(2\cdot\dfrac{\theta}{2}\right)=\cos^2\dfrac{\theta}{2}-\sin^2\dfrac{\theta}{2}=\left(\dfrac{4}{5}\right)^2-\left(\dfrac{3}{5}\right)^2=\dfrac{7}{25}$$

ここで

$$\cos\alpha-\cos\theta=\dfrac{-1+\sqrt{5}}{4}-\dfrac{7}{25}$$
$$=\dfrac{25\sqrt{5}-53}{100}=\dfrac{\sqrt{3125}-\sqrt{2809}}{100}>0$$

よって

$$\cos\alpha-\cos\theta>0\qquad\cos\theta<\cos\alpha$$

$$\therefore\quad\cos\theta<\cos\dfrac{2}{5}\pi$$

これが $0<\theta<\dfrac{\pi}{2}$ の範囲で成り立つことから

$$\theta>\dfrac{2}{5}\pi\quad\therefore\quad 5\theta>2\pi$$

ゆえに，5個は配置できない。

(ア)〜(ウ)より，求める最大個数は4個。　……(答)

解法 2

(2)　△QRT において

$$\tan\frac{\theta}{2}=\frac{3}{4}\quad\left(0<\frac{\theta}{2}<\frac{\pi}{2}\right)$$

$\tan\dfrac{\pi}{6}=\dfrac{\sqrt{3}}{3}$，$\tan\dfrac{\pi}{4}=1$ であるから

$$\tan\frac{\pi}{6}<\tan\frac{\theta}{2}<\tan\frac{\pi}{4}$$

$0<x<\dfrac{\pi}{2}$ のとき，$\tan x$ は増加関数で，$0<\dfrac{\theta}{2}<\dfrac{\pi}{2}$ であるから

$$\frac{\pi}{6}<\frac{\theta}{2}<\frac{\pi}{4}\qquad\therefore\quad\frac{\pi}{3}<\theta<\frac{\pi}{2}\qquad\text{(証明終)}$$

(3)　((イ)までは〔**解法1**〕と同じ)

(ウ)　$\dfrac{\theta}{2}=\beta$ とおくと　　$\tan\beta=\dfrac{3}{4}\quad\left(\dfrac{\pi}{6}<\beta<\dfrac{\pi}{4}\right)$

$$\tan2\beta=\frac{2\tan\beta}{1-\tan^2\beta}=\frac{2\cdot\dfrac{3}{4}}{1-\left(\dfrac{3}{4}\right)^2}=\frac{24}{7}$$

$$\tan3\beta=\tan(\beta+2\beta)=\frac{\tan\beta+\tan2\beta}{1-\tan\beta\tan2\beta}=\frac{\dfrac{3}{4}+\dfrac{24}{7}}{1-\dfrac{3}{4}\cdot\dfrac{24}{7}}=-\frac{117}{44}$$

であるから

$$\tan5\beta=\tan(2\beta+3\beta)=\frac{\tan2\beta+\tan3\beta}{1-\tan2\beta\tan3\beta}$$

$$=\frac{\dfrac{24}{7}-\dfrac{117}{44}}{1-\dfrac{24}{7}\cdot\left(-\dfrac{117}{44}\right)}=\frac{24\times44-7\times117}{7\times44+24\times117}$$

$$=\frac{237}{7\times44+24\times117}>0$$

$\therefore\quad\tan5\beta>0$

これが $\dfrac{\pi}{6}<\beta<\dfrac{\pi}{4}$ つまり $\dfrac{5}{6}\pi<5\beta<\dfrac{5}{4}\pi$ の範囲で成り立つことから

$$\pi < 5\beta < \frac{5}{4}\pi$$

$\theta = 2\beta$ であるから　　$2\pi < 5\theta < \frac{5}{2}\pi$

これより5個は配置できない。

よって，最大個数は4個。 ……(答)

解法 3

(3)　((イ)までは〔解法1〕と同じ)

(ウ)　5θ と 2π の大小関係は，ともに2で割った $\frac{5}{2}\theta$ と π の大小関係，さらに，2θ を引

いた $\frac{\theta}{2}$ と $\pi - 2\theta$ の大小関係と一致する。

$$\sin(\pi - 2\theta) = \sin 2\theta = 2\sin\theta\cos\theta = 2\cdot\frac{24}{25}\cdot\frac{7}{25} = \frac{336}{5^4}$$

$$\sin\frac{\theta}{2} = \frac{3}{5} = \frac{375}{5^4}$$

よって　　$\sin\frac{\theta}{2} > \sin(\pi - 2\theta)$

(2)の結果より，$0 < \pi - 2\theta < \frac{\pi}{3}$ で，$\frac{\theta}{2}$ と $\pi - 2\theta$ はいずれも鋭角であるから

$$\frac{\theta}{2} > \pi - 2\theta \quad \therefore \quad 5\theta > 2\pi$$

これより5個は配置できない。

よって，最大個数は4個。 ……(答)

解法 4

(3)　((イ)までは〔解法1〕と同じ)

(ウ)　一辺の長さを1とする正五角形 ABCDE において，

AC と BE の交点をFとし，Aから BE に垂線 AH を下ろ

す。BE $= x$ とおくと

△ABE∽△FAB より，EB : EA $=$ BA : BF で

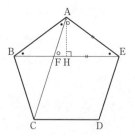

EA $=$ EF $= 1$ $\left(\because \quad \angle \text{EAF} = \angle \text{EFA} = \frac{2}{5}\pi\right)$ であるから

$$x : 1 = 1 : (x-1) \qquad x(x-1) = 1$$

$$x^2 - x - 1 = 0$$

$x > 0$ より　　$x = \frac{1 + \sqrt{5}}{2}$

△ABH において ∠ABH = $\dfrac{\pi}{5}$ であるから

$$\cos\frac{\pi}{5} = \frac{BH}{AB} = \frac{x}{2} = \frac{1+\sqrt{5}}{4}$$

一方, (1)より $\cos\dfrac{\theta}{2} = \dfrac{4}{5}$ であり

$$\frac{1+\sqrt{5}}{4} - \frac{4}{5} = \frac{5\sqrt{5}-11}{20} = \frac{\sqrt{125}-\sqrt{121}}{20} > 0$$

であるから

$$\cos\frac{\theta}{2} < \cos\frac{\pi}{5}$$

これが $0 < \theta < \dfrac{\pi}{2}$ の範囲で成り立つから

$$\frac{\pi}{5} < \frac{\theta}{2} \left(<\frac{\pi}{4}\right) \qquad \therefore \quad \frac{2}{5}\pi < \theta$$

$5\theta > 2\pi$ だから5個は配置できない。

よって, 最大個数は4個。 ……(答)

§6 空間図形

30　2022 年度〔1〕　　　　　　　　　　　　　　Level B

座標空間内の 5 点

$$O(0, 0, 0), A(1, 1, 0), B(2, 1, 2), P(4, 0, -1), Q(4, 0, 5)$$

を考える。3 点 O，A，B を通る平面を α とし，$\vec{a}=\overrightarrow{\text{OA}}$，$\vec{b}=\overrightarrow{\text{OB}}$ とおく。以下の問いに答えよ。

(1)　ベクトル $\vec{a}$，$\vec{b}$ の両方に垂直であり，x 成分が正であるような，大きさが 1 のベクトル $\vec{n}$ を求めよ。

(2)　平面 α に関して点 P と対称な点 P′ の座標を求めよ。

(3)　点 R が平面 α 上を動くとき，$|\overrightarrow{\text{PR}}|+|\overrightarrow{\text{RQ}}|$ が最小となるような点 R の座標を求めよ。

ポイント　(1)　$\vec{a}$，$\vec{b}$ の両方に垂直な $\vec{n}$ の成分を実数 p，q，r を用いて $\vec{n}=(p, q, r)$ とおくと，$\vec{a}\perp\vec{n}$ かつ $\vec{b}\perp\vec{n}$ なので，内積 $\vec{a}\cdot\vec{n}=0$ かつ $\vec{b}\cdot\vec{n}=0$ である。
また，$\vec{n}$ の大きさが 1 なので　　$\sqrt{p^2+q^2+r^2}=1$
このようにしてできる p，q，r についての連立方程式を解いて，$p>0$ である p，q，r の値の組を求める。

(2)　$\vec{n}$ は $\vec{a}\neq\vec{0}$，$\vec{b}\neq\vec{0}$，$\vec{a}\not\parallel\vec{b}$ である平面 α 上の $\vec{a}$ と $\vec{b}$ の両方に垂直なので，$\vec{n}$ は平面 α に垂直である。点 P から平面 α に垂線を下ろし，平面 α との交点を S とおく。$\overrightarrow{\text{PS}}$ は $\vec{n}$ に平行なので，$\overrightarrow{\text{PS}}$ は $\vec{n}$ の実数倍で表すことができる。(1)に関係なく解答することもできるが，(1)ですでに $\vec{n}$ を求めているので，要領よくその誘導に乗ればよい。

$\vec{n}=\left(\dfrac{2}{3}, -\dfrac{2}{3}, -\dfrac{1}{3}\right)$ であるので，$\overrightarrow{\text{PS}}=k'\left(\dfrac{2}{3}, -\dfrac{2}{3}, -\dfrac{1}{3}\right)$（$k'$ は実数）としてもよいが，

$\overrightarrow{\text{PS}}=\dfrac{1}{3}k'(2, -2, -1)$ において，$\dfrac{1}{3}k'$ を k とおけば，分数は解消されて，計算が簡単になる。要するに，垂直を考える際には，x，y，z 成分の値そのものではなく成分の比に注目すればよいのである。

　本問は平面 α に関して点 P と対称な点 P′ の座標を求める問題である。点 P から平面 α に垂線を下ろし，その交点を S とおくと，$\overrightarrow{\text{PP}'}=2\overrightarrow{\text{PS}}$ となる。$\overrightarrow{\text{PS}}$ の成分は求めてあるので，$\overrightarrow{\text{OP}'}$ の成分が求まり，それにより点 P′ の座標が求まる。

(3)　点 P，Q が平面 α に関して同じ側にあるのか反対側にあるのかで解法が変わってくるので，まずは点 P，Q と平面 α の位置関係について調べてみる。点 P と点 Q が平

面 α に関して反対側にあるときには，$|\overrightarrow{PQ}|$ が $|\overrightarrow{PR}|+|\overrightarrow{RQ}|$ の最小値となるが，直線 PQ と平面 α の交点 T について，$\overrightarrow{PT}=\dfrac{3}{2}\overrightarrow{PQ}$ と表されることから，点 P と点 Q は平面 α に関して同じ側にあることがわかる。点 P，Q が平面 α に関して同じ側にあるときには (2)の点 P′ について，$|\overrightarrow{PR}|=|\overrightarrow{P'R}|$ より

$$|\overrightarrow{PR}|+|\overrightarrow{RQ}|=|\overrightarrow{P'R}|+|\overrightarrow{RQ}|\geqq|\overrightarrow{P'Q}|$$

が成り立つことを利用して $|\overrightarrow{PR}|+|\overrightarrow{RQ}|$ が最小となる点 R の位置について考える。

解法

(1) 実数 p, q, r を用いて $\vec{n}=(p,\ q,\ r)$ $(p>0)$ とおく。

$\begin{cases} \vec{a}\perp\vec{n} \\ \vec{b}\perp\vec{n} \end{cases}$ より $\begin{cases} \vec{a}\cdot\vec{n}=0 \\ \vec{b}\cdot\vec{n}=0 \end{cases}$

よって，$\vec{a}=(1,\ 1,\ 0)$, $\vec{b}=(2,\ 1,\ 2)$ から

$$\begin{cases} p+q=0 \\ 2p+q+2r=0 \end{cases} \quad\therefore\quad \begin{cases} q=-p \\ r=-\dfrac{1}{2}p \end{cases} \quad\cdots\cdots①$$

また，$|\vec{n}|=1$ より

$$p^2+q^2+r^2=1$$

①を代入して

$$p^2+(-p)^2+\left(-\dfrac{1}{2}p\right)^2=1 \qquad \dfrac{9}{4}p^2=1$$

$p>0$ と①から

$$p=\dfrac{2}{3},\ q=-\dfrac{2}{3},\ r=-\dfrac{1}{3}$$

したがって

$$\vec{n}=\left(\dfrac{2}{3},\ -\dfrac{2}{3},\ -\dfrac{1}{3}\right) \quad\cdots\cdots（答）$$

(2) 点 P $(4,\ 0,\ -1)$ から平面 α（平面 OAB）に垂線を下ろし，その交点を S とおく。
点 S は平面 OAB 上の点なので

$$\overrightarrow{OS}=s\overrightarrow{OA}+t\overrightarrow{OB} \quad (s,\ t は実数)$$

と表せて

$$\overrightarrow{OS}=s(1,\ 1,\ 0)+t(2,\ 1,\ 2)$$
$$=(s+2t,\ s+t,\ 2t)$$

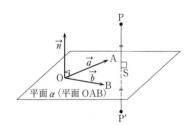

平面 α（平面 OAB）

$$\overrightarrow{PS} = \overrightarrow{OS} - \overrightarrow{OP}$$
$$= (s + 2t - 4, \ s + t, \ 2t + 1)$$

$\vec{n} = \left(\dfrac{2}{3}, \ -\dfrac{2}{3}, \ -\dfrac{1}{3}\right) = \dfrac{1}{3}(2, \ -2, \ -1)$ より，$\overrightarrow{PS}$ は成分が $(2, \ -2, \ -1)$ のベクト

ルと平行なので，実数 k を用いて

$$\overrightarrow{PS} = k(2, \ -2, \ -1)$$

と表すことができるから

$$\begin{cases} s + 2t - 4 = 2k \\ s + t = -2k \\ 2t + 1 = -k \end{cases}$$

これを解くと　　$s = 2, \ t = 0, \ k = -1$

よって

$$\overrightarrow{PS} = (-2, \ 2, \ 1)$$

点 P′ は平面 α に関して点 P と対称な点なので，$\overrightarrow{PP'} = 2\overrightarrow{PS}$ と表すことができて

$$\overrightarrow{OP'} = \overrightarrow{OP} + \overrightarrow{PP'} = \overrightarrow{OP} + 2\overrightarrow{PS}$$
$$= (4, \ 0, \ -1) + (-4, \ 4, \ 2)$$
$$= (0, \ 4, \ 1)$$

したがって，点 P′ の座標は　　$(0, \ 4, \ 1)$　……(答)

(3)　点 P$(4, \ 0, \ -1)$，点 Q$(4, \ 0, \ 5)$ が平面 α に関して同じ側にあるのか反対側に
あるのかを調べる。

直線 PQ と平面 α の交点を T とおく。

点 T は直線 PQ 上の点なので

$$\overrightarrow{PT} = l\overrightarrow{PQ} \quad (l \text{ は実数})$$

と表せて

$$\overrightarrow{OT} = \overrightarrow{OP} + \overrightarrow{PT} = \overrightarrow{OP} + l\overrightarrow{PQ}$$
$$= (4, \ 0, \ -1) + l(0, \ 0, \ 6)$$
$$= (4, \ 0, \ 6l - 1)$$

点 T は平面 α 上の点なので

$$\overrightarrow{OT} = \beta\overrightarrow{OA} + \gamma\overrightarrow{OB} \quad (\beta, \ \gamma \text{ は実数})$$

と表せて

$$\overrightarrow{OT} = \beta(1, \ 1, \ 0) + \gamma(2, \ 1, \ 2)$$
$$= (\beta + 2\gamma, \ \beta + \gamma, \ 2\gamma)$$

よって

$$\begin{cases} \beta + 2\gamma = 4 \\ \beta + \gamma = 0 \\ 2\gamma = 6l - 1 \end{cases}$$

これを解くと

$$\beta = -4, \quad \gamma = 4, \quad l = \frac{3}{2}$$

したがって，$\overrightarrow{\mathrm{PT}} = \dfrac{3}{2}\overrightarrow{\mathrm{PQ}}$ と表すことができるので，点 P と点 Q は平面 α に関して同じ側にある。

点 P′ は平面 α に関して点 P と対称な点なので，点 R が平面 α 上を動くとき，$|\overrightarrow{\mathrm{PR}}| = |\overrightarrow{\mathrm{P'R}}|$ であるから

$$|\overrightarrow{\mathrm{PR}}| + |\overrightarrow{\mathrm{RQ}}| = |\overrightarrow{\mathrm{P'R}}| + |\overrightarrow{\mathrm{RQ}}| \geqq |\overrightarrow{\mathrm{P'Q}}|$$

が成り立つ。ここで，等号は線分 P′Q と平面 α の交点が点 R に一致するときに成り立つ。このときの点 R の座標を求める。

点 R は直線 P′Q 上の点なので

$$\overrightarrow{\mathrm{P'R}} = m\overrightarrow{\mathrm{P'Q}} \quad (m \text{ は実数})$$

と表せて

$$\begin{aligned} \overrightarrow{\mathrm{P'R}} &= m(\overrightarrow{\mathrm{OQ}} - \overrightarrow{\mathrm{OP'}}) \\ &= m\{(4, \ 0, \ 5) - (0, \ 4, \ 1)\} \\ &= m(4, \ -4, \ 4) \end{aligned}$$

よって

$$\begin{aligned} \overrightarrow{\mathrm{OR}} &= \overrightarrow{\mathrm{OP'}} + \overrightarrow{\mathrm{P'R}} = (0, \ 4, \ 1) + m(4, \ -4, \ 4) \\ &= (4m, \ -4m + 4, \ 4m + 1) \end{aligned}$$

点 R は平面 α 上の点なので

$$\overrightarrow{\mathrm{OR}} = (x + 2y, \ x + y, \ 2y) \quad (x, \ y \text{ は実数})$$

と表せて

$$\begin{cases} x + 2y = 4m \\ x + y = -4m + 4 \\ 2y = 4m + 1 \end{cases}$$

これを解いて $\quad x = -1, \ y = 2, \ m = \dfrac{3}{4}$

したがって

$$\overrightarrow{\mathrm{OR}} = \left(4 \cdot \frac{3}{4}, \ -4 \cdot \frac{3}{4} + 4, \ 4 \cdot \frac{3}{4} + 1\right) = (3, \ 1, \ 4)$$

よって，求める点 R の座標は $\quad (3, \ 1, \ 4)$ ……(答)

$|\overrightarrow{\mathrm{PR}}| + |\overrightarrow{\mathrm{RQ}}|$ が最小となるときの R の位置

31

　座標空間内の 4 点 O $(0, 0, 0)$，A $(1, 0, 0)$，B $(0, 1, 0)$，C $(0, 0, 2)$ を考える。以下の問いに答えよ。

(1)　四面体 OABC に内接する球の中心の座標を求めよ。

(2)　中心の x 座標，y 座標，z 座標がすべて正の実数であり，xy 平面，yz 平面，zx 平面のすべてと接する球を考える。この球が平面 ABC と交わるとき，その交わりとしてできる円の面積の最大値を求めよ。

ポイント　(1)　四面体 OABC に内接する球の中心を点 D とおく。
この球の半径を r $(r>0)$ とおく。A，B，C がそれぞれ x 軸，y 軸，z 軸上の点なので球が四面体 OABC に内接するとき，球は xy 平面，yz 平面，zx 平面のすべてと接し
　　　［点 D と xy 平面の距離］＝［点 D と yz 平面の距離］
　　＝［点 D と zx 平面の距離］＝［球の半径 r］
よって，点 D の座標は (r, r, r) と表せる。この球が残りの平面 ABC とも接するための条件を求めよう。
　〔解法 2〕が〔解法 1〕よりもやさしいと思われるが，(2)にもつながる解法としては，〔解法 1〕のように球の中心と平面 ABC の距離を求めておく方が，一貫性があってよいと思われる。
　〔解法 2〕は平面図形で三角形の内接円の半径を求める際に使われる手法の立体図形への応用であり，よく用いられる。
(2)　(2)でも球が xy 平面，yz 平面，zx 平面のすべてと接することから，球の中心は(1)と同じく，点 (R, R, R) とおくことができる。ここまでは(1)の考え方がそのまま使える。(1)では球と平面 ABC は接していたが，(2)では交わることになる。ここが(1)と異なる点。しかし，(1)で求めた球の中心と平面 ABC の距離はそのまま利用できる。それをもとにして，この球が平面 ABC と交わるための条件を求めることにより球の半径 R の取り得る値の範囲が求められる。次に，球の半径，球の中心と平面 ABC の距離，求める円の半径との関係を直角三角形に注目することで三平方の定理に落とし込んで，円の半径を R で表すという手順である。

解法 1

(1) 四面体 OABC に内接する球の中心を点 D とおく。この球の半径を r $(r>0)$ とおくと，球が xy 平面，yz 平面，zx 平面のすべてと接するための条件は

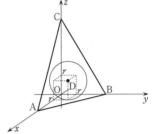

   ［点 D と xy 平面の距離］
 ＝［点 D と yz 平面の距離］
 ＝［点 D と zx 平面の距離］
 ＝［球の半径 r］

が成り立つことであり，このとき点 D の座標は $(r,\ r,\ r)$ と表せる。

点 D $(r,\ r,\ r)$ と平面 ABC の距離が r になることから r を求める。点 D から平面 ABC に垂線を下ろして，平面 ABC との交点を点 H とおくと

   ［点 D と平面 ABC の距離］＝ DH

点 H は平面 ABC 上の点であるから

$$\overrightarrow{CH} = s\overrightarrow{CA} + t\overrightarrow{CB} \quad (s,\ t\ \text{は実数})$$

と表せるので

$$\overrightarrow{DH} = \overrightarrow{DC} + \overrightarrow{CH} = \overrightarrow{DC} + s\overrightarrow{CA} + t\overrightarrow{CB} \quad \cdots\cdots①$$

$\overrightarrow{DH} \perp$ 平面 ABC より

$$\begin{cases} \overrightarrow{DH} \perp \overrightarrow{CA} \\ \overrightarrow{DH} \perp \overrightarrow{CB} \end{cases}$$

よって

$$\begin{cases} \overrightarrow{DH} \cdot \overrightarrow{CA} = 0 \\ \overrightarrow{DH} \cdot \overrightarrow{CB} = 0 \end{cases}$$

が成り立つ。①より

$$\begin{cases} (\overrightarrow{DC} + s\overrightarrow{CA} + t\overrightarrow{CB}) \cdot \overrightarrow{CA} = 0 \\ (\overrightarrow{DC} + s\overrightarrow{CA} + t\overrightarrow{CB}) \cdot \overrightarrow{CB} = 0 \end{cases}$$

すなわち

$$\begin{cases} \overrightarrow{DC} \cdot \overrightarrow{CA} + s|\overrightarrow{CA}|^2 + t\overrightarrow{CA} \cdot \overrightarrow{CB} = 0 \\ \overrightarrow{DC} \cdot \overrightarrow{CB} + s\overrightarrow{CA} \cdot \overrightarrow{CB} + t|\overrightarrow{CB}|^2 = 0 \end{cases} \quad \cdots\cdots②$$

ここで

$$\begin{cases} \overrightarrow{CA} = \overrightarrow{OA} - \overrightarrow{OC} = (1,\ 0,\ -2) \\ \overrightarrow{CB} = \overrightarrow{OB} - \overrightarrow{OC} = (0,\ 1,\ -2) \\ \overrightarrow{DC} = \overrightarrow{OC} - \overrightarrow{OD} = (-r,\ -r,\ 2-r) \end{cases}$$

だから

$$\begin{cases} \overrightarrow{DC}\cdot\overrightarrow{CA} = r-4 \\ \overrightarrow{DC}\cdot\overrightarrow{CB} = r-4 \\ \overrightarrow{CA}\cdot\overrightarrow{CB} = 4 \\ |\overrightarrow{CA}|^2 = 5 \\ |\overrightarrow{CB}|^2 = 5 \end{cases}$$

よって，これらを②に代入して

$$\begin{cases} (r-4)+5s+4t=0 \\ (r-4)+4s+5t=0 \end{cases}$$

$$\therefore \quad s=t=\frac{-r+4}{9}$$

①に代入して

$$\overrightarrow{DH} = (-r, \ -r, \ 2-r)+\frac{-r+4}{9}(1, \ 0, \ -2)+\frac{-r+4}{9}(0, \ 1, \ -2)$$

$$= \left(-\frac{5}{9}r+\frac{2}{9}\right)(2, \ 2, \ 1)$$

この $\overrightarrow{DH}$ について

$$|\overrightarrow{DH}| = r$$

であることから

$$3\left|-\frac{5}{9}r+\frac{2}{9}\right| = r$$

$$|-5r+2| = 3r$$

両辺は 0 以上なので，両辺を 2 乗すると

$$25r^2-20r+4 = 9r^2$$

$$4r^2-5r+1 = 0$$

$$(4r-1)(r-1) = 0$$

$$\therefore \quad r=\frac{1}{4}, \ 1$$

$0<r<1$ なので $\quad r=\dfrac{1}{4}$

よって，四面体 OABC に内接する球の中心の座標は

$$\left(\frac{1}{4}, \ \frac{1}{4}, \ \frac{1}{4}\right) \quad \cdots\cdots(答)$$

(2) xy 平面，yz 平面，zx 平面のすべてと接する球の中心を点 E とおく。この球の半径を $R\,(R>0)$ とおくと

[点 E と xy 平面の距離]=[点 E と yz 平面の距離]

　　　=[点 E と zx 平面の距離]=[球の半径 R]

が成り立ち，点 E の座標は (R, R, R) と表せる。

この球が平面 ABC と交わるための条件は

　　　[球の中心 E と平面 ABC の距離]＜[球の半径 R]

が成り立つことであり

　　　$\left|-\dfrac{5}{3}R+\dfrac{2}{3}\right|<R$

　　　((1)で求めた球の中心と平面 ABC の
　　　距離を利用した)

より

　　　$|5R-2|<3R$

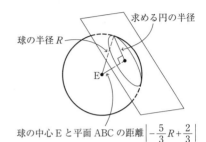

求める円の半径

球の半径 R

球の中心 E と平面 ABC の距離 $\left|-\dfrac{5}{3}R+\dfrac{2}{3}\right|$

よって

　　　$-3R<5R-2<3R$

　　　$\begin{cases} -3R<5R-2 \\ 5R-2<3R \end{cases}$

　　∴ $\dfrac{1}{4}<R<1$

このときに，求める円の半径は

$$\sqrt{R^2-\left(-\dfrac{5}{3}R+\dfrac{2}{3}\right)^2}=\sqrt{-\dfrac{16}{9}R^2+\dfrac{20}{9}R-\dfrac{4}{9}}$$

$$=\sqrt{-\dfrac{16}{9}\left(R-\dfrac{5}{8}\right)^2+\dfrac{1}{4}}$$

よって，$\dfrac{1}{4}<R<1$ における円の半径の最大値は，$R=\dfrac{5}{8}$ のときの $\sqrt{\dfrac{1}{4}}=\dfrac{1}{2}$ であるか

ら，円の面積の最大値は

　　　$\pi\left(\dfrac{1}{2}\right)^2=\dfrac{\pi}{4}$　……(答)

> **参考** 大学以降の数学で「球と平面が交わる」と言われれば，「(接する場合も含めて) 共
> 有点をもつ」と捉えるのが一般的である。しかし，高校数学で「球と平面が交わる」と
> 言われれば「接する場合は除いて交わる」と捉えることが多い。つまり，接点と交点と
> は別物でありその総称が共有点であるという立場である。入試問題では，出題側が一般
> 的な「交わる」の定義で出題してきているのに対して，受験生側が高校数学の定義で解
> 答しようとするので，そこにずれが生じる場合がある。本問の解答プロセスにおいても，
> R の範囲の不等号は等号を含むか含まないかは受験生にすると気になるところではある
> が，解答における重要度からするとたいしたことではなく，どちらにしていても問題は
> ない。

解 法 2

(1) 四面体 OABC に内接する球の中心を点Dとおく。この球の半径を r $(r>0)$ とおくと，球が xy 平面，yz 平面，zx 平面のすべてと接するための条件は

$$[点Dと xy 平面の距離]$$
$$=[点Dと yz 平面の距離]$$
$$=[点Dと zx 平面の距離]$$
$$=[球の半径 r]$$

が成り立つことであり，このとき点Dの座標は (r, r, r) と表せる。

四面体 OABC の体積に注目する。

$$[四面体 OABC の体積]=[四面体 DOAB の体積]+[四面体 DOBC の体積]$$
$$+[四面体 DOCA の体積]+[四面体 DABC の体積]$$

と表せて

$$
\begin{cases}
[四面体OABCの体積]=\dfrac{1}{3}\triangle OAB\cdot OC \\
\qquad\qquad\qquad\quad =\dfrac{1}{3}\cdot\dfrac{1}{2}\cdot1\cdot1\cdot2=\dfrac{1}{3} \\
[四面体DOABの体積]=\dfrac{1}{3}\triangle OAB\cdot r \\
\qquad\qquad\qquad\quad =\dfrac{1}{3}\cdot\dfrac{1}{2}\cdot1\cdot1\cdot r=\dfrac{1}{6}r \\
[四面体DOBCの体積]=\dfrac{1}{3}\triangle OBC\cdot r \\
\qquad\qquad\qquad\quad =\dfrac{1}{3}\cdot\dfrac{1}{2}\cdot1\cdot2\cdot r=\dfrac{1}{3}r \\
[四面体DOCAの体積]=\dfrac{1}{3}\triangle OCA\cdot r \\
\qquad\qquad\qquad\quad =\dfrac{1}{3}\cdot\dfrac{1}{2}\cdot1\cdot2\cdot r=\dfrac{1}{3}r \\
[四面体DABCの体積]=\dfrac{1}{3}\triangle ABC\cdot r \\
\qquad\qquad\qquad\quad =\dfrac{1}{3}\cdot\dfrac{1}{2}\cdot\sqrt{2}\cdot\dfrac{3}{\sqrt{2}}\cdot r=\dfrac{1}{2}r
\end{cases}
$$

それぞれの底面に
対して球の半径 r
は高さに当たる

よって

$$\dfrac{1}{3}=\dfrac{1}{6}r+\dfrac{1}{3}r+\dfrac{1}{3}r+\dfrac{1}{2}r$$

が成り立つので

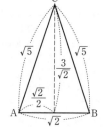

$$\frac{4}{3}r=\frac{1}{3} \qquad \therefore \quad r=\frac{1}{4}$$

したがって，四面体 OABC に内接する球の中心の座標は

$$\left(\frac{1}{4},\ \frac{1}{4},\ \frac{1}{4}\right) \quad \cdots\cdots\text{(答)}$$

参考 平面 ABC の方程式は

$$\frac{x}{1}+\frac{y}{1}+\frac{z}{2}=1 \text{ つまり } 2x+2y+z-2=0$$

と表すことができる。

［点 D と平面 ABC の距離］＝［球の半径 r］

が成り立つことより

$$\frac{|2r+2r+r-2|}{\sqrt{2^2+2^2+1^2}}=r$$

$$\frac{|5r-2|}{3}=r$$

$$|5r-2|=3r$$

（以下〔**解法1**〕と同様）

これを別の手法で求めたものが〔**解法1**〕である。

教科書の中には発展的な内容の扱いとして説明されているものもあるので，確認しておくとよい。平面の方程式を直接利用するとこのように〔**解法1**〕と比較して，計算処理はかなり簡単に済む。

32

四面体 OABC において，辺 OA の中点と辺 BC の中点を通る直線を l，辺 OB の中点と辺 CA の中点を通る直線を m，辺 OC の中点と辺 AB の中点を通る直線を n とする。$l \perp m$，$m \perp n$，$n \perp l$ であり，AB $= \sqrt{5}$，BC $= \sqrt{3}$，CA $= 2$ のとき，以下の問いに答えよ。

(1) 直線 OB と直線 CA のなす角 θ $\left(0 \leqq \theta \leqq \dfrac{\pi}{2}\right)$ を求めよ。

(2) 四面体 OABC の 4 つの頂点をすべて通る球の半径を求めよ。

ポイント 四面体のすべての頂点を通る球の半径を求める問題である。

(1) 直線のなす角は 0 から $\dfrac{\pi}{2}$ まで，ベクトルのなす角は 0 から π までで定義されていることに注意し，まずはベクトルのなす角を求めよう。$\overrightarrow{OB}$ と $\overrightarrow{CA}$ のなす角を α $(0 \leqq \alpha \leqq \pi)$ とおくと

$$\cos \alpha = \frac{\overrightarrow{OB} \cdot \overrightarrow{CA}}{|\overrightarrow{OB}||\overrightarrow{CA}|} = \frac{\overrightarrow{OB} \cdot (\overrightarrow{OA} - \overrightarrow{OC})}{|\overrightarrow{OB}||\overrightarrow{CA}|} = \frac{\overrightarrow{OA} \cdot \overrightarrow{OB} - \overrightarrow{OB} \cdot \overrightarrow{OC}}{|\overrightarrow{OB}||\overrightarrow{CA}|}$$

と表せるので，$l \perp m$，$m \perp n$，$n \perp l$ の条件からベクトルの内積の計算に持ち込み，$|\overrightarrow{OA}|$，$|\overrightarrow{OB}|$，$|\overrightarrow{OC}|$ と内積の値 $\overrightarrow{OA} \cdot \overrightarrow{OB}$，$\overrightarrow{OB} \cdot \overrightarrow{OC}$，$\overrightarrow{OC} \cdot \overrightarrow{OA}$ を求め，必要なものを上式に代入することで，$\cos \alpha$ の値を求めよう。α を求めるということなので，$\cos \alpha$ の値は角 α が読み取れるような値になるはずである。

(2) 辺 OA，OB，OC，AB，BC，CA の中点をそれぞれ P，Q，R，S，T，U とおく。中点連結定理を適用すると，四角形 PRTS は平行四辺形となり，対角線 PT と RS は互いの中点で交わる。同様に四角形 SURQ は平行四辺形となり，対角線 RS と QU は互いの中点で交わることが示せることから線分 PT，RS，QU は互いの中点で交わる。この点を V とし，点 V が求める球の中心であると予想する。〔解法 1〕ではその予想が正しいことを裏づける方法として，三角形 VOA，VOB，VOC が二等辺三角形になることを示し，AV $=$ BV $=$ CV $=$ OV であることを求める。また，〔解法 2〕では四面体 OABC が等面四面体，つまりすべての面が合同な四面体であることから，等面四面体の「直方体に埋め込むことができる」という性質を用いた。

方針が立てづらいところもあるが，何を求めたら解答がつながるかを考えて目標を立てながら解き進めていこう。

(1)，(2)で繰り返し同じプロセスの計算をするところを〔解法 1〕では全計算過程を記しておいたが，答案では「同様にして」で過程は省略してよい。

(1) 辺 OA，OB，OC，AB，BC，CA の中点をそれぞれ P，Q，R，S，T，U とすると

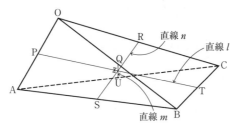

$$\overrightarrow{OP} = \frac{\overrightarrow{OA}}{2}$$

$$\overrightarrow{OQ} = \frac{\overrightarrow{OB}}{2}$$

$$\overrightarrow{OR} = \frac{\overrightarrow{OC}}{2}$$

$$\overrightarrow{OS} = \frac{\overrightarrow{OA} + \overrightarrow{OB}}{2}$$

$$\overrightarrow{OT} = \frac{\overrightarrow{OB} + \overrightarrow{OC}}{2}$$

$$\overrightarrow{OU} = \frac{\overrightarrow{OC} + \overrightarrow{OA}}{2}$$

$\overrightarrow{OB}$ と $\overrightarrow{CA}$ のなす角を α $(0 \leqq \alpha \leqq \pi)$ とおくと

$$\overrightarrow{OB} \cdot \overrightarrow{CA} = |\overrightarrow{OB}||\overrightarrow{CA}|\cos\alpha$$

よって

$$\cos\alpha = \frac{\overrightarrow{OB} \cdot \overrightarrow{CA}}{|\overrightarrow{OB}||\overrightarrow{CA}|} = \frac{\overrightarrow{OB} \cdot (\overrightarrow{OA} - \overrightarrow{OC})}{|\overrightarrow{OB}||\overrightarrow{CA}|} = \frac{\overrightarrow{OA} \cdot \overrightarrow{OB} - \overrightarrow{OB} \cdot \overrightarrow{OC}}{|\overrightarrow{OB}||\overrightarrow{CA}|} \quad \cdots\cdots①$$

(ア) $l \perp m$ より $\overrightarrow{PT} \perp \overrightarrow{QU}$ であるから $\overrightarrow{PT} \cdot \overrightarrow{QU} = 0$

$$(\overrightarrow{OT} - \overrightarrow{OP}) \cdot (\overrightarrow{OU} - \overrightarrow{OQ}) = 0$$

$$\left(\frac{\overrightarrow{OB} + \overrightarrow{OC}}{2} - \frac{\overrightarrow{OA}}{2}\right) \cdot \left(\frac{\overrightarrow{OC} + \overrightarrow{OA}}{2} - \frac{\overrightarrow{OB}}{2}\right) = 0$$

$$\frac{1}{4}\{\overrightarrow{OC} + (\overrightarrow{OB} - \overrightarrow{OA})\} \cdot \{\overrightarrow{OC} - (\overrightarrow{OB} - \overrightarrow{OA})\} = 0$$

$$|\overrightarrow{OC}|^2 - |\overrightarrow{OB} - \overrightarrow{OA}|^2 = 0$$

$$|\overrightarrow{OC}|^2 = |\overrightarrow{AB}|^2$$

よって $|\overrightarrow{OC}| = |\overrightarrow{AB}| = \sqrt{5}$ ……②

(イ) $m \perp n$ より $\overrightarrow{QU} \perp \overrightarrow{RS}$ であるから $\overrightarrow{QU} \cdot \overrightarrow{RS} = 0$

$$(\overrightarrow{OU} - \overrightarrow{OQ}) \cdot (\overrightarrow{OS} - \overrightarrow{OR}) = 0$$

$$\left(\frac{\overrightarrow{OC} + \overrightarrow{OA}}{2} - \frac{\overrightarrow{OB}}{2}\right) \cdot \left(\frac{\overrightarrow{OA} + \overrightarrow{OB}}{2} - \frac{\overrightarrow{OC}}{2}\right) = 0$$

$$\frac{1}{4}\{\overrightarrow{OA} + (\overrightarrow{OC} - \overrightarrow{OB})\} \cdot \{\overrightarrow{OA} - (\overrightarrow{OC} - \overrightarrow{OB})\} = 0$$

$$|\overrightarrow{OA}|^2 - |\overrightarrow{OC} - \overrightarrow{OB}|^2 = 0$$

$$|\overrightarrow{OA}|^2 = |\overrightarrow{BC}|^2$$

よって $|\overrightarrow{OA}| = |\overrightarrow{BC}| = \sqrt{3}$ ……③

(ウ) $n \perp l$ より $\overrightarrow{RS} \perp \overrightarrow{PT}$ であるから $\overrightarrow{RS} \cdot \overrightarrow{PT} = 0$

$$(\overrightarrow{OS} - \overrightarrow{OR}) \cdot (\overrightarrow{OT} - \overrightarrow{OP}) = 0$$

$$\left(\frac{\overrightarrow{OA} + \overrightarrow{OB}}{2} - \frac{\overrightarrow{OC}}{2}\right) \cdot \left(\frac{\overrightarrow{OB} + \overrightarrow{OC}}{2} - \frac{\overrightarrow{OA}}{2}\right) = 0$$

$$\frac{1}{4}\{\overrightarrow{OB} + (\overrightarrow{OA} - \overrightarrow{OC})\} \cdot \{\overrightarrow{OB} - (\overrightarrow{OA} - \overrightarrow{OC})\} = 0$$

$$|\overrightarrow{OB}|^2 - |\overrightarrow{OA} - \overrightarrow{OC}|^2 = 0$$

$$|\overrightarrow{OB}|^2 = |\overrightarrow{CA}|^2$$

よって $|\overrightarrow{OB}| = |\overrightarrow{CA}| = 2$ ……④

(エ) $|\overrightarrow{AB}| = \sqrt{5}$ であるから

$$|\overrightarrow{AB}|^2 = 5$$

$$|\overrightarrow{OB} - \overrightarrow{OA}|^2 = 5$$

$$|\overrightarrow{OB}|^2 - 2\overrightarrow{OA} \cdot \overrightarrow{OB} + |\overrightarrow{OA}|^2 = 5$$

③, ④より

$$2^2 - 2\overrightarrow{OA} \cdot \overrightarrow{OB} + (\sqrt{3})^2 = 5$$

よって $\overrightarrow{OA} \cdot \overrightarrow{OB} = 1$

(オ) $|\overrightarrow{BC}| = \sqrt{3}$ であるから

$$|\overrightarrow{BC}|^2 = 3$$

$$|\overrightarrow{OC} - \overrightarrow{OB}|^2 = 3$$

$$|\overrightarrow{OC}|^2 - 2\overrightarrow{OB} \cdot \overrightarrow{OC} + |\overrightarrow{OB}|^2 = 3$$

②, ④より

$$(\sqrt{5})^2 - 2\overrightarrow{OB} \cdot \overrightarrow{OC} + 2^2 = 3$$

よって $\overrightarrow{OB} \cdot \overrightarrow{OC} = 3$

(カ) $|\overrightarrow{\text{CA}}| = 2$ であるから

$\qquad |\overrightarrow{\text{CA}}|^2 = 4$

$\qquad |\overrightarrow{\text{OA}} - \overrightarrow{\text{OC}}|^2 = 4$

$\qquad |\overrightarrow{\text{OA}}|^2 - 2\overrightarrow{\text{OC}} \cdot \overrightarrow{\text{OA}} + |\overrightarrow{\text{OC}}|^2 = 4$

②, ③より

$\qquad (\sqrt{3})^2 - 2\overrightarrow{\text{OC}} \cdot \overrightarrow{\text{OA}} + (\sqrt{5})^2 = 4$

よって $\quad \overrightarrow{\text{OC}} \cdot \overrightarrow{\text{OA}} = 2$

(ア)～(カ)の結果をまとめると

$$\begin{cases} |\overrightarrow{\text{OA}}| = |\overrightarrow{\text{BC}}| = \sqrt{3} \\ |\overrightarrow{\text{OB}}| = |\overrightarrow{\text{CA}}| = 2 \\ |\overrightarrow{\text{OC}}| = |\overrightarrow{\text{AB}}| = \sqrt{5} \qquad \cdots\cdots (*) \\ \overrightarrow{\text{OA}} \cdot \overrightarrow{\text{OB}} = 1 \\ \overrightarrow{\text{OB}} \cdot \overrightarrow{\text{OC}} = 3 \\ \overrightarrow{\text{OC}} \cdot \overrightarrow{\text{OA}} = 2 \end{cases}$$

①にこれらのうち $\overrightarrow{\text{OA}} \cdot \overrightarrow{\text{OB}} = 1$, $\overrightarrow{\text{OB}} \cdot \overrightarrow{\text{OC}} = 3$, $|\overrightarrow{\text{OB}}| = |\overrightarrow{\text{CA}}| = 2$ を代入して

$$\cos\alpha = \frac{\overrightarrow{\text{OA}} \cdot \overrightarrow{\text{OB}} - \overrightarrow{\text{OB}} \cdot \overrightarrow{\text{OC}}}{|\overrightarrow{\text{OB}}||\overrightarrow{\text{CA}}|} = \frac{1-3}{2 \cdot 2} = -\frac{1}{2}$$

$0 \leqq \alpha \leqq \pi$ より $\quad \alpha = \dfrac{2}{3}\pi$

よって，$\overrightarrow{\text{OB}}$ と $\overrightarrow{\text{CA}}$ のなす角は $\dfrac{2}{3}\pi$ であるから，直線 OB と直線 CA のなす角 θ は

$\qquad \pi - \dfrac{2}{3}\pi = \dfrac{\pi}{3}$ $\quad \cdots\cdots$(答)

(2) 三角形 OCA において中点連結定理より $\quad \overrightarrow{\text{PR}} = \dfrac{1}{2}\overrightarrow{\text{AC}}$

三角形 ABC において中点連結定理より $\quad \overrightarrow{\text{ST}} = \dfrac{1}{2}\overrightarrow{\text{AC}}$

よって，$\overrightarrow{\text{PR}} = \overrightarrow{\text{ST}}$ より四角形 PRTS は平行四辺形となり，対角線 PT と RS は互いの中点で交わる。

また，三角形 ABC において中点連結定理より $\quad \overrightarrow{\text{SU}} = \dfrac{1}{2}\overrightarrow{\text{BC}}$

三角形 OBC において中点連結定理より $\quad \overrightarrow{\text{QR}} = \dfrac{1}{2}\overrightarrow{\text{BC}}$

よって，$\overrightarrow{\text{SU}} = \overrightarrow{\text{QR}}$ より四角形 SURQ は平行四辺形となり，対角線 RS と QU は互い

の中点で交わる。

したがって，PT，RS，QU は互いの中点で交わり，その交点を V とおく。

以下(＊)を用いて

(キ)　$\overrightarrow{OA} \cdot \overrightarrow{PV} = \overrightarrow{OA} \cdot \frac{1}{2}\overrightarrow{PT} = \frac{1}{4}\overrightarrow{OA} \cdot (-\overrightarrow{OA} + \overrightarrow{OB} + \overrightarrow{OC})$

$\qquad = \frac{1}{4}(-|\overrightarrow{OA}|^2 + \overrightarrow{OA} \cdot \overrightarrow{OB} + \overrightarrow{OC} \cdot \overrightarrow{OA})$

$\qquad = \frac{1}{4}\{-(\sqrt{3})^2 + 1 + 2\} = 0$

よって，$\overrightarrow{OA} \perp \overrightarrow{PV}$ となるので，P が辺 OA の中点であること
より，三角形 VOA は AV = OV である二等辺三角形である。

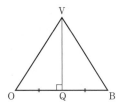

(ク)　$\overrightarrow{OB} \cdot \overrightarrow{QV} = \overrightarrow{OB} \cdot \frac{1}{2}\overrightarrow{QU} = \frac{1}{4}\overrightarrow{OB} \cdot (\overrightarrow{OA} - \overrightarrow{OB} + \overrightarrow{OC})$

$\qquad = \frac{1}{4}(-|\overrightarrow{OB}|^2 + \overrightarrow{OA} \cdot \overrightarrow{OB} + \overrightarrow{OB} \cdot \overrightarrow{OC})$

$\qquad = \frac{1}{4}(-2^2 + 1 + 3) = 0$

よって，$\overrightarrow{OB} \perp \overrightarrow{QV}$ となるので，Q が辺 OB の中点であるこ
とより，三角形 VOB は BV = OV である二等辺三角形であ
る。

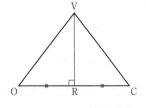

(ケ)　$\overrightarrow{OC} \cdot \overrightarrow{RV} = \overrightarrow{OC} \cdot \frac{1}{2}\overrightarrow{RS} = \frac{1}{4}\overrightarrow{OC} \cdot (\overrightarrow{OA} + \overrightarrow{OB} - \overrightarrow{OC})$

$\qquad = \frac{1}{4}(-|\overrightarrow{OC}|^2 + \overrightarrow{OB} \cdot \overrightarrow{OC} + \overrightarrow{OC} \cdot \overrightarrow{OA})$

$\qquad = \frac{1}{4}\{-(\sqrt{5})^2 + 3 + 2\} = 0$

よって，$\overrightarrow{OC} \perp \overrightarrow{RV}$ となるので，R が辺 OC の中点であ
ることより，三角形 VOC は CV = OV である二等辺三
角形である。

(キ)〜(ケ)より

$\qquad$ AV = BV = CV = OV

となるので，V が四面体 OABC の 4 つの頂点を通る球
の中心であるから，その球の半径は $|\overrightarrow{OV}|$ である。

$\qquad \overrightarrow{OV} = \frac{\overrightarrow{OP} + \overrightarrow{OT}}{2} = \frac{1}{4}(\overrightarrow{OA} + \overrightarrow{OB} + \overrightarrow{OC})$

より

$$|\overrightarrow{\mathrm{OV}}|^2 = \left|\frac{1}{4}(\overrightarrow{\mathrm{OA}}+\overrightarrow{\mathrm{OB}}+\overrightarrow{\mathrm{OC}})\right|^2$$

$$= \left(\frac{1}{4}\right)^2 (|\overrightarrow{\mathrm{OA}}|^2 + |\overrightarrow{\mathrm{OB}}|^2 + |\overrightarrow{\mathrm{OC}}|^2 + 2\overrightarrow{\mathrm{OA}}\cdot\overrightarrow{\mathrm{OB}} + 2\overrightarrow{\mathrm{OB}}\cdot\overrightarrow{\mathrm{OC}} + 2\overrightarrow{\mathrm{OC}}\cdot\overrightarrow{\mathrm{OA}})$$

$$= \left(\frac{1}{4}\right)^2 \{(\sqrt{3})^2 + 2^2 + (\sqrt{5})^2 + 2\cdot1 + 2\cdot3 + 2\cdot2\} = \frac{6}{4}$$

$$|\overrightarrow{\mathrm{OV}}| = \frac{\sqrt{6}}{2}$$

よって，求める球の半径は　　$\dfrac{\sqrt{6}}{2}$　……(答)

解 法 2

(2)　(1)より OA = BC，OB = CA，OC = AB より，四面体 OABC は次のような直方体に埋め込むことができる。

ここで直方体の 3 辺を x, y, z とすると

OA = $\sqrt{3}$，OB = 2，OC = $\sqrt{5}$ より

$$\begin{cases} x^2 + y^2 = 3 \\ y^2 + z^2 = 5 \\ z^2 + x^2 = 4 \end{cases}$$

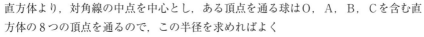

これを解いて

$$x = 1,\ y = \sqrt{2},\ z = \sqrt{3}$$

直方体より，対角線の中点を中心とし，ある頂点を通る球は O，A，B，C を含む直方体の 8 つの頂点を通るので，この半径を求めればよく

$$\frac{1}{2}\sqrt{x^2 + y^2 + z^2} = \frac{\sqrt{6}}{2} \quad \cdots\cdots(答)$$

参考 (1)で直線のなす角 θ をベクトルの内積を利用して求める際に，最初から $\cos\theta$ の値を求めようとはしないこと。直線のなす角 θ は $0 \leqq \theta \leqq \dfrac{\pi}{2}$ の範囲で定義され，ベクトルには向きがあるから，ベクトルのなす角 α は $0 \leqq \alpha \leqq \pi$ で定義されることに注意する。よって，直線のなす角 θ を求める場合には，いったんベクトルのなす角 α を求めて，それが $0 \leqq \alpha \leqq \dfrac{\pi}{2}$ の範囲におさまれば，α をそのまま直線のなす角 θ とみなせばよいし，ベクトルのなす角 α が $\dfrac{\pi}{2} < \alpha \leqq \pi$ の範囲になれば，直線のなす角 θ は π から α を引いた小さい方の角 $\pi - \alpha$ になる。

33

　2つの定数$a>0$および$b>0$に対し，座標空間内の4点を

　　A$(a,\ 0,\ 0)$，B$(0,\ b,\ 0)$，C$(0,\ 0,\ 1)$，D$(a,\ b,\ 1)$

と定める。以下の問いに答えよ。

⑴　点Aから線分 CD におろした垂線と CD の交点を G とする。G の座標を $a,\ b$ を用いて表せ。

⑵　さらに，点Bから線分 CD におろした垂線と CD の交点を H とする。$\overrightarrow{\mathrm{AG}}$ と $\overrightarrow{\mathrm{BH}}$ がなす角を θ とするとき，$\cos\theta$ を $a,\ b$ を用いて表せ。

ポイント　⑴　点 G は線分 CD 上の点である。始点を原点 O にとった $\overrightarrow{\mathrm{OG}}=\overrightarrow{\mathrm{OC}}+k\overrightarrow{\mathrm{CD}}$ $(0\le k\le1)$ より $\overrightarrow{\mathrm{OG}}$ の成分を求めることで，点 G の座標を求めることができるが，この段階では $k,\ a,\ b$ で表されている。次に $\overrightarrow{\mathrm{AG}}$ と $\overrightarrow{\mathrm{CD}}$ は垂直であることから，内積 $\overrightarrow{\mathrm{AG}}\cdot\overrightarrow{\mathrm{CD}}$ の値は 0 となることより得られる等式から k を $a,\ b$ で表す。これにより点 G の座標を $a,\ b$ だけで表すことができる。

　⑵　点 H は線分 CD 上の点であり，$\overrightarrow{\mathrm{BH}}$ と $\overrightarrow{\mathrm{CD}}$ は垂直である。⑴と同様のプロセスで $\overrightarrow{\mathrm{BH}}$ の成分を求める。$\overrightarrow{\mathrm{AG}}$ と $\overrightarrow{\mathrm{BH}}$ のなす角を θ とするとき，内積の定義より $\overrightarrow{\mathrm{AG}}\cdot\overrightarrow{\mathrm{BH}}$ $=|\overrightarrow{\mathrm{AG}}||\overrightarrow{\mathrm{BH}}|\cos\theta$ となるわけだから，何が既知で，何を求めなければならないかを整理する。$\overrightarrow{\mathrm{AG}},\ \overrightarrow{\mathrm{BH}}$ の成分がわかれば，内積 $\overrightarrow{\mathrm{AG}}\cdot\overrightarrow{\mathrm{BH}}$ を求めることができ，$|\overrightarrow{\mathrm{AG}}|,\ |\overrightarrow{\mathrm{BH}}|$ も求めることができる。よって，$\cos\theta$ を $a,\ b$ を用いて表せると考える。

　平面の図形を扱う問題では，座標が与えられていたら，まずは xy 平面上に図示して考えることが基本であるが，空間ベクトルを扱うときには，x 軸，y 軸，z 軸をきちんととって図示してみようとすると，図が複雑で見にくく考察の参考にならない場合が多い。よほど特別な場合を除き，〔解法〕の図のように概念を表すことができるような図を描いて（座標に関する位置関係はある程度無視してかまわない）考えた方がよい。

解　法

⑴　　$\overrightarrow{\mathrm{CD}}=(a,\ b,\ 1)-(0,\ 0,\ 1)$

　　　　$=(a,\ b,\ 0)$　……①

点 G は線分 CD 上の点なので

　　$\overrightarrow{\mathrm{CG}}=k\overrightarrow{\mathrm{CD}}$　$(0\le k\le1)$

と表せるから

　　$\overrightarrow{\mathrm{OG}}=\overrightarrow{\mathrm{OC}}+\overrightarrow{\mathrm{CG}}$

　　　　$=\overrightarrow{\mathrm{OC}}+k\overrightarrow{\mathrm{CD}}$

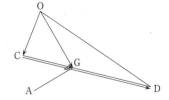

$$= (0,\ 0,\ 1) + k(a,\ b,\ 0)$$
$$= (ka,\ kb,\ 1)$$

よって, 点 G の座標は　　$(ka,\ kb,\ 1)$　……②

$$\overrightarrow{AG} = \overrightarrow{OG} - \overrightarrow{OA} = (ka - a,\ kb,\ 1)\quad ……③$$

$\overrightarrow{AG} \perp \overrightarrow{CD}$ なので, $\overrightarrow{AG} \cdot \overrightarrow{CD} = 0$ であるから, ①, ③より

$$(ka - a) \cdot a + kb \cdot b + 1 \cdot 0 = 0 \qquad k(a^2 + b^2) = a^2$$

ここで, $a > 0$, $b > 0$ であるから, $a^2 + b^2 > 0$ より

$$k = \frac{a^2}{a^2 + b^2}$$

となり, $0 < k < 1$ なので, 確かに点 G は線分 CD 上に存在する。

$k = \dfrac{a^2}{a^2 + b^2}$ を②に代入して, 点 G の座標は

$$\left(\frac{a^3}{a^2 + b^2},\ \frac{a^2 b}{a^2 + b^2},\ 1 \right)\quad ……(答)$$

(2)　点 H は線分 CD 上の点なので

$$\overrightarrow{CH} = l\overrightarrow{CD}\quad (0 \leqq l \leqq 1)$$

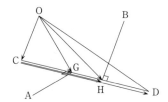

と表せるから, ②を求めた過程と同様にして

$$\overrightarrow{OH} = (la,\ lb,\ 1)$$
$$\overrightarrow{BH} = \overrightarrow{OH} - \overrightarrow{OB} = (la,\ lb - b,\ 1)\quad ……④$$

$\overrightarrow{BH} \perp \overrightarrow{CD}$ なので, $\overrightarrow{BH} \cdot \overrightarrow{CD} = 0$ であるから, ①, ④より

$$la \cdot a + (lb - b) \cdot b + 1 \cdot 0 = 0 \qquad l(a^2 + b^2) = b^2$$

ここで, $a > 0$, $b > 0$ であるから, $a^2 + b^2 > 0$ より

$$l = \frac{b^2}{a^2 + b^2}$$

となり, $0 < l < 1$ なので, 確かに点 H は線分 CD 上に存在する。

$l = \dfrac{b^2}{a^2 + b^2}$ を④に代入して

$$\overrightarrow{BH} = \left(\frac{ab^2}{a^2 + b^2},\ \frac{b^3}{a^2 + b^2} - b,\ 1 \right) = \left(\frac{ab^2}{a^2 + b^2},\ -\frac{a^2 b}{a^2 + b^2},\ 1 \right)$$

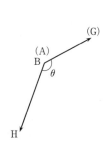

また, (1)の $k = \dfrac{a^2}{a^2 + b^2}$ を③に代入して

$$\overrightarrow{AG} = \left(\frac{a^3}{a^2 + b^2} - a,\ \frac{a^2 b}{a^2 + b^2},\ 1 \right) = \left(-\frac{ab^2}{a^2 + b^2},\ \frac{a^2 b}{a^2 + b^2},\ 1 \right)$$

$\overrightarrow{AG}$ と $\overrightarrow{BH}$ のなす角を θ とするとき

$$\overrightarrow{AG} \cdot \overrightarrow{BH} = |\overrightarrow{AG}||\overrightarrow{BH}| \cos\theta$$

ここで

$$\overrightarrow{AG}\cdot\overrightarrow{BH} = -\frac{(ab^2)^2}{(a^2+b^2)^2} - \frac{(a^2b)^2}{(a^2+b^2)^2} + 1$$

$$= -\frac{a^2b^2(a^2+b^2)}{(a^2+b^2)^2} + 1$$

$$= -\frac{a^2b^2}{a^2+b^2} + 1$$

$$= \frac{a^2 - a^2b^2 + b^2}{a^2+b^2}$$

$$|\overrightarrow{AG}| = \sqrt{\left(-\frac{ab^2}{a^2+b^2}\right)^2 + \left(\frac{a^2b}{a^2+b^2}\right)^2 + 1^2} = \sqrt{\frac{a^2b^2(a^2+b^2)}{(a^2+b^2)^2} + 1}$$

$$= \sqrt{\frac{a^2b^2}{a^2+b^2} + 1} = \sqrt{\frac{a^2 + a^2b^2 + b^2}{a^2+b^2}}$$

$$|\overrightarrow{BH}| = \sqrt{\left(\frac{ab^2}{a^2+b^2}\right)^2 + \left(-\frac{a^2b}{a^2+b^2}\right)^2 + 1^2} = \sqrt{\frac{a^2 + a^2b^2 + b^2}{a^2+b^2}}$$

よって

$$\cos\theta = \frac{\overrightarrow{AG}\cdot\overrightarrow{BH}}{|\overrightarrow{AG}||\overrightarrow{BH}|} = \frac{\dfrac{a^2 - a^2b^2 + b^2}{a^2+b^2}}{\dfrac{a^2 + a^2b^2 + b^2}{a^2+b^2}}$$

$$= \frac{a^2 - a^2b^2 + b^2}{a^2 + a^2b^2 + b^2} \quad \cdots\cdots(答)$$

> **参考** 点Gを「点Aから線分CDに下ろした垂線の足」という。同様に，点Hを「点Bから線分CDに下ろした垂線の足」という。この用語は教科書では使われていないから大学入試問題で目にすることは少ないであろうが，参考書などで見かけることもあるので知っておこう。

34

　一辺の長さが1の正方形 OABC を底面とし，点 P を頂点とする四角錐 POABC がある。ただし，点 P は内積に関する条件 $\overrightarrow{OA}\cdot\overrightarrow{OP}=\dfrac{1}{4}$，および $\overrightarrow{OC}\cdot\overrightarrow{OP}=\dfrac{1}{2}$ をみたす。辺 AP を2：1に内分する点を M とし，辺 CP の中点を N とする。さらに，点 P と直線 BC 上の点 Q を通る直線 PQ は，平面 OMN に垂直であるとする。このとき，長さの比 BQ：QC，および線分 OP の長さを求めよ。

> **ポイント**　直線 PQ ⊥ 平面 OMN であることを「$\overrightarrow{PQ}\perp\overrightarrow{OM}$ かつ $\overrightarrow{PQ}\perp\overrightarrow{ON}$」，さらに「$\overrightarrow{PQ}\cdot\overrightarrow{OM}=0$ かつ $\overrightarrow{PQ}\cdot\overrightarrow{ON}=0$」と考えるところがポイントである。ここで，まずは $\overrightarrow{OM}$ を $\overrightarrow{OA}$ と $\overrightarrow{OP}$ で表し，$\overrightarrow{ON}$ を $\overrightarrow{OC}$ と $\overrightarrow{OP}$ で表す。あとは $\overrightarrow{PQ}$ を何で表すかである。$\overrightarrow{PQ}=\overrightarrow{OQ}-\overrightarrow{OP}$ であるから，$\overrightarrow{OQ}$ をどのように表すかにほかならない。条件をうまく利用できる方法を考える。四角錐の底面 OABC において $\overrightarrow{OA}\neq\vec{0}$，$\overrightarrow{OC}\neq\vec{0}$，$\overrightarrow{OA}\not{/\!/}\overrightarrow{OC}$ である $\overrightarrow{OA}$ と $\overrightarrow{OC}$ をとり，これらで条件を表そうと考える。$\overrightarrow{OB}$ は用いない。なぜならば，$\overrightarrow{OA}\cdot\overrightarrow{OP}=\dfrac{1}{4}$，$\overrightarrow{OC}\cdot\overrightarrow{OP}=\dfrac{1}{2}$ の条件は与えられているが，$\overrightarrow{OB}\cdot\overrightarrow{OP}$ の値は与えられていないからである。直線と平面の垂直条件をベクトルの内積の式で表すことは空間ベクトルの問題の典型的な解法パターンである。
>
> 　また，〔解法1〕よりも簡単に答えが得られるというわけではないが，〔解法2〕のように，平面，空間を問わず，一般性を失わないように座標を設定するという方法が効果的な場合がある。座標が設定されている問題の解法としても理解しておこう。

解 法 1

点Mは辺 AP を2：1に内分する点なので

$$\overrightarrow{OM}=\frac{1\cdot\overrightarrow{OA}+2\overrightarrow{OP}}{2+1}=\frac{1}{3}\overrightarrow{OA}+\frac{2}{3}\overrightarrow{OP}$$

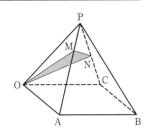

点Nは辺 CP の中点なので

$$\overrightarrow{ON}=\frac{1}{2}\overrightarrow{OC}+\frac{1}{2}\overrightarrow{OP}$$

点Qは直線 BC 上の点なので

$$\overrightarrow{CQ}=s\overrightarrow{CB}=s\overrightarrow{OA}\quad（s は実数）\quad\cdots\cdots①$$

と表せる。よって

$$\overrightarrow{PQ}=\overrightarrow{OQ}-\overrightarrow{OP}=\overrightarrow{OC}+\overrightarrow{CQ}-\overrightarrow{OP}$$
$$=s\overrightarrow{OA}+\overrightarrow{OC}-\overrightarrow{OP}$$

直線 PQ ⊥平面 OMN より　　　$\overrightarrow{PQ}\perp\overrightarrow{OM}$　かつ　$\overrightarrow{PQ}\perp\overrightarrow{ON}$

よって　　$\overrightarrow{PQ}\cdot\overrightarrow{OM}=0$　かつ　$\overrightarrow{PQ}\cdot\overrightarrow{ON}=0$

$\overrightarrow{PQ}\cdot\overrightarrow{OM}=0$ より

$$(s\overrightarrow{OA}+\overrightarrow{OC}-\overrightarrow{OP})\cdot\frac{1}{3}(\overrightarrow{OA}+2\overrightarrow{OP})=0$$

$$(s\overrightarrow{OA}+\overrightarrow{OC}-\overrightarrow{OP})\cdot(\overrightarrow{OA}+2\overrightarrow{OP})=0$$

$$s|\overrightarrow{OA}|^2+\overrightarrow{OC}\cdot\overrightarrow{OA}+(2s-1)\overrightarrow{OA}\cdot\overrightarrow{OP}+2\overrightarrow{OC}\cdot\overrightarrow{OP}-2|\overrightarrow{OP}|^2=0$$

ここで，$|\overrightarrow{OA}|=1$，$\overrightarrow{OC}\cdot\overrightarrow{OA}=0$，$\overrightarrow{OA}\cdot\overrightarrow{OP}=\frac{1}{4}$，$\overrightarrow{OC}\cdot\overrightarrow{OP}=\frac{1}{2}$ であるから

$$s\cdot1^2+0+\frac{1}{4}(2s-1)+2\cdot\frac{1}{2}-2|\overrightarrow{OP}|^2=0$$

$$\frac{3}{2}s-2|\overrightarrow{OP}|^2+\frac{3}{4}=0$$

$$\therefore\ \ 6s-8|\overrightarrow{OP}|^2+3=0\ \ \cdots\cdots②$$

$\overrightarrow{PQ}\cdot\overrightarrow{ON}=0$ より

$$(s\overrightarrow{OA}+\overrightarrow{OC}-\overrightarrow{OP})\cdot\frac{1}{2}(\overrightarrow{OC}+\overrightarrow{OP})=0$$

$$(s\overrightarrow{OA}+\overrightarrow{OC}-\overrightarrow{OP})\cdot(\overrightarrow{OC}+\overrightarrow{OP})=0$$

$$s\overrightarrow{OC}\cdot\overrightarrow{OA}+|\overrightarrow{OC}|^2+s\overrightarrow{OA}\cdot\overrightarrow{OP}-|\overrightarrow{OP}|^2=0$$

ここで，$|\overrightarrow{OC}|=1$，$\overrightarrow{OC}\cdot\overrightarrow{OA}=0$，$\overrightarrow{OA}\cdot\overrightarrow{OP}=\frac{1}{4}$ であるから

$$s\cdot0+1^2+\frac{1}{4}s-|\overrightarrow{OP}|^2=0$$

$$\frac{1}{4}s-|\overrightarrow{OP}|^2+1=0$$

$$\therefore\ \ s-4|\overrightarrow{OP}|^2+4=0\ \ \cdots\cdots③$$

②，③より　　$s=\frac{5}{4}$，$|\overrightarrow{OP}|=\frac{\sqrt{21}}{4}$

$s=\frac{5}{4}$ を①に代入して

$$\overrightarrow{CQ}=\frac{5}{4}\overrightarrow{CB}$$

よって　　BQ：QC＝1：5　$\cdots\cdots$（答）

線分 OP の長さは　　$\frac{\sqrt{21}}{4}$　$\cdots\cdots$（答）

解　法　2

点O，A，B，Cの座標をそれぞれ $(0,0,0)$，$(1,0,0)$，$(1,1,0)$，$(0,1,0)$ とし，点Pの座標を (x,y,z) $(z>0)$，点Qの座標を $(t,1,0)$ （t は実数）と表しても一般性は失われない。

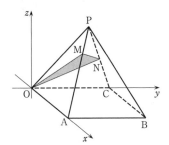

$\overrightarrow{OA} \cdot \overrightarrow{OP} = \dfrac{1}{4}$ より

$$x \cdot 1 + y \cdot 0 + z \cdot 0 = \frac{1}{4} \qquad \therefore \quad x = \frac{1}{4}$$

$\overrightarrow{OC} \cdot \overrightarrow{OP} = \dfrac{1}{2}$ より

$$x \cdot 0 + y \cdot 1 + z \cdot 0 = \frac{1}{2} \qquad \therefore \quad y = \frac{1}{2}$$

よって，点Pの座標は $\left(\dfrac{1}{4}, \dfrac{1}{2}, z \right)$ であるから

$$\overrightarrow{PQ} = \overrightarrow{OQ} - \overrightarrow{OP} = (t,1,0) - \left(\frac{1}{4}, \frac{1}{2}, z \right)$$

$$= \left(t - \frac{1}{4}, \frac{1}{2}, -z \right)$$

点Mは辺 AP を $2:1$ に内分する点なので

$$\overrightarrow{OM} = \frac{1 \cdot \overrightarrow{OA} + 2\overrightarrow{OP}}{2+1} = \frac{1}{3} (\overrightarrow{OA} + 2\overrightarrow{OP})$$

$$= \frac{1}{3} \left\{ (1,0,0) + 2 \left(\frac{1}{4}, \frac{1}{2}, z \right) \right\}$$

$$= \frac{1}{3} \left(\frac{3}{2}, 1, 2z \right)$$

また，点Nは辺 CP の中点なので

$$\overrightarrow{ON} = \frac{\overrightarrow{OC} + \overrightarrow{OP}}{2} = \frac{1}{2} \left\{ (0,1,0) + \left(\frac{1}{4}, \frac{1}{2}, z \right) \right\}$$

$$= \frac{1}{2} \left(\frac{1}{4}, \frac{3}{2}, z \right)$$

直線 PQ⊥平面 OMN より　　$\overrightarrow{PQ} \perp \overrightarrow{OM}$　かつ　$\overrightarrow{PQ} \perp \overrightarrow{ON}$

よって　　$\overrightarrow{PQ} \cdot \overrightarrow{OM} = 0$　かつ　$\overrightarrow{PQ} \cdot \overrightarrow{ON} = 0$

$\overrightarrow{PQ} \cdot \overrightarrow{OM} = 0$ より

$$\left(t - \frac{1}{4} \right) \cdot \frac{3}{2} + \frac{1}{2} \cdot 1 + (-z) \cdot 2z = 0$$

$$2z^2 - \frac{3}{2}t - \frac{1}{8} = 0 \quad \cdots\cdots ④$$

また，$\overrightarrow{PQ} \cdot \overrightarrow{ON} = 0$ より

$$\left(t - \frac{1}{4}\right) \cdot \frac{1}{4} + \frac{1}{2} \cdot \frac{3}{2} + (-z) \cdot z = 0$$

$$z^2 - \frac{1}{4}t - \frac{11}{16} = 0 \quad \cdots\cdots ⑤$$

④，⑤より　　$t = \frac{5}{4}$, $z = 1$　（$\because$　$z > 0$）

よって，点Qの座標は $\left(\frac{5}{4},\ 1,\ 0\right)$ であるから

$$BQ : QC = \frac{1}{4} : \frac{5}{4} = 1 : 5 \quad \cdots\cdots (答)$$

また，点Pの座標は $\left(\frac{1}{4},\ \frac{1}{2},\ 1\right)$ であるから，線分 OP の長さは

$$\sqrt{\left(\frac{1}{4}\right)^2 + \left(\frac{1}{2}\right)^2 + 1^2} = \frac{\sqrt{21}}{4} \quad \cdots\cdots (答)$$

35

2011 年度 〔4〕   **Level B**

空間内の 4 点

$$O(0,\ 0,\ 0),\ A(0,\ 2,\ 3),\ B(1,\ 0,\ 3),\ C(1,\ 2,\ 0)$$

を考える。このとき，以下の問いに答えよ。

(1) 4 点 O, A, B, C を通る球面の中心 D の座標を求めよ。

(2) 3 点 A, B, C を通る平面に点 D から垂線を引き，交点を F とする。線分 DF の長さを求めよ。

(3) 四面体 ABCD の体積を求めよ。

ポイント (1) 4 点 O, A, B, C を通る球面の中心 D は 4 点から等距離にある。

(2) 平面と垂直である直線は平面上の任意の直線と垂直である。平面上の平行でない 2 本の直線をとり，それと直交することより式を立てるのが定石である。典型的な考え方なのでよく理解し解法を身につけておきたい。本問では

平面 ABC⊥線分 DF

$\iff \overrightarrow{AB} \perp \overrightarrow{DF}$ かつ $\overrightarrow{AC} \perp \overrightarrow{DF}$ （$\overrightarrow{BC} \perp \overrightarrow{DF}$ でもよい）

$\iff \overrightarrow{AB} \cdot \overrightarrow{DF} = 0$ かつ $\overrightarrow{AC} \cdot \overrightarrow{DF} = 0$ （$\overrightarrow{BC} \cdot \overrightarrow{DF} = 0$ でもよい）

であることより立式すればよい。まずは $\overrightarrow{DF}$ の成分を表したい。

(3) (2)との関連から DF を高さとみることはすぐにわかるから，底面を三角形 ABC とみなせばよい。四面体の体積は，$\frac{1}{3} \times (底面積) \times (高さ)$ より求められるので，立体の底面と高さをどのようにみるかがわかれば簡単に求めることができる。

解 法

(1) 点 D の座標を $(a,\ b,\ c)$ とおく。

点 D は点 O, A, B, C から等距離にある点なので

$$OD = AD = BD = CD \iff a^2 + b^2 + c^2 = a^2 + (b-2)^2 + (c-3)^2$$
$$= (a-1)^2 + b^2 + (c-3)^2$$
$$= (a-1)^2 + (b-2)^2 + c^2$$

$$\iff \begin{cases} 4b + 6c = 13 \\ a + 3c = 5 \\ 2a + 4b = 5 \end{cases}$$

$$\iff a = \frac{1}{2},\ b = 1,\ c = \frac{3}{2}$$

よって，点Dの座標は $\left(\dfrac{1}{2},\ 1,\ \dfrac{3}{2}\right)$ ……(答)

(2) 点Fは平面 ABC 上にあるから

$$\overrightarrow{AF} = \alpha\overrightarrow{AB} + \beta\overrightarrow{AC} \quad (\alpha,\ \beta\ \text{は実数})$$

と表すことができて

$$\overrightarrow{DF} = \overrightarrow{AF} - \overrightarrow{AD} = \alpha\overrightarrow{AB} + \beta\overrightarrow{AC} - \overrightarrow{AD}$$

となる。

$$\text{平面 ABC} \perp \text{線分 DF} \iff \overrightarrow{AB} \perp \overrightarrow{DF} \quad \text{かつ} \quad \overrightarrow{AC} \perp \overrightarrow{DF}$$
$$\iff \overrightarrow{AB}\cdot\overrightarrow{DF} = 0 \quad \text{かつ} \quad \overrightarrow{AC}\cdot\overrightarrow{DF} = 0$$

であるから

$$\overrightarrow{AB}\cdot\overrightarrow{DF} = 0$$
$$\overrightarrow{AB}\cdot(\alpha\overrightarrow{AB} + \beta\overrightarrow{AC} - \overrightarrow{AD}) = 0$$
$$\alpha|\overrightarrow{AB}|^2 + \beta\overrightarrow{AB}\cdot\overrightarrow{AC} - \overrightarrow{AB}\cdot\overrightarrow{AD} = 0$$

ここで $\overrightarrow{AB} = (1,\ -2,\ 0)$, $\overrightarrow{AC} = (1,\ 0,\ -3)$, $\overrightarrow{AD} = \left(\dfrac{1}{2},\ -1,\ -\dfrac{3}{2}\right)$ なので

$$|\overrightarrow{AB}| = \sqrt{1^2 + (-2)^2 + 0^2} = \sqrt{5}$$
$$\overrightarrow{AB}\cdot\overrightarrow{AC} = 1\cdot1 + (-2)\cdot0 + 0\cdot(-3) = 1$$
$$\overrightarrow{AB}\cdot\overrightarrow{AD} = 1\cdot\dfrac{1}{2} + (-2)\cdot(-1) + 0\cdot\left(-\dfrac{3}{2}\right) = \dfrac{5}{2}$$

である。よって

$$5\alpha + \beta - \dfrac{5}{2} = 0$$
$$10\alpha + 2\beta = 5 \quad \text{……①}$$

また

$$\overrightarrow{AC}\cdot\overrightarrow{DF} = 0$$
$$\overrightarrow{AC}\cdot(\alpha\overrightarrow{AB} + \beta\overrightarrow{AC} - \overrightarrow{AD}) = 0$$
$$\alpha\overrightarrow{AB}\cdot\overrightarrow{AC} + \beta|\overrightarrow{AC}|^2 - \overrightarrow{AC}\cdot\overrightarrow{AD} = 0$$

さらに

$$|\overrightarrow{AC}| = \sqrt{1^2 + 0^2 + (-3)^2} = \sqrt{10}$$
$$\overrightarrow{AC}\cdot\overrightarrow{AD} = 1\cdot\dfrac{1}{2} + 0\cdot(-1) + (-3)\cdot\left(-\dfrac{3}{2}\right) = 5$$

である。よって

$$\alpha + 10\beta = 5 \quad \text{……②}$$

①, ②より $\alpha = \dfrac{20}{49}, \ \beta = \dfrac{45}{98}$

$$\overrightarrow{DF} = \dfrac{20}{49}\overrightarrow{AB} + \dfrac{45}{98}\overrightarrow{AC} - \overrightarrow{AD}$$

$$= \dfrac{20}{49}(1, \ -2, \ 0) + \dfrac{45}{98}(1, \ 0, \ -3) - \left(\dfrac{1}{2}, \ -1, \ -\dfrac{3}{2}\right)$$

$$= \left(\dfrac{18}{49}, \ \dfrac{9}{49}, \ \dfrac{6}{49}\right)$$

したがって $|\overrightarrow{DF}| = \dfrac{3}{49}\sqrt{6^2 + 3^2 + 2^2} = \dfrac{3}{7}$ ……(答)

> **参考** $\overrightarrow{DF} = \alpha\overrightarrow{AB} + \beta\overrightarrow{AC} - \overrightarrow{AD}$ と表した段階で, $\overrightarrow{DF} = \left(\alpha + \beta - \dfrac{1}{2}, \ -2\alpha + 1, \ -3\beta + \dfrac{3}{2}\right)$ と成
>
> 分で表してから, $\overrightarrow{AB} \cdot \overrightarrow{DF} = 0$, $\overrightarrow{AC} \cdot \overrightarrow{DF} = 0$ を計算してもよい。
>
> このような問題では最終的にどこかの段階で成分の計算をしなければならないわけで
> あるが, どのタイミングでそうするかによって解答がかなり変わってくる。
>
> 上のようにすると, $\overrightarrow{DF}$ の各成分に α, β が散らばり, 敷居は低くなるが計算は面倒に
> なる。

(3) 四面体 ABCD の高さを(2)で求めた線分 DF とみると底面は三角形 ABC である。

$$\triangle ABC = \dfrac{1}{2}\sqrt{|\overrightarrow{AB}|^2 |\overrightarrow{AC}|^2 - (\overrightarrow{AB} \cdot \overrightarrow{AC})^2}$$

$$= \dfrac{1}{2}\sqrt{(\sqrt{5})^2(\sqrt{10})^2 - 1^2} = \dfrac{7}{2}$$

したがって

$$(四面体 ABCD の体積) = \dfrac{1}{3} \cdot \triangle ABC \cdot DF$$

$$= \dfrac{1}{3} \cdot \dfrac{7}{2} \cdot \dfrac{3}{7}$$

$$= \dfrac{1}{2} \quad \cdots\cdots(答)$$

§7　微・積分法（計算）

36　2022 年度　〔2〕　Level B

n を 3 以上の自然数，α, β を相異なる実数とするとき，以下の問いに答えよ。

(1)　次をみたす実数 A, B, C と整式 $Q(x)$ が存在することを示せ。

$$x^n = (x-\alpha)(x-\beta)^2 Q(x) + A(x-\alpha)(x-\beta) + B(x-\alpha) + C$$

(2)　(1)の A, B, C を n, α, β を用いて表せ。

(3)　(2)の A について，n と α を固定して，β を α に近づけたときの極限 $\lim\limits_{\beta \to \alpha} A$ を求めよ。

ポイント　(1)　目標は，$x^n = (x-\alpha)(x-\beta)^2 Q(x) + A(x-\alpha)(x-\beta) + B(x-\alpha) + C$ を満たす実数 A, B, C と整式 $Q(x)$ が存在することを示すことである。x^n を 3 次の整式 $(x-\alpha)(x-\beta)^2$ で割り，商を $Q(x)$ とおく。その余りは 2 次以下の整式なので，実数 a, b, c を用いて $ax^2 + bx + c$ とおける。

この時点で

$$x^n = (x-\alpha)(x-\beta)^2 Q(x) + ax^2 + bx + c$$

と表すことができている。

次の目標は，$ax^2 + bx + c = A(x-\alpha)(x-\beta) + B(x-\alpha) + C$ と表すことなので，$ax^2 + bx + c$ を $(x-\alpha)(x-\beta)$ で割り，目的の形に近づけていく。

(2)　A, B, C を求めるのにどのようにすればよいのか方針を立てる。x^n についての等式において $x-\alpha$ の x の部分に $x=\alpha$ を代入すると 0 である。これで，ほとんどの部分が 0 となり，x^n についての等式から消去されることを利用する。同じ理由で $x=\beta$ も代入する。これで B と C を n, α, β を用いて表すことができるがまだ A が表せていないにもかかわらず与えられた条件を使い果たしたように見える。しかし与えられた x^n についての等式の両辺を x で微分してみると，別の式が得られて，これを用いることで A, B に関する条件を手に入れることができる。微分をすることで新たに条件を得るという手法を今まで知らなかった人は，これを機会に覚えておこう。

(3)　$\beta \to \alpha$ の極限を考えるので，$h = \beta - \alpha$ とおき，$h \to 0$ の極限を考えると，A を構成する $\beta - \alpha$ は h と置き換えられて，β は $h + \alpha$ と置き換えることができる。これは $\beta \to \alpha$ の極限を求めるときの定石である。二項定理をうまく利用するところがポイントとなる。単純な規則性を有する計算をすることになるが，煩雑なので計算ミスのないようにしよう。

解 法

(1)　　$x^n = (x-\alpha)(x-\beta)^2 Q(x) + A(x-\alpha)(x-\beta) + B(x-\alpha) + C$　……①

を満たす実数 A, B, C と整式 $Q(x)$ が存在することを示す。

x^n を $(x-\alpha)(x-\beta)^2$ で割ったときの商を $Q(x)$, 余りを $ax^2 + bx + c$ （a, b, c は実数）
とおくと

　　　　$x^n = (x-\alpha)(x-\beta)^2 Q(x) + ax^2 + bx + c$　……②

と表せる。

次に, $ax^2 + bx + c$ を $(x-\alpha)(x-\beta)$ で割ったときの商を A, 余りを $px + q$ （p, q は
実数）とおくと

　　　　$ax^2 + bx + c = A(x-\alpha)(x-\beta) + px + q$　……③

と表せる。

さらに, $px + q$ を $(x-\alpha)$ で割ったときの商を B, 余りを C とおくと

　　　　$px + q = B(x-\alpha) + C$　……④

と表せる。

②〜④より

　　　　$x^n = (x-\alpha)(x-\beta)^2 Q(x) + A(x-\alpha)(x-\beta) + B(x-\alpha) + C$

したがって, ①を満たす実数 A, B, C と整式 $Q(x)$ が存在する。　　（証明終）

(2)　①に $x = \alpha$ を代入すると

　　　　$C = \alpha^n$　……⑤　……（答）

①に $x = \beta$ を代入すると

　　　　$\beta^n = B(\beta-\alpha) + C$

これに⑤を代入すると

　　　　$\beta^n = B(\beta-\alpha) + \alpha^n$　　より　　$B(\beta-\alpha) = \beta^n - \alpha^n$

α, β は相異なる実数で, $\beta - \alpha \neq 0$ なので, 両辺を 0 ではない $\beta - \alpha$ で割ると

　　　　$B = \dfrac{\beta^n - \alpha^n}{\beta - \alpha}$　……⑥　……（答）

次に, ①の両辺を x で微分すると

　　　　$nx^{n-1} = \{(x-\alpha)(x-\beta)^2\}' Q(x) + (x-\alpha)(x-\beta)^2 Q'(x) + A\{(x-\alpha) + (x-\beta)\} + B$

　　　　　　　　$= \{(x-\beta)^2 + 2(x-\alpha)(x-\beta)\} Q(x) + (x-\alpha)(x-\beta)^2 Q'(x)$

　　　　　　　　　　　　　　　　　　　　　　　$+ A\{(x-\alpha) + (x-\beta)\} + B$

これに, $x = \beta$ を代入すると

　　　　$n\beta^{n-1} = A(\beta-\alpha) + B$

　　　　$A(\beta-\alpha) = n\beta^{n-1} - B$

両辺を 0 ではない $\beta-\alpha$ で割ると $\quad A=\dfrac{n\beta^{n-1}}{\beta-\alpha}-\dfrac{B}{\beta-\alpha}$

これに⑥を代入すると

$$A=\dfrac{n\beta^{n-1}}{\beta-\alpha}-\dfrac{\beta^n-\alpha^n}{(\beta-\alpha)^2} \quad \cdots\cdots(答)$$

(3) $\quad A=\dfrac{n\beta^{n-1}}{\beta-\alpha}-\dfrac{\beta^n-\alpha^n}{(\beta-\alpha)^2}$

において，$\beta-\alpha=h$ とおくと，$\beta=h+\alpha$ であり

$$A=\dfrac{n(h+\alpha)^{n-1}}{h}-\dfrac{(h+\alpha)^n-\alpha^n}{h^2}=\dfrac{nh(h+\alpha)^{n-1}-(h+\alpha)^n+\alpha^n}{h^2}$$

$$=\dfrac{1}{h^2}\{nh\,({}_{n-1}C_0 h^{n-1}\alpha^0+{}_{n-1}C_1 h^{n-2}\alpha^1+\cdots+{}_{n-1}C_{n-2}h^1\alpha^{n-2}+{}_{n-1}C_{n-1}h^0\alpha^{n-1})\}$$

$$-\dfrac{1}{h^2}({}_n C_0 h^n\alpha^0+{}_n C_1 h^{n-1}\alpha^1+\cdots+{}_n C_{n-1}h^1\alpha^{n-1}+{}_n C_n h^0\alpha^n)+\dfrac{\alpha^n}{h^2}$$

$$=n\,({}_{n-1}C_0 h^{n-2}\alpha^0+{}_{n-1}C_1 h^{n-3}\alpha^1+\cdots+{}_{n-1}C_{n-2}h^0\alpha^{n-2}+{}_{n-1}C_{n-1}h^{-1}\alpha^{n-1})$$

$$-({}_n C_0 h^{n-2}\alpha^0+{}_n C_1 h^{n-3}\alpha^1+\cdots+{}_n C_{n-1}h^{-1}\alpha^{n-1}+{}_n C_n h^{-2}\alpha^n)+\dfrac{\alpha^n}{h^2}$$

$$=(n_{n-1}C_0-{}_n C_0)\,h^{n-2}\alpha^0+(n_{n-1}C_1-{}_n C_1)\,h^{n-3}\alpha^1+\cdots+(n_{n-1}C_{n-3}-{}_n C_{n-3})\,h^1\alpha^{n-3}$$

$$+(n_{n-1}C_{n-2}-{}_n C_{n-2})\,h^0\alpha^{n-2}+(n_{n-1}C_{n-1}-{}_n C_{n-1})\,h^{-1}\alpha^{n-1}$$

ここで，$n_{n-1}C_{n-1}-{}_n C_{n-1}=n-n=0$ であることにも注意して

$$\lim_{\beta\to\alpha}A=\lim_{h\to 0}A=(n_{n-1}C_{n-2}-{}_n C_{n-2})\,\alpha^{n-2}$$

$$=\left\{n(n-1)-\dfrac{1}{2}n(n-1)\right\}\alpha^{n-2}$$

$$=\dfrac{1}{2}n(n-1)\,\alpha^{n-2} \quad \cdots\cdots(答)$$

参考
- $\begin{aligned}{}_{n-1}C_{n-2}&={}_{n-1}C_{(n-1)-(n-2)}\\&={}_{n-1}C_1\\&=n-1\end{aligned}$
- $\begin{aligned}{}_n C_{n-2}&={}_n C_{n-(n-2)}\\&={}_n C_2\\&=\dfrac{n(n-1)}{2}\end{aligned}$
- $\displaystyle\lim_{h\to 0}(n_{n-1}C_{n-1}-{}_n C_{n-1})\,h^{-1}$ は不定形ではない。

$n_{n-1}C_{n-1}-{}_n C_{n-1}=n\cdot 1-n=0$ のように一定の値に定まり，$\displaystyle\lim_{h\to 0}h^{-1}=\lim_{h\to 0}\dfrac{1}{h}$ の分母の極限値が 0 になることとは異なる。

$(n_{n-1}C_{n-1}-{}_n C_{n-1})\,h^{-1}\alpha^{n-1}=0$ である。

37

2022 年度 〔4〕   **Level B**

定積分について述べた次の文章を読んで，後の問いに答えよ。

区間 $a \leqq x \leqq b$ で連続な関数 $f(x)$ に対して，$F'(x) = f(x)$ となる関数 $F(x)$ を 1 つ選び，$f(x)$ の a から b までの定積分を

$$\int_a^b f(x)\,dx = F(b) - F(a) \qquad\qquad \cdots\cdots ①$$

で定義する。定積分の値は $F(x)$ の選び方によらずに定まる。定積分は次の性質 (A), (B), (C)をもつ。

(A) $\displaystyle\int_a^b \{kf(x) + lg(x)\}dx = k\int_a^b f(x)\,dx + l\int_a^b g(x)\,dx$

(B) $a \leqq c \leqq b$ のとき，$\displaystyle\int_a^c f(x)\,dx + \int_c^b f(x)\,dx = \int_a^b f(x)\,dx$

(C)   区間 $a \leqq x \leqq b$ において $g(x) \geqq h(x)$ ならば，$\displaystyle\int_a^b g(x)\,dx \geqq \int_a^b h(x)\,dx$

ただし，$f(x)$，$g(x)$，$h(x)$ は区間 $a \leqq x \leqq b$ で連続な関数，k, l は定数である。

以下，$f(x)$ を区間 $0 \leqq x \leqq 1$ で連続な増加関数とし，n を自然数とする。<u>定積分の性質 ［ ア ］ を用い</u>，定数関数に対する定積分の計算を行うと，

$$\frac{1}{n}f\left(\frac{i-1}{n}\right) \leqq \int_{\frac{i-1}{n}}^{\frac{i}{n}} f(x)\,dx \leqq \frac{1}{n}f\left(\frac{i}{n}\right) \quad (i = 1,\ 2,\ \cdots,\ n) \qquad\qquad \cdots\cdots ②$$

が成り立つことがわかる。$S_n = \dfrac{1}{n}\displaystyle\sum_{i=1}^n f\left(\dfrac{i-1}{n}\right)$ とおくと，不等式②と定積分の性質 ［ イ ］ より次の不等式が成り立つ。

$$0 \leqq \int_0^1 f(x)\,dx - S_n \leqq \frac{f(1) - f(0)}{n} \qquad\qquad \cdots\cdots ③$$

よって，はさみうちの原理より $\displaystyle\lim_{n\to\infty} S_n = \int_0^1 f(x)\,dx$ が成り立つ。

---

(1) 関数 $F(x)$，$G(x)$ が微分可能であるとき，

$$\{F(x) + G(x)\}' = F'(x) + G'(x)$$

が成り立つことを，導関数の定義に従って示せ。また，この等式と定積分の定義① を用いて，定積分の性質(A)で $k = l = 1$ とした場合の等式

$$\int_a^b \{f(x) + g(x)\}\,dx = \int_a^b f(x)\,dx + \int_a^b g(x)\,dx$$

を示せ。

(2) 定積分の定義①と平均値の定理を用いて，次を示せ。

$a < b$ のとき，区間 $a \leqq x \leqq b$ において $g(x) > 0$ ならば，$\displaystyle\int_a^b g(x)\,dx > 0$

(3) (A)，(B)，(C)のうち，空欄 　ア　 に入る記号として最もふさわしいものを1つ選び答えよ。また文章中の下線部の内容を詳しく説明することで，不等式②を示せ。

(4) (A)，(B)，(C)のうち，空欄 　イ　 に入る記号として最もふさわしいものを1つ選び答えよ。また，不等式③を示せ。

ポイント このような問題では，自分が知っている事項であっても不用意に使ってはならない。忠実に，問題で定義されていることや性質を利用して，証明するべきものにつなげていくというように，全問通して「何を用いてよいのか」「何を示すのか」を強く意識して，メリハリをつけた解答を目指そう。

(1) $F(x)$，$G(x)$ が微分可能であるとき，$\{F(x) + G(x)\}' = F'(x) + G'(x)$ が成り立つことを，導関数の定義に従って示した上で，これと定積分の定義①を用いて，$\displaystyle\int_a^b \{f(x) + g(x)\}\,dx = \int_a^b f(x)\,dx + \int_a^b g(x)\,dx$ を証明する問題である。用いてよいのはこの2つだけ。この定義と性質を丁寧につなぎ合わせて証明する。

導関数の定義とは

$$f'(x) = \lim_{h \to 0} \frac{f(x+h) - f(x)}{h}$$

である。$K(x) = F(x) + G(x)$ とおいてみて

$$K'(x) = \lim_{h \to 0} \frac{K(x+h) - K(x)}{h}$$

の計算から始めてみよう。

(2) 定積分の定義①と平均値の定理を用いるとあるので，それだけを用いて，命題を証明する。

本問で平均値の定理を用いるとすると

$$\frac{G(b) - G(a)}{b - a} = G'(c) = g(c) \quad (a < c < b)$$

を満たす c が存在するというように表すことになる。

(3) 　ア　 に何が入るかを埋めることで，何を用いて証明すればよいのかを意識させてくれる誘導つきの問題である。不等式の証明であることを手がかりに検討してみると，定積分の性質(C)を用いると証明できると予想できる。

(4) 　イ　 に何が入るかを埋めることで，何を用いて証明すればよいのかを意識させてくれる誘導つきの問題である。$S_n = \dfrac{1}{n}\displaystyle\sum_{i=1}^{n} f\left(\dfrac{i-1}{n}\right)$ とおくとあるので，(3)で証明した②を $i = 1, 2, \cdots, n$ で足し合わせればよいことがわかり，定積分を一つ一つ加えていく段階で，定積分の性質(B)を繰り返し用いていることになる。

解法

(1) 導関数の定義より

$$\{F(x) + G(x)\}' = \lim_{h \to 0} \frac{\{F(x+h) + G(x+h)\} - \{F(x) + G(x)\}}{h}$$

$$= \lim_{h \to 0} \left\{ \frac{F(x+h) - F(x)}{h} + \frac{G(x+h) - G(x)}{h} \right\}$$

$$= F'(x) + G'(x) \qquad \text{（証明終）}$$

ここで，区間 $a \leq x \leq b$ で連続な関数 $f(x)$，$g(x)$ に対して，$F'(x) = f(x)$，$G'(x) = g(x)$ となる関数 $F(x)$，$G(x)$ を 1 つずつ選ぶと

$$\{F(x) + G(x)\}' = f(x) + g(x)$$

と表せることになるから

$$\int_a^b \{f(x) + g(x)\} dx = \{F(b) + G(b)\} - \{F(a) + G(a)\} \quad (\because \quad ①)$$

$$= \{F(b) - F(a)\} + \{G(b) - G(a)\}$$

$$= \int_a^b f(x)\, dx + \int_a^b g(x)\, dx \quad (\because \quad ①) \qquad \text{（証明終）}$$

(2) $G'(x) = g(x)$ である関数 $G(x)$ に対して，定積分の定義①より

$$\int_a^b g(x)\, dx = G(b) - G(a)$$

ここで，平均値の定理より

$$\frac{G(b) - G(a)}{b - a} = G'(c) = g(c) \quad (a < c < b) \quad \cdots\cdots(*)$$

を満たす c が存在するので，$a < b$ のとき，区間 $a \leq x \leq b$ で，$g(x) > 0$ ならば，$a < c < b$ の c に対して，$g(c) > 0$ となる。よって，$(*)$ において，分母は $b - a > 0$ なので，分子は，$G(b) - G(a) > 0$ となる。

したがって $\displaystyle \int_a^b g(x)\, dx > 0$ （証明終）

(3) ア─(C)

$f(x)$ を区間 $0 \leq x \leq 1$ で連続な増加関数とするとき，区間 $\dfrac{i-1}{n} \leq x \leq \dfrac{i}{n}$

$(i = 1, 2, \cdots, n)$ で単調に増加するから $f\left(\dfrac{i-1}{n}\right) \leq f(x) \leq f\left(\dfrac{i}{n}\right)$

各辺を区間 $\dfrac{i-1}{n} \leq x \leq \dfrac{i}{n}$ で定積分すると，定積分の性質(C)を用いて

$$\int_{\frac{i-1}{n}}^{\frac{i}{n}} f\left(\frac{i-1}{n}\right) dx \leq \int_{\frac{i-1}{n}}^{\frac{i}{n}} f(x)\, dx \leq \int_{\frac{i-1}{n}}^{\frac{i}{n}} f\left(\frac{i}{n}\right) dx$$

$f\left(\dfrac{i-1}{n}\right)$, $f\left(\dfrac{i}{n}\right)$ はともに定数であり，定数関数に対する定積分の計算を行うと

$$f\left(\frac{i-1}{n}\right)\Bigl[x\Bigr]_{\frac{i-1}{n}}^{\frac{i}{n}} \leqq \int_{\frac{i-1}{n}}^{\frac{i}{n}} f(x)\,dx \leqq f\left(\frac{i}{n}\right)\Bigl[x\Bigr]_{\frac{i-1}{n}}^{\frac{i}{n}}$$

$$f\left(\frac{i-1}{n}\right)\left(\frac{i}{n}-\frac{i-1}{n}\right) \leqq \int_{\frac{i-1}{n}}^{\frac{i}{n}} f(x)\,dx \leqq f\left(\frac{i}{n}\right)\left(\frac{i}{n}-\frac{i-1}{n}\right)$$

よって　　$\dfrac{1}{n}f\left(\dfrac{i-1}{n}\right) \leqq \displaystyle\int_{\frac{i-1}{n}}^{\frac{i}{n}} f(x)\,dx \leqq \dfrac{1}{n}f\left(\dfrac{i}{n}\right)$　$(i=1,\ 2,\ \cdots,\ n)$　　　　（証明終）

(4)　イ─(B)

②において

$i=1$ のとき　　$\dfrac{1}{n}f(0) \leqq \displaystyle\int_{0}^{\frac{1}{n}} f(x)\,dx \leqq \dfrac{1}{n}f\left(\dfrac{1}{n}\right)$

$i=2$ のとき　　$\dfrac{1}{n}f\left(\dfrac{1}{n}\right) \leqq \displaystyle\int_{\frac{1}{n}}^{\frac{2}{n}} f(x)\,dx \leqq \dfrac{1}{n}f\left(\dfrac{2}{n}\right)$

$i=3$ のとき　　$\dfrac{1}{n}f\left(\dfrac{2}{n}\right) \leqq \displaystyle\int_{\frac{2}{n}}^{\frac{3}{n}} f(x)\,dx \leqq \dfrac{1}{n}f\left(\dfrac{3}{n}\right)$

　　　　⋮　　　　　　　　　　　⋮

$i=n$ のとき　　$\dfrac{1}{n}f\left(\dfrac{n-1}{n}\right) \leqq \displaystyle\int_{\frac{n-1}{n}}^{1} f(x)\,dx \leqq \dfrac{1}{n}f(1)$

これらの辺々を加えると

$$\frac{1}{n}\left\{f(0)+f\left(\frac{1}{n}\right)+f\left(\frac{2}{n}\right)+\cdots+f\left(\frac{n-1}{n}\right)\right\}$$

$$\leqq \int_{0}^{\frac{1}{n}} f(x)\,dx + \int_{\frac{1}{n}}^{\frac{2}{n}} f(x)\,dx + \int_{\frac{2}{n}}^{\frac{3}{n}} f(x)\,dx + \cdots + \int_{\frac{n-1}{n}}^{1} f(x)\,dx$$

$$\leqq \frac{1}{n}\left\{f\left(\frac{1}{n}\right)+f\left(\frac{2}{n}\right)+f\left(\frac{3}{n}\right)+\cdots+f(1)\right\}$$

$$\frac{1}{n}\sum_{i=1}^{n}f\left(\frac{i-1}{n}\right) \leqq \sum_{i=1}^{n}\int_{\frac{i-1}{n}}^{\frac{i}{n}} f(x)\,dx \leqq \frac{1}{n}\sum_{i=1}^{n}f\left(\frac{i-1}{n}\right)-\frac{1}{n}f(0)+\frac{1}{n}f(1)$$

ここで，左辺と右辺に S_n の定義を適用し，真ん中の辺において，定積分の性質(B)を繰り返し用いて

$$S_n \leqq \int_{0}^{1} f(x)\,dx \leqq S_n + \frac{f(1)-f(0)}{n}$$

よって

$$0 \leqq \int_{0}^{1} f(x)\,dx - S_n \leqq \frac{f(1)-f(0)}{n}$$

　　　　　　　　　　　　　　　　　　　　　　（証明終）

38 2019 年度 〔1〕   Level B

n を自然数とする。$x,\ y$ がすべての実数を動くとき，定積分

$$\int_0^1 (\sin (2n\pi t) - xt - y)^2 dt$$

の最小値を I_n とおく。極限 $\displaystyle\lim_{n\to\infty} I_n$ を求めよ。

ポイント　$\{\sin (2n\pi t) - xt - y\}^2$ を展開して定積分 $\displaystyle\int_0^1 \{\sin (2n\pi t) - xt - y\}^2 dt$ を 3 つの部分に分ける。それぞれ丁寧に計算して正しい式を得ること。展開するときには $xt+y$ は細分化せずにひとかたまりとみるとよい。$x,\ y$ の 2 変数の 2 次関数と表すことができるので，この最小値を求めるための策を練る。いったん x を固定して定数とし，y の 2 次関数とみなす。2 次関数で最小値を求めるために平方完成し，さらに $\dfrac{1}{12}x^2 + \dfrac{1}{n\pi}x + \dfrac{1}{2}$ の部分も平方完成する。その結果，y の 2 次関数として

$$\int_0^1 \{\sin (2n\pi t) - xt - y\}^2 dt = \left(y+\frac{1}{2}x\right)^2 + \frac{1}{12}\left(x+\frac{6}{n\pi}\right)^2 + \frac{1}{2} - \frac{3}{n^2\pi^2}$$

と表せ，$y = -\dfrac{1}{2}x$ のときに最小となる。さらに $\dfrac{1}{12}\left(x+\dfrac{6}{n\pi}\right)^2 + \dfrac{1}{2} - \dfrac{3}{n^2\pi^2}$ の部分を x の 2 次関数とみなすと，$x = -\dfrac{6}{n\pi}$ のときに最小となる。このとき y の値は $y = -\dfrac{1}{2}\left(-\dfrac{6}{n\pi}\right)$ $= \dfrac{3}{n\pi}$ となる。高校の範囲で 2 変数の関数の最大値・最小値などを求める問題には何らかの解決策がある。例えば，2 変数の和が与えられていて，それを使うことで 1 変数で表すことができる，あるいは，まず一方を定数として扱い，その後変数として変化させていくなどである。直接 2 変数の関数の増減を扱うには大学で学習する微分法の知識が必要だからである。そこで本問では $x,\ y$ のうちいずれかを定数とみなして 1 変数の関数として扱ったわけである。

解法

$$\int_0^1 \{\sin (2n\pi t) - xt - y\}^2 dt$$
$$= \int_0^1 \{\sin^2 (2n\pi t) - 2(xt+y)\sin (2n\pi t) + (xt+y)^2\} dt$$
$$= \int_0^1 \sin^2 (2n\pi t)\, dt - 2\int_0^1 (xt+y)\sin (2n\pi t)\, dt + \int_0^1 (xt+y)^2 dt$$

ここで

$$\int_0^1 \sin^2(2n\pi t)\, dt = \int_0^1 \frac{1 - \cos(4n\pi t)}{2}\, dt$$

$$= \frac{1}{2}\Big[t - \frac{1}{4n\pi} \sin(4n\pi t) \Big]_0^1$$

$$= \frac{1}{2}$$

$$\int_0^1 (xt + y) \sin(2n\pi t)\, dt$$

$$= \int_0^1 (xt + y) \Big\{ -\frac{1}{2n\pi} \cos(2n\pi t) \Big\}'\, dt$$

$$= \Big[(xt + y) \Big\{ -\frac{1}{2n\pi} \cos(2n\pi t) \Big\} \Big]_0^1 - \int_0^1 (xt + y)' \Big\{ -\frac{1}{2n\pi} \cos(2n\pi t) \Big\}\, dt$$

$$= (x + y)\Big(-\frac{1}{2n\pi} \Big) - y\Big(-\frac{1}{2n\pi} \Big) - \int_0^1 x \Big\{ -\frac{1}{2n\pi} \cos(2n\pi t) \Big\}\, dt$$

$$= -\frac{x}{2n\pi} + \frac{x}{2n\pi} \Big[\frac{1}{2n\pi} \sin(2n\pi t) \Big]_0^1$$

$$= -\frac{x}{2n\pi}$$

$$\int_0^1 (xt + y)^2\, dt = \int_0^1 (x^2 t^2 + 2xyt + y^2)\, dt$$

$$= \Big[\frac{1}{3} x^2 t^3 + xyt^2 + y^2 t \Big]_0^1$$

$$= \frac{1}{3} x^2 + xy + y^2$$

したがって

$$\int_0^1 \{ \sin(2n\pi t) - xt - y \}^2\, dt = \frac{1}{2} - 2\Big(-\frac{x}{2n\pi} \Big) + \frac{1}{3} x^2 + xy + y^2$$

$$= y^2 + xy + \frac{1}{3} x^2 + \frac{x}{n\pi} + \frac{1}{2}$$

$$= \Big(y + \frac{1}{2} x \Big)^2 - \frac{1}{4} x^2 + \frac{1}{3} x^2 + \frac{x}{n\pi} + \frac{1}{2}$$

$$= \Big(y + \frac{1}{2} x \Big)^2 + \frac{1}{12} x^2 + \frac{1}{n\pi} x + \frac{1}{2}$$

$$= \Big(y + \frac{1}{2} x \Big)^2 + \frac{1}{12}\Big(x + \frac{6}{n\pi} \Big)^2 + \frac{1}{2} - \frac{3}{n^2 \pi^2}$$

$\displaystyle\int_0^1 \{ \sin(2n\pi t) - xt - y \}^2\, dt$ は, $y = -\dfrac{1}{2} x$ かつ $x = -\dfrac{6}{n\pi}$,

つまり $(x,\ y) = \Big(-\dfrac{6}{n\pi},\ \dfrac{3}{n\pi} \Big)$ のときに最小となり, 最小値 I_n は

$$I_n = \frac{1}{2} - \frac{3}{n^2\pi^2}$$

したがって

$$\lim_{n\to\infty} I_n = \lim_{n\to\infty}\left(\frac{1}{2} - \frac{3}{n^2\pi^2}\right) = \frac{1}{2} \quad \cdots\cdots (答)$$

39 2015年度 〔2〕 Level B

以下の問いに答えよ。

(1) 関数 $y = \dfrac{1}{x(\log x)^2}$ は $x > 1$ において単調に減少することを示せ。

(2) 不定積分 $\displaystyle \int \dfrac{1}{x(\log x)^2} dx$ を求めよ。

(3) n を3以上の整数とするとき，不等式

$$\sum_{k=3}^{n} \dfrac{1}{k(\log k)^2} < \dfrac{1}{\log 2}$$

が成り立つことを示せ。

ポイント (1) $y = f(x)$ が $x > 1$ において単調に減少することを示すには，$x > 1$ において $f'(x) < 0$ となることを示せばよい。〔解法2〕のように示してもかまわないが，採点者がどこまでを要求しているのかわからないので，〔解法1〕のように丁寧に証明するほうが無難であろう。

商の微分法の公式を覚えておくこと。

$$\left\{ \dfrac{f(x)}{g(x)} \right\}' = \dfrac{f'(x)g(x) - f(x)g'(x)}{\{g(x)\}^2}$$

であり，特に

$$\left\{ \dfrac{1}{g(x)} \right\}' = -\dfrac{g'(x)}{\{g(x)\}^2}$$

である。

(2) この程度の積分であれば，〔解法1〕のように全体の構造を把握して直接積分できればよいが，それを見抜くことができなければ，〔参考〕のように $t = \log x$ とおいて，丁寧に置換積分法で計算すると確実に不定積分を求めることができる。置換するまでもなく直接計算できると判断した場合は〔解法1〕のようにすればよい。

(3) $k-1 \leq x \leq k$ $(k=3, 4, 5, \cdots)$ のとき

$$\dfrac{1}{k(\log k)^2} \leq \dfrac{1}{x(\log x)^2}$$

が成り立つことを利用する。

それは結果として〔解法1〕の図の網かけ部分の面積と太線部分の面積を比較していることになる。(1)・(2)にうまくつながっている。小問間の関連を意識して，どのように利用すればよいか考えながら解答しよう。

解法 1

(1) $y = \dfrac{1}{x(\log x)^2}$ より

$$y' = -\frac{x'(\log x)^2 + x\{(\log x)^2\}'}{x^2(\log x)^4} = -\frac{(\log x)^2 + x(2\log x)\dfrac{1}{x}}{x^2(\log x)^4}$$

$$= -\frac{\log x + 2}{x^2(\log x)^3}$$

$x > 1$ において $\log x > 0$ なので $\quad y' < 0$

したがって，関数 $y = \dfrac{1}{x(\log x)^2}$ は $x > 1$ において単調に減少する。 （証明終）

(2) $\displaystyle\int \frac{1}{x(\log x)^2}\,dx = \int (\log x)^{-2}\frac{1}{x}\,dx = -(\log x)^{-1} + C$

$$= -\frac{1}{\log x} + C \quad (C\,は積分定数) \quad \cdots\cdots(答)$$

> **参考** $\displaystyle\int \frac{1}{x(\log x)^2}\,dx$ において
>
> $\qquad t = \log x$
>
> とおく。両辺を x で微分すると
>
> $\qquad \dfrac{dt}{dx} = \dfrac{1}{x} \qquad \dfrac{1}{x}\,dx = dt$
>
> よって
>
> $\qquad \displaystyle\int \frac{1}{x(\log x)^2}\,dx = \int \frac{1}{(\log x)^2}\cdot\frac{1}{x}\,dx = \int \frac{1}{t^2}\,dt$
>
> $\qquad\qquad = -\dfrac{1}{t} + C$
>
> $\qquad\qquad = -\dfrac{1}{\log x} + C \quad (C\,は積分定数)$

(3) (1)で示したように関数 $y = \dfrac{1}{x(\log x)^2}$ は $x > 1$ において単調に減少するので

$$k-1 \leqq x \leqq k \quad (k = 3,\ 4,\ 5,\ \cdots)$$

のとき

$$\frac{1}{k(\log k)^2} \leqq \frac{1}{x(\log x)^2} \quad (等号は\,x = k\,のときに限る)$$

が成り立つ。

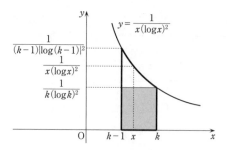

よって

$$\int_{k-1}^{k} \frac{1}{k\,(\log k)^2}\,dx < \int_{k-1}^{k} \frac{1}{x\,(\log x)^2}\,dx$$

$$\left[\frac{1}{k\,(\log k)^2}x\right]_{k-1}^{k} < \int_{k-1}^{k} \frac{1}{x\,(\log x)^2}\,dx$$

$$\frac{1}{k\,(\log k)^2} < \int_{k-1}^{k} \frac{1}{x\,(\log x)^2}\,dx$$

$k=3,\ 4,\ 5,\ \cdots,\ n$ として，辺々加えると

$$\sum_{k=3}^{n} \frac{1}{k\,(\log k)^2} < \sum_{k=3}^{n}\int_{k-1}^{k} \frac{1}{x\,(\log x)^2}\,dx$$

が成り立ち

$$\sum_{k=3}^{n} \frac{1}{k\,(\log k)^2} < \int_{2}^{n} \frac{1}{x\,(\log x)^2}\,dx$$

$$= \left[-\frac{1}{\log x}\right]_{2}^{n} \quad (\because \ \ (2))$$

$$= \frac{1}{\log 2} - \frac{1}{\log n} < \frac{1}{\log 2}$$

$$\left(n=3,\ 4,\ 5,\ \cdots のとき，\log n > \log 1 = 0 であるから \frac{1}{\log n} > 0\right)$$

$$\therefore \ \ \sum_{k=3}^{n} \frac{1}{k\,(\log k)^2} < \frac{1}{\log 2} \qquad\qquad （証明終）$$

解法 2

(1)　＜分母の単調性を考える解法＞

$y = \dfrac{1}{x\,(\log x)^2}$ において，$x>1$ のときに $y>0$ である。y の分母において，$x,\ \log x$ ともに単調に増加するので，これらの積 $x\,(\log x)^2$ も単調に増加する。

よって，その逆数である $y = \dfrac{1}{x\,(\log x)^2}$ は $x>1$ において単調に減少する。

（証明終）

40 2014年度〔5〕 Level C

2以上の自然数 n に対して，関数 $f_n(x)$ を
$$f_n(x) = (x-1)(2x-1)\cdots(nx-1)$$
と定義する。$k=1,\ 2,\ \cdots,\ n-1$ に対して，$f_n(x)$ が区間 $\dfrac{1}{k+1}<x<\dfrac{1}{k}$ でただ1つの極値をとることを証明せよ。

ポイント 微分可能な関数 $f_n(x)$ が区間 $\dfrac{1}{k+1}<x<\dfrac{1}{k}$ でただ1つの極値をとる条件は，

$f_n'(\alpha)=0\ \left(\dfrac{1}{k+1}<\alpha<\dfrac{1}{k}\right)$ を満たし，$x=\alpha$ の前後で $f_n'(x)$ の符号が $+\to-$ または $-\to+$ と変化する実数 α がただ1つ存在することである。ここで，$f_n(1),\ f_n\left(\dfrac{1}{2}\right),\ \cdots,\ f_n\left(\dfrac{1}{n}\right)$ がすべて0となり，等しい値であることに気づくことがカギとなる。$f_n'(x)=0$ となる x が区間 $\dfrac{1}{k+1}<x<\dfrac{1}{k}$ に存在することを示したい，ということと，$f_n\left(\dfrac{1}{k+1}\right)-f_n\left(\dfrac{1}{k}\right)=0$ となる，ということを結びつけて考えると，平均値の定理を用いるという発想が出てくる。

また，$f_n'(x)=0$ が $n-1$ 次方程式であり，高々 $n-1$ 個しか解をもたないことを用いれば，$f_n'(x)=0$ の解が区間 $\dfrac{1}{k+1}<x<\dfrac{1}{k}$ にただ1つしか存在しないことを示せる。

〔解法2〕は，$f_n'(x)$ を実際に計算する方法である。$f_n(x)$ は n 個の x に関する多項式の積の関数であるから，積の導関数の公式に従うと
$$f_n'(x)=f_n(x)\left(\dfrac{1}{x-1}+\dfrac{1}{x-\dfrac{1}{2}}+\dfrac{1}{x-\dfrac{1}{3}}+\cdots+\dfrac{1}{x-\dfrac{1}{n}}\right)$$
となる。ここで，$f_n(x)$ を0にする x は $1,\ \dfrac{1}{2},\ \dfrac{1}{3},\ \cdots,\ \dfrac{1}{n}$ であり，これらは区間 $\dfrac{1}{k+1}<x<\dfrac{1}{k}$ には存在しないので，この区間において $f_n(x)$ の符号が変化することはない。

次に，$g_n(x)=\dfrac{1}{x-1}+\dfrac{1}{x-\dfrac{1}{2}}+\dfrac{1}{x-\dfrac{1}{3}}+\cdots+\dfrac{1}{x-\dfrac{1}{n}}$ の増減について考察する。$g_n'(x)<0$ となることから，$g_n(x)$ は単調に減少することがわかる。あとは，区間 $\dfrac{1}{k+1}<x<\dfrac{1}{k}$ で $g_n(x)$ の符号が一度だけ変化することを示せばよい。

解法 1

$f_n(x) = (x-1)(2x-1)\cdots(nx-1)$ より

$$f_n(1) = f_n\left(\frac{1}{2}\right) = \cdots = f_n\left(\frac{1}{n}\right) = 0$$

ここで，$k=1,\ 2,\ \cdots,\ n-1$ に対して，平均値の定理より，$\dfrac{1}{k+1} < c_k < \dfrac{1}{k}$ かつ

$f_n'(c_k) = \dfrac{f_n\left(\dfrac{1}{k+1}\right) - f_n\left(\dfrac{1}{k}\right)}{\dfrac{1}{k+1} - \dfrac{1}{k}} = 0$ となるような実数 c_k が存在する。

よって，$f_n'(x) = 0$ は

$$\frac{1}{n} < c_{n-1} < \frac{1}{n-1} < \cdots < \frac{1}{3} < c_2 < \frac{1}{2} < c_1 < 1 \quad \cdots\cdots①$$

となる $n-1$ 個の実数 $c_1,\ c_2,\ \cdots,\ c_{n-1}$ を解にもつ。

ここで，$f_n(x)$ は n 次多項式なので，$f_n'(x) = 0$ は $n-1$ 次方程式となる。

よって，$f_n'(x) = 0$ は高々 $n-1$ 個の解しかもたないので，$c_1,\ c_2,\ \cdots,\ c_{n-1}$ 以外に解をもたない。

また，$f_n'(x)$ が c_k の前後で符号が変化しないとすると，区間 $\dfrac{1}{k+1} \leq x \leq \dfrac{1}{k}$ で $f_n(x)$

は単調に増加または減少するので，$f_n\left(\dfrac{1}{k+1}\right) = f_n\left(\dfrac{1}{k}\right)$ に反する。

以上より，$f_n(x)$ は $x = c_1,\ c_2,\ \cdots,\ c_{k-1}$ でのみ極値をとる。

①より，$f_n(x)$ は区間 $\dfrac{1}{k+1} < x < \dfrac{1}{k}$ でただ 1 つの極値をとる。　　　　　（証明終）

解法 2

$$f_n(x) = (x-1)(2x-1)(3x-1)\cdots(nx-1)$$

$$= 1(x-1)\cdot 2\left(x-\frac{1}{2}\right)\cdot 3\left(x-\frac{1}{3}\right)\cdot\cdots\cdot n\left(x-\frac{1}{n}\right)$$

$$= n!\,(x-1)\left(x-\frac{1}{2}\right)\left(x-\frac{1}{3}\right)\cdots\left(x-\frac{1}{n}\right)$$

$$f_n'(x) = n!\left\{(x-1)'\left(x-\frac{1}{2}\right)\left(x-\frac{1}{3}\right)\cdots\left(x-\frac{1}{n}\right)\right.$$

$$+ (x-1)\left(x-\frac{1}{2}\right)'\left(x-\frac{1}{3}\right)\cdots\left(x-\frac{1}{n}\right)$$

$$+ (x-1)\left(x-\frac{1}{2}\right)\left(x-\frac{1}{3}\right)'\cdots\left(x-\frac{1}{n}\right) + \cdots$$

$$+ (x-1)\left(x-\frac{1}{2}\right)\left(x-\frac{1}{3}\right)\cdots\left(x-\frac{1}{n}\right)\Big\}$$

$$= n!\left\{\left(x-\frac{1}{2}\right)\left(x-\frac{1}{3}\right)\cdots\left(x-\frac{1}{n}\right)\right.$$

$$+ (x-1)\left(x-\frac{1}{3}\right)\cdots\left(x-\frac{1}{n}\right)$$

$$+ (x-1)\left(x-\frac{1}{2}\right)\cdots\left(x-\frac{1}{n}\right)+\cdots$$

$$+ \left.(x-1)\left(x-\frac{1}{2}\right)\cdots\left(x-\frac{1}{n-1}\right)\right\}$$

$$= n!(x-1)\left(x-\frac{1}{2}\right)\left(x-\frac{1}{3}\right)\cdots\left(x-\frac{1}{n}\right)$$

$$\times\left(\frac{1}{x-1}+\frac{1}{x-\frac{1}{2}}+\frac{1}{x-\frac{1}{3}}+\cdots+\frac{1}{x-\frac{1}{n}}\right)$$

$$= f_n(x)\left(\frac{1}{x-1}+\frac{1}{x-\frac{1}{2}}+\frac{1}{x-\frac{1}{3}}+\cdots+\frac{1}{x-\frac{1}{n}}\right)$$

$f_n(x)=0$ の実数解は $x=1,\ \frac{1}{2},\ \frac{1}{3},\ \cdots,\ \frac{1}{n}$ であるから，$f_n(x)=0$ は区間 $\frac{1}{k+1}<x<\frac{1}{k}$ において実数解をもたず，$f_n(x)$ の符号は変化しない。

$$g_n(x)=\frac{1}{x-1}+\frac{1}{x-\frac{1}{2}}+\frac{1}{x-\frac{1}{3}}+\cdots+\frac{1}{x-\frac{1}{n}}$$

とおくと

$$g_n{}'(x)=-\frac{1}{(x-1)^2}-\frac{1}{\left(x-\frac{1}{2}\right)^2}-\frac{1}{\left(x-\frac{1}{3}\right)^2}-\cdots-\frac{1}{\left(x-\frac{1}{n}\right)^2}<0$$

であることから，$g_n(x)$ は単調に減少し，$k=1,\ 2,\ 3,\ \cdots,\ n-1$ に対して

$$\lim_{x\to\frac{1}{k+1}+0} g_n(x)=\lim_{x\to\frac{1}{k+1}+0}\left(\frac{1}{x-1}+\frac{1}{x-\frac{1}{2}}+\frac{1}{x-\frac{1}{3}}+\cdots+\frac{1}{x-\frac{1}{n}}\right)$$

において，$\frac{1}{k+1}$ は $\frac{1}{2},\ \frac{1}{3},\ \cdots,\ \frac{1}{n}$ のうちの１つと一致し，その一致する項のときのみ，$\displaystyle\lim_{x\to\frac{1}{k+1}+0}\frac{1}{x-\frac{1}{k+1}}=+\infty$ となり，それ以外の項に関しては $x\to\frac{1}{k+1}+0$ のとき有限の値をとる。

したがって

$$\lim_{x \to \frac{1}{k+1}+0} g_n(x) = \lim_{x \to \frac{1}{k+1}+0} \left(\frac{1}{x-1} + \frac{1}{x-\frac{1}{2}} + \frac{1}{x-\frac{1}{3}} + \cdots + \frac{1}{x-\frac{1}{n}} \right)$$

$$= +\infty \quad \cdots\cdots(\text{i})$$

次に

$$\lim_{x \to \frac{1}{k}-0} g_n(x) = \lim_{x \to \frac{1}{k}-0} \left(\frac{1}{x-1} + \frac{1}{x-\frac{1}{2}} + \frac{1}{x-\frac{1}{3}} + \cdots + \frac{1}{x-\frac{1}{n}} \right)$$

において，$\dfrac{1}{k}$ は 1，$\dfrac{1}{2}$，$\dfrac{1}{3}$，$\cdots$，$\dfrac{1}{n-1}$ のうちの１つと一致し，その一致する項のと

きのみ，$\displaystyle \lim_{x \to \frac{1}{k}-0} \frac{1}{x-\frac{1}{k}} = -\infty$ となり，それ以外の項に関しては $x \to \dfrac{1}{k}-0$ のとき有限の

値をとる。

したがって

$$\lim_{x \to \frac{1}{k}-0} g_n(x) = \lim_{x \to \frac{1}{k}-0} \left(\frac{1}{x-1} + \frac{1}{x-\frac{1}{2}} + \frac{1}{x-\frac{1}{3}} + \cdots + \frac{1}{x-\frac{1}{n}} \right)$$

$$= -\infty \quad \cdots\cdots(\text{ii})$$

区間 $\dfrac{1}{k+1} < x < \dfrac{1}{k}$ において連続であり単調に減少する関数 $g_n(x)$ が(i)，(ii)を満たすの

で，方程式 $g_n(x) = 0$ $\left(\dfrac{1}{k+1} < x < \dfrac{1}{k} \right)$ はただ１つの実数解 α_k をもち，関数 $g_n(x)$ は区

間 $\dfrac{1}{k+1} < x < \dfrac{1}{k}$ で符号がただ一度だけ $+ \to -$ と変化する。

よって $\qquad f_n'(\alpha_k) = f_n(\alpha_k) g_n(\alpha_k) = 0$

$f_n'(x) = f_n(x) g_n(x)$ の符号は区間 $\dfrac{1}{k+1} < x < \dfrac{1}{k}$ でただ一度だけ変わるから，$f_n(x)$ は区

間 $\dfrac{1}{k+1} < x < \dfrac{1}{k}$ でただ１つの極値をとる。 （証明終）

41

2009年度 〔5〕   Level   C

曲線 $y = e^x$ 上を動く点Pの時刻 t における座標を $(x(t),\ y(t))$ と表し,Pの速度ベクトルと加速度ベクトルをそれぞれ $\vec{v} = \left(\dfrac{dx}{dt},\ \dfrac{dy}{dt}\right)$ と $\vec{a} = \left(\dfrac{d^2x}{dt^2},\ \dfrac{d^2y}{dt^2}\right)$ とする。すべての時刻 t で $|\vec{v}| = 1$ かつ $\dfrac{dx}{dt} > 0$ であるとして,次の問いに答えよ。

(1) Pが点 $(s,\ e^s)$ を通過する時刻における速度ベクトル $\vec{v}$ を s を用いて表せ。

(2) Pが点 $(s,\ e^s)$ を通過する時刻における加速度ベクトル $\vec{a}$ を s を用いて表せ。

(3) Pが曲線全体を動くとき,$|\vec{a}|$ の最大値を求めよ。

ポイント 座標平面上を動く点Pの位置 $(x,\ y)$ は時刻 t で定まるから,$x,\ y$ はそれぞれ t の関数である。また,Pの速度はベクトル $\vec{v} = \left(\dfrac{dx}{dt},\ \dfrac{dy}{dt}\right)$ であり,その大きさ $|\vec{v}| = \sqrt{\left(\dfrac{dx}{dt}\right)^2 + \left(\dfrac{dy}{dt}\right)^2}$ が速さである。

ここで示された3つの条件 $y = e^x$,$|\vec{v}| = 1$,$\dfrac{dx}{dt} > 0$ がこの運動を決定している。すなわち,本問は,曲線 $y = e^x$ 上を右向きに速さ1で運動する点Pの速度ベクトル,加速度ベクトルを考える問題である。

$|\vec{v}| = 1$ という条件から x と y を t で表すのは困難である。$\dfrac{dx}{dt}$ を変数と見なし,$\dfrac{dy}{dt} = \dfrac{dy}{dx} \cdot \dfrac{dx}{dt}$ などの合成関数の微分公式を用いて $\vec{v}$ を x を用いて表そう。

解 法

(1) $y = e^x$ であるから $\dfrac{dy}{dt} = \dfrac{dy}{dx} \cdot \dfrac{dx}{dt} = e^x \dfrac{dx}{dt}$

       $\vec{v} = \left(\dfrac{dx}{dt},\ \dfrac{dy}{dt}\right) = \left(\dfrac{dx}{dt},\ e^x \dfrac{dx}{dt}\right)$

$\dfrac{dx}{dt} > 0$ であるから

       $|\vec{v}| = \sqrt{\left(\dfrac{dx}{dt}\right)^2 + \left(e^x \dfrac{dx}{dt}\right)^2} = \sqrt{\left(\dfrac{dx}{dt}\right)^2 (1 + e^{2x})} = \dfrac{dx}{dt} \sqrt{1 + e^{2x}}$

$$\therefore \quad \frac{dx}{dt} = \frac{1}{\sqrt{1+e^{2x}}}$$

よって　　$\vec{v} = \dfrac{1}{\sqrt{1+e^{2x}}} (1, \ e^x)$

Pが点 $(s, \ e^s)$ を通過する時刻において，$x=s$ であるから，求める速度ベクトル $\vec{v}$ は

$$\vec{v} = \left(\frac{1}{\sqrt{1+e^{2s}}} \ , \ \frac{e^s}{\sqrt{1+e^{2s}}} \right) \quad \cdots\cdots (答)$$

(2)　$\dfrac{dx}{dt} = X$ とおくと　　$X = \dfrac{1}{\sqrt{1+e^{2x}}} = (1+e^{2x})^{-\frac{1}{2}}$

$$\frac{d^2x}{dt^2} = \frac{dX}{dt} = \frac{dX}{dx} \cdot \frac{dx}{dt}$$

$$= -\frac{1}{2} (1+e^{2x})^{-\frac{3}{2}} \cdot 2e^{2x} \cdot \frac{1}{\sqrt{1+e^{2x}}}$$

$$= -\frac{e^{2x}}{(1+e^{2x})^2}$$

$\dfrac{dy}{dt} = Y$ とおくと　　$Y = \dfrac{e^x}{\sqrt{1+e^{2x}}} = e^x \cdot X$

$$\frac{d^2y}{dt^2} = \frac{dY}{dx} \cdot \frac{dx}{dt}$$

$$= \left(e^x X + e^x \frac{dX}{dx} \right) \cdot \frac{1}{\sqrt{1+e^{2x}}}$$

$$= \left\{ \frac{e^x}{\sqrt{1+e^{2x}}} - \frac{e^x \cdot e^{2x}}{(\sqrt{1+e^{2x}})^3} \right\} \cdot \frac{1}{\sqrt{1+e^{2x}}}$$

$$= \frac{e^x(1+e^{2x}) - e^{3x}}{(1+e^{2x})^2}$$

$$= \frac{e^x}{(1+e^{2x})^2}$$

以上より

$$\vec{\alpha} = \left(-\frac{e^{2x}}{(1+e^{2x})^2} \ , \ \frac{e^x}{(1+e^{2x})^2} \right)$$

Pが点 $(s, \ e^s)$ を通過する時刻において，$x=s$ であるから，求める加速度ベクトル $\vec{\alpha}$ は

$$\vec{\alpha} = \left(-\frac{e^{2s}}{(1+e^{2s})^2} \ , \ \frac{e^s}{(1+e^{2s})^2} \right) \quad \cdots\cdots (答)$$

(3)　Pが曲線全体を動くとき，s はすべての実数値をとる。

$|\vec{a}| \geqq 0$ であるから，$|\vec{a}|^2$ が最大値をとるとき $|\vec{a}|$ も最大値をとる。

(2)の結果より

$$|\vec{a}|^2 = \left\{ \frac{e^s}{(1+e^{2s})^2} \right\}^2 \times \{(-e^s)^2 + 1\}$$

$$= \frac{e^{2s}}{(1+e^{2s})^3}$$

ここで，$u = e^{2s}\ (>0)$ とおくと

$$|\vec{a}|^2 = \frac{u}{(1+u)^3}$$

と表せる。

$f(u) = \dfrac{u}{(1+u)^3}\ \ (u>0)$ とおくと，$f(u)$ が最大のときに $|\vec{a}|$ も最大となる。

$$f'(u) = \frac{1 \cdot (1+u)^3 - u \cdot 3(1+u)^2}{(1+u)^6} = \frac{1-2u}{(1+u)^4}$$

よって，$f(u)$ の増減表は右のようになる。

増減表より，$f(u)$ は $u = \dfrac{1}{2}$ のとき最大値 $\dfrac{4}{27}$ をとる。

ゆえに，$|\vec{a}|$ の最大値は

$$\sqrt{\frac{4}{27}} = \frac{2\sqrt{3}}{9} \ \ \cdots\cdots(答)$$

u	0	$\cdots$	$\dfrac{1}{2}$	$\cdots$
$f'(u)$		$+$	0	$-$
$f(u)$		$\nearrow$	$\dfrac{4}{27}$	$\searrow$

参考　$|\vec{a}|$ は，曲線 $y = g(x)$ の点 $(s,\ g(s))$ における曲率に等しい。曲率は曲線が曲がっている度合いを表す数値である。

§8 微・積分法（グラフ）

42 2021 年度 〔3〕 Level B

座標平面上の点 (x, y) について，次の条件を考える。

条件：すべての実数 t に対して $y \leqq e^t - xt$ が成立する。 ……（＊）

以下の問いに答えよ。必要ならば $\lim_{x \to +0} x \log x = 0$ を使ってよい。

(1) 条件（＊）をみたす点 (x, y) 全体の集合を座標平面上に図示せよ。

(2) 条件（＊）をみたす点 (x, y) のうち，$x \geqq 1$ かつ $y \geqq 0$ をみたすもの全体の集合を S とする。S を x 軸の周りに 1 回転させてできる立体の体積を求めよ。

> **ポイント** (1) 「すべての実数 t に対して」とあるので，t について考えるために t 軸を横軸にとることにすると，t の関数を扱うことになるので，$y \leqq e^t - xt$ を $e^t - xt - y \geqq 0$ と変形し，$f(t) = e^t - xt - y$ とおいて，$f(t) \geqq 0$ が成り立つ条件を求めればよく，図形的には，$u = f(t)$ のグラフが t 軸上または t 軸よりも上側にあるような条件を求める。$f(t)$ を t で微分して $f'(t)$ を求め，$f(t)$ の増減を調べて，グラフを描こう。わかりにくければ，〔参考〕にこれのもとになる考え方を記したので，参照されたい。方針が立たないときには〔参考〕のように具体例を考えてみるのもよい。
>
> (2) (1)で条件（＊）を満たす点 (x, y) 全体の集合が図示できれば，集合 S はその一部分なので，それを x 軸の周りに 1 回転させてできる回転体の体積は容易に定積分で表すことができる。対数を含む関数の部分積分法の手法を確認しておくこと。

解 法

(1) $y \leqq e^t - xt$ を $e^t - xt - y \geqq 0$ と変形して，$f(t) = e^t - xt - y$ とおく。

点 (X, Y) が条件（＊）を満たすためには，すべての実数 t に対して，

$f(t) = e^t - Xt - Y \geqq 0$ が成り立つことである。$e^t > 0$ であることに注意して，X について，次の 3 つの場合に分けて考える。

(ア) $X < 0$ のとき $f'(t) = e^t - X > 0$ となるので，$f(t)$ は単調に増加する。

$$\lim_{t \to -\infty} f(t) = \lim_{t \to -\infty} (e^t - Xt - Y) = -\infty$$

となり，$f(t) < 0$ となる t の範囲が存在することになるので，条件（＊）を満たさない。よって，$X < 0$ のとき，条件（＊）を満たす点 (X, Y) は存在しない。

(イ) $X = 0$ のとき $f(t) = e^t - Y$ であり，$f'(t) = e^t > 0$ となるので，$f(t)$ は単調に増加する。

$$\lim_{t \to -\infty} f(t) = -Y$$

求める条件は　　　$-Y \geqq 0$ つまり $Y \leqq 0$

よって，$X=0$ のとき，条件（＊）を満たす点 (X, Y) は直線 $x=0$ の $y \leqq 0$ の部分に存在する。

(ウ)　$X>0$ のとき $f'(t) = e^t - X$ について，

$f'(t) = 0$ とすると，$e^t - X = 0$ より　　　$t = \log X$

よって，$f(t)$ の増減は右のようになる。

t	$\cdots$	$\log X$	$\cdots$
$f'(t)$	$-$	0	$+$
$f(t)$	$\searrow$	極小	$\nearrow$

$$f(\log X) = e^{\log X} - X \log X - Y$$
$$= X - X \log X - Y$$

求める条件は

$$X - X \log X - Y \geqq 0$$

となることであり

$$Y \leqq X - X \log X$$

よって，$X>0$ のとき，条件（＊）を満たす点 (X, Y) は $y \leqq x - x \log x$ を満たす領域つまり曲線 $y = x - x \log x$ を含めて下側に存在する。

(ア)，(イ)，(ウ)で求める領域はわかったが，ここからは，$y = x - x \log x$ のグラフを描くために，増減を調べる。

$$y' = 1 - \log x - x \cdot \frac{1}{x} = -\log x$$

$y' = 0$ のとき　　　$x = 1$

よって，$x > 0$ における $y = x - x \log x$ の増減は右のようになる。

また

x	(0)	$\cdots$	1	$\cdots$
y'		$+$	0	$-$
y		$\nearrow$	1	$\searrow$

$$\lim_{x \to +0} y = \lim_{x \to +0} (x - x \log x) = 0 - 0 = 0$$
$$\lim_{x \to \infty} y = \lim_{x \to \infty} x(1 - \log x) = -\infty$$

(ア)，(イ)，(ウ)より，条件（＊）を満たす点 (x, y) 全体の集合は右図の網かけ部分のようになる（境界線を含む）。

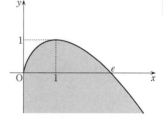

参考　条件（＊）を満たすかどうかというのは，具体的な点で考えるとわかりやすい。たとえば，点 $(1, 2)$ は条件（＊）を満たすだろうか。つまり，すべての実数 t に対して

$$2 \leqq e^t - t$$

が成り立つかということであり，それは

$$e^t - t - 2 \geqq 0 \quad (x, y \text{ が定まると左辺は } t \text{ の関数 } f(t) \text{ と表せる})$$

が成り立つかということである。これは，$t=1$ のときに，$e - 1 - 2 < 2.8 - 3 = -0.2 < 0$ であることから，成り立たない。よって，点 $(1, 2)$ は条件（＊）を満たす点 (x, y) 全

体の集合には含まれないということである。点 $(2, -1)$ は条件(∗)を満たすだろうか。つまり，すべての実数 t に対して

$$-1 \leqq e^t - 2t$$

が成り立つかということであり，それは

$$e^t - 2t + 1 \geqq 0 \quad (x, y \text{が定まると左辺は } t \text{の関数} f(t) \text{ と表せる})$$

が成り立つかということである。

上の点 $(1, 2)$ のときのように条件(∗)を満たさない t がすぐにわからないので，微分して増減を調べてみることにする。

$$f(t) = e^t - 2t + 1$$

とおいて

$$f'(t) = e^t - 2$$

$f'(t) = 0$ のとき，$e^t - 2 = 0$ より　　$t = \log 2$

よって，$f(t) = e^t - 2t + 1$ の増減は右のようになる。

ここで

t	$\cdots$	$\log 2$	$\cdots$
$f'(t)$	$-$	0	$+$
$f(t)$	$\searrow$	極小	$\nearrow$

$$f(\log 2) = e^{\log 2} - 2\log 2 + 1 = 3 - \log 4$$
$$= \log e^3 - \log 4 \geqq 0 \quad (\because \quad 3 > e > 2)$$

よって，点 $(2, -1)$ は条件(∗)を満たす点 (x, y) 全体の集合に含まれるということである。

次に，点 $(1, 2)$，$(2, -1)$ の代わりに一般的な (X, Y) に置き換えてみる。条件(∗)を満たす点 (X, Y) とは，すべての実数 t に対して

$$e^t - Xt - Y \geqq 0 \quad (x, y \text{が定まると左辺は } t \text{の関数} f(t) \text{ と表せる})$$

を満たす点のことであり，本問は $f(t) = e^t - Xt - Y$ とおいたときに，常に $f(t) \geqq 0$ が成り立つ点 (X, Y) が満たす条件を求めて，それを図示するということである。

(2)　集合 S は次図の網かけ部分である。よって，図の網かけ部分を x 軸の周りに1回転させてできる立体の体積を求める。

求める体積は

$$\int_1^e \pi y^2 dx$$
$$= \int_1^e \pi (x - x\log x)^2 dx$$
$$= \pi \int_1^e \{x^2 - 2x^2\log x + x^2(\log x)^2\} dx$$
$$= \pi \left\{ \int_1^e x^2 dx - 2\int_1^e x^2\log x dx + \int_1^e x^2(\log x)^2 dx \right\}$$

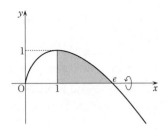

ここで

$$\int_1^e x^2 dx = \left[\frac{1}{3}x^3\right]_1^e = \frac{1}{3}e^3 - \frac{1}{3}$$

$$\int_1^e x^2\log x dx = \int_1^e \left(\frac{1}{3}x^3\right)' \log x dx$$
$$= \left[\frac{1}{3}x^3\log x\right]_1^e - \int_1^e \frac{1}{3}x^3 \cdot \frac{1}{x} dx$$

$$= \frac{1}{3}e^3 - \frac{1}{3}\int_1^e x^2 dx$$

$$= \frac{1}{3}e^3 - \frac{1}{3}\left[\frac{1}{3}x^3\right]_1^e$$

$$= \frac{1}{3}e^3 - \frac{1}{9}(e^3 - 1)$$

$$= \frac{2}{9}e^3 + \frac{1}{9} \quad \cdots\cdots①$$

$$\int_1^e x^2 (\log x)^2 dx = \int_1^e \left(\frac{1}{3}x^3\right)' (\log x)^2 dx$$

$$= \left[\frac{1}{3}x^3 (\log x)^2\right]_1^e - \int_1^e \frac{1}{3}x^3 \cdot 2 (\log x) \cdot \frac{1}{x} dx$$

$$= \frac{1}{3}e^3 - \frac{2}{3}\int_1^e x^2 \log x dx$$

$$= \frac{1}{3}e^3 - \frac{2}{3}\left(\frac{2}{9}e^3 + \frac{1}{9}\right) \quad (\because \quad ①)$$

$$= \frac{5}{27}e^3 - \frac{2}{27}$$

よって，求める体積は

$$\pi\left\{\left(\frac{1}{3}e^3 - \frac{1}{3}\right) - 2\left(\frac{2}{9}e^3 + \frac{1}{9}\right) + \left(\frac{5}{27}e^3 - \frac{2}{27}\right)\right\} = \frac{\pi}{27}(2e^3 - 17) \quad \cdots\cdots(答)$$

43

2020 年度 〔1〕   Level B

点 $(a, 0)$ を通り，曲線 $y=e^{-x}-e^{-2x}$ に接する直線が存在するような定数 a の値の範囲を求めよ。

ポイント 曲線に接する直線が存在するための条件を求める問題である。$y=e^{-x}-e^{-2x}$ 上の点の座標を $(t, e^{-t}-e^{-2t})$ とおいて，この点における接線の方程式を求め，それが点 $(a, 0)$ を通ることから，t の方程式 $(e^t-2)a-(e^t-2)t-(e^t-1)=0$ を変形して $a=t+\dfrac{e^t-1}{e^t-2}$ が得られる。この方程式の実数解は接点の x 座標である。接線が存在するための条件は，接点が存在することであり，それはこの方程式が実数解をもつことである。直接，方程式が解けるわけではないので，実数解をもつということをどのように示すかが本問のポイントである。この t の方程式の実数解は $y=a$ と $y=t+\dfrac{e^t-1}{e^t-2}$ のグラフを描いたときの共有点の t 座標に対応することに着目し，まずは $y=t+\dfrac{e^t-1}{e^t-2}$ のグラフを描く。もう一つのグラフは $y=a$ という x 軸に平行な直線になるから，直線 $y=a$ を上下に平行移動させながら 2 つのグラフが共有点をもつための条件を求める。〔**参考**〕ではその仕組みを説明している。

解 法

$y=e^{-x}-e^{-2x}$ の両辺を x で微分して
$$y'=-e^{-x}+2e^{-2x}$$
曲線 $y=e^{-x}-e^{-2x}$ 上の点 $(t, e^{-t}-e^{-2t})$ における接線の方程式は
$$y-(e^{-t}-e^{-2t})=(-e^{-t}+2e^{-2t})(x-t)$$
$$y=(-e^{-t}+2e^{-2t})x+(t+1)e^{-t}-(2t+1)e^{-2t}$$
この直線が点 $(a, 0)$ を通るための条件は
$$(e^{-t}-2e^{-2t})a-(t+1)e^{-t}+(2t+1)e^{-2t}=0$$
が成り立つことである。
両辺に e^{2t} をかけて
$$(e^t-2)a-(t+1)e^t+(2t+1)=0$$
$$(e^t-2)a-(e^t-2)t-(e^t-1)=0 \quad \cdots\cdots①$$
$e^t-2=0$ とすると，①は $-1=0$ となり成り立たないので，①において $e^t-2\neq0$ であるから，①の両辺を 0 ではない e^t-2 で割ると
$$a=t+\frac{e^t-1}{e^t-2} \quad \cdots\cdots②$$

この方程式の実数解 t は接点の x 座標であるから，接線が存在するための条件は，②を満たす実数 t が存在することである。②の実数解は

$$\begin{cases} y = t + \dfrac{e^t - 1}{e^t - 2} \\ y = a \end{cases}$$

の2つのグラフの共有点の t 座標であるから，これらのグラフが共有点をもつための条件を求める。

$$f(t) = t + \frac{e^t - 1}{e^t - 2}$$

とおくと

$$\begin{aligned} f'(t) &= 1 + \frac{e^t(e^t - 2) - (e^t - 1)e^t}{(e^t - 2)^2} \\ &= 1 - \frac{e^t}{(e^t - 2)^2} \\ &= \frac{(e^t - 2)^2 - e^t}{(e^t - 2)^2} \\ &= \frac{e^{2t} - 5e^t + 4}{(e^t - 2)^2} \\ &= \frac{(e^t - 1)(e^t - 4)}{(e^t - 2)^2} \end{aligned}$$

よって，$f(t)$ の増減は次のようになる。

t	$\cdots$	0	$\cdots$	$(\log 2)$	$\cdots$	$\log 4$	$\cdots$
$f'(t)$	$+$	0	$-$		$-$	0	$+$
$f(t)$	$\nearrow$	0	$\searrow$		$\searrow$	$\dfrac{3}{2} + \log 4$	$\nearrow$

また $\displaystyle \lim_{t \to -\infty} \left(t + \frac{e^t - 1}{e^t - 2} \right) = -\infty$

$$\lim_{t \to \infty} \left(t + \frac{e^t - 1}{e^t - 2} \right) = \lim_{t \to \infty} \left(t + \frac{1 - \dfrac{1}{e^t}}{1 - \dfrac{2}{e^t}} \right) = \infty$$

$$\lim_{t \to \log 2 - 0} \left(t + \frac{e^t - 1}{e^t - 2} \right) = -\infty$$

$$\lim_{t \to \log 2 + 0} \left(t + \frac{e^t - 1}{e^t - 2} \right) = \infty$$

以上より $y = f(t)$ のグラフは右のようになる。

よって，$y = f(t)$ のグラフと $y = a$ のグラフが共有

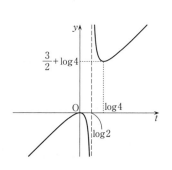

点をもつような定数 a の値の範囲は

$$a \leqq 0, \quad \frac{3}{2} + \log 4 \leqq a \quad \cdots\cdots(\text{答})$$

参考 $f(x)=g(x)$ が実数解をもつための条件は，$y=f(x)$ のグラフと $y=g(x)$ のグラフが共有点をもつことである。なぜなら $f(x)=g(x)$ は $y=f(x)$ と $y=g(x)$ を連立し y を消去したものであるから，$f(x)=g(x)$ の実数解は2つのグラフの共有点の x 座標に対応するためである。その際に2つとも曲線だとグラフを描いても2つのグラフの関係がわかりにくく，せっかく図形的に処理しようとしてもメリットが少ない。そこでうまく変形して，一方が直線で表されるようにするとよい。特に，x 軸に平行な直線になると都合がよい。

$$(e^t-2)a-(e^t-2)t-(e^t-1)=0 \quad \cdots\cdots\text{①}$$

の実数解を

$$y=(a-1)e^t-e^t t+2t-2a+1$$

のグラフと $y=0$（x 軸）の共有点の x 座標とみることもできるが，実際に運用する際に，定数 a を含んだこのままの形では，増減が調べにくく図形で考察しにくいので，可能であれば定数 a だけを片方の辺に残して分離することで，$y=a$ という x 軸に平行な直線を表すとよい。

44

　座標空間において，中心 $(0, 2, 0)$，半径 1 で xy 平面内にある円を D とする。D を底面とし，$z \geqq 0$ の部分にある高さ 3 の直円柱（内部を含む）を E とする。点 $(0, 2, 2)$ と x 軸を含む平面で E を 2 つの立体に分け，D を含む方を T とする。以下の問いに答えよ。

(1)　$-1 \leqq t \leqq 1$ とする。平面 $x = t$ で T を切ったときの断面積 $S(t)$ を求めよ。
　　また，T の体積を求めよ。

(2)　T を x 軸のまわりに 1 回転させてできる立体の体積を求めよ。

ポイント　立体の体積を求める問題である。

(1)　まずは，直円柱の xy 平面における断面を観察しよう。これに平面 $x = t$ を付け足すと，それはその平面上では線分として見える。その線分の端点の座標を求めよう。次は平面 $x = t$ における断面を図示してみよう。点 $(0, 2, 2)$ と x 軸を含む平面で 2 つの立体に分割するので，その境界線は平面 $x = t$ において直線 $z = y$ となる。D を含む方が立体 T である。軸に垂直な面での断面積を立体が存在する範囲で積分すると T の体積を求めることができる。

(2)　方針は(1)と同様で，T を x 軸のまわりに 1 回転させてできる立体を平面 $x = t$ で切り取った断面について考える。断面積を求めるために，(1)で描いた T の平面 $x = t$ における断面の図形を原点のまわりに 1 回転させる。その際に原点から最も遠くにある点が描く円が回転体の断面の外側の境界になり，原点から最も近くにある点が描く円が回転体の断面の内側の境界になる。その 2 つの同心円の間に立体の平面 $x = t$ における断面が存在する。その面積を求めよう。回転体の体積を求めるためには，求めた回転軸に垂直な平面 $x = t$ での断面積を立体が存在する範囲で積分すればよい。立体の体積を求める問題では，どのような立体になるのかを考える必要はない。確かにどのような図形かわかり，図の 1 つでも描ければ安心だろうが，どのような立体図形になるのかを考えるにも複雑で図が描けない場合もよくあるので形には深入りしない方がよい。断面積を求めてそれを積分するというプロセスを頭に叩き込んでおくこと。

解　法

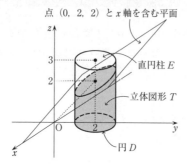

点 $(0,\ 2,\ 2)$ と x 軸を含む平面
直円柱 E
立体図形 T
円 D

円 D の方程式は $x^2+(y-2)^2=1$ であり

$$(y-2)^2=1-x^2$$
$$y-2=\pm\sqrt{1-x^2}$$
$$y=2\pm\sqrt{1-x^2}$$

$x=t$ のとき，$y=2\pm\sqrt{1-t^2}$ である。

(1)　xy 平面における T の断面である円 D は下の図 1 の通りである。

図 1 を参考にして，E の平面 $x=t$ における断面は図 2 の太線部分であり，このうち，T の断面は網かけ部分である。

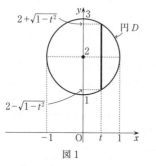

図 1

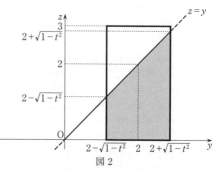

図 2

T の平面 $x=t$ における断面積 $S(t)$ は

$$S(t)=\frac{1}{2}\{(2-\sqrt{1-t^2})+(2+\sqrt{1-t^2})\}\{(2+\sqrt{1-t^2})-(2-\sqrt{1-t^2})\}$$

$$=\frac{1}{2}\cdot4\cdot2\sqrt{1-t^2}$$

$$=4\sqrt{1-t^2}\quad\cdots\cdots(\text{答})$$

T の体積は

$$\int_{-1}^{1}4\sqrt{1-t^2}\,dt=4\int_{-1}^{1}\sqrt{1-t^2}\,dt$$

ここで，$\int_{-1}^{1}\sqrt{1-t^2}\,dt$ は右図 3 のように原点が中心で半

径が 1 の円の上半分の半円の面積，つまり $\dfrac{1}{2}\cdot\pi\cdot1^2=\dfrac{\pi}{2}$

であるから，T の体積は

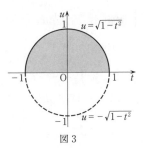

図 3

$$4\cdot\frac{\pi}{2}=2\pi \quad\cdots\cdots(\text{答})$$

(2)　T を x 軸のまわりに 1 回転させてできる立体の平面 $x=t$ での断面は，下図の網かけ部分を原点のまわりに 1 回転させたものである。

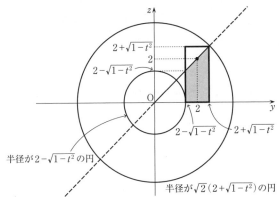

よって，断面積は 2 つの円ではさまれた部分の面積になるから，

$$[\text{半径が}\ \sqrt{2}\,(2+\sqrt{1-t^2})\ \text{の円の面積}]-[\text{半径が}\ 2-\sqrt{1-t^2}\ \text{の円の面積}]$$
$$=\pi\{\sqrt{2}\,(2+\sqrt{1-t^2})\}^2-\pi\,(2-\sqrt{1-t^2})^2$$
$$=\pi\{2\,(5-t^2+4\sqrt{1-t^2})\}-\pi\,(5-t^2-4\sqrt{1-t^2})$$
$$=\pi\,(5-t^2+12\sqrt{1-t^2})$$

したがって，求める立体の体積は

$$\int_{-1}^{1}\pi\,(5-t^2+12\sqrt{1-t^2})\,dt$$
$$=\pi\left(\Big[5t-\frac{1}{3}t^3\Big]_{-1}^{1}+12\cdot\frac{\pi}{2}\right)$$
$$=\pi\left(10-\frac{2}{3}+6\pi\right)$$
$$=\pi\left(\frac{28}{3}+6\pi\right)\quad\cdots\cdots(\text{答})$$

参考 $\int_{-1}^{1}\sqrt{1-t^2}\,dt=\dfrac{\pi}{2}$ である理由は，〔解法〕を参照。

〔解法〕では $\int_{-1}^{1}\sqrt{1-t^2}\,dt$ は(1)の図3の網かけ部分の半円の面積を表すので

$$\int_{-1}^{1}\sqrt{1-t^2}\,dt=\pi\cdot 1^2\cdot\frac{1}{2}=\frac{\pi}{2}$$

として計算を進めた。この計算の結果は覚えておいて計算の過程で使えばよいが，次のように置換積分法で計算することもできる。

$\int_{-1}^{1}\sqrt{1-t^2}\,dt$ において，$t=\sin\theta\ \left(-\dfrac{\pi}{2}\leqq x\leqq\dfrac{\pi}{2}\right)$ とおく。両辺を θ で微分すると

$$\frac{dt}{d\theta}=\cos\theta$$

$$dt=\cos\theta\,d\theta$$

また，積分区間は次のように対応する。

t	$-1\to 1$
θ	$-\dfrac{\pi}{2}\to\dfrac{\pi}{2}$

よって

$$\int_{-1}^{1}\sqrt{1-t^2}\,dt=\int_{-\frac{\pi}{2}}^{\frac{\pi}{2}}\sqrt{1-\sin^2\theta}\cdot\cos\theta\,d\theta$$

$$=\int_{-\frac{\pi}{2}}^{\frac{\pi}{2}}\sqrt{\cos^2\theta}\,\cos\theta\,d\theta$$

$$=\int_{-\frac{\pi}{2}}^{\frac{\pi}{2}}\cos\theta\,\cos\theta\,d\theta$$

$$\left(-\frac{\pi}{2}\leqq x\leqq\frac{\pi}{2}\ \text{の範囲では}\ \cos\theta\geqq 0\ \text{であるから}\ \sqrt{\cos^2\theta}=\cos\theta\right)$$

$$=\int_{-\frac{\pi}{2}}^{\frac{\pi}{2}}\cos^2\theta\,d\theta$$

$$=\int_{-\frac{\pi}{2}}^{\frac{\pi}{2}}\frac{1+\cos 2\theta}{2}\,d\theta$$

$$=\left[\frac{1}{2}\left(\theta+\frac{1}{2}\sin 2\theta\right)\right]_{-\frac{\pi}{2}}^{\frac{\pi}{2}}$$

$$=\frac{1}{2}\left[\left(\frac{\pi}{2}+\frac{1}{2}\sin\pi\right)-\left\{\left(-\frac{\pi}{2}\right)+\frac{1}{2}\sin(-\pi)\right\}\right]$$

$$=\frac{\pi}{2}$$

45

原点を中心とする半径 3 の半円 $C : x^2 + y^2 = 9$ $(y \geqq 0)$ 上の 2 点 P と Q に対し，線分 PQ を 2：1 に内分する点を R とする。以下の問いに答えよ。

(1) 点 P の y 座標と Q の y 座標が等しく，かつ P の x 座標は Q の x 座標より小さくなるように P と Q が動くものとする。このとき，線分 PR が通過してできる図形 S の面積を求めよ。

(2) 点 P を $(-3, 0)$ に固定する。Q が半円 C 上を動くとき線分 PR が通過してできる図形 T の面積を求めよ。

(3) (1)の図形 S から(2)の図形 T を除いた図形と第 1 象限の共通部分を U とする。U を y 軸のまわりに 1 回転させてできる回転体の体積を求めよ。

ポイント (1) 半円 C 上の点をどのように表すかが本問のポイントである。$x^2 + y^2 = 9$ の関係があるので，$y \geqq 0$ より $y = \sqrt{9 - x^2}$ $(-3 \leqq x \leqq 3)$ と表すことができるが，ここでは，半円 $C : x^2 + y^2 = 9$ 上の点を $(3\cos\theta, 3\sin\theta)$ と表してみよう。これをもとに解答したものが〔解法〕である。「点 P の y 座標と点 Q の y 座標は等しく，点 P の x 座標は点 Q の x 座標よりも小さい」という条件から，点 P が第 2 象限，点 Q が第 1 象限の点であることがわかり，点 P$(-3\cos\theta, 3\sin\theta)$，点 Q$(3\cos\theta, 3\sin\theta)$ $\left(0 \leqq \theta < \dfrac{\pi}{2}\right)$ とおける。「P の x 座標は Q の x 座標より小さくなるように」とあるので，$\theta = \dfrac{\pi}{2}$ とはならないことに注意すること。そのため，点 R の存在範囲が楕円の $0 < x \leqq 1$ かつ $0 \leqq y < 3$ の部分となるので，図形 S の境界線のうち点 $(0, 3)$ だけが除かれることになるが，面積を求めることには影響ないものとする。

〔参考 1〕は点 P$(-x, y)$，点 Q(x, y) $(x > 0)$ とおいて点 R の軌跡を考える解法である。

〔参考 2〕では，「楕円 $\dfrac{x^2}{a^2} + \dfrac{y^2}{b^2} = 1$ $(a > 0, b > 0)$ の面積は πab である」ことを示した。このことより，楕円 $x^2 + \dfrac{y^2}{9} = 1$ の $x \geqq 0$，$y \geqq 0$ の部分の面積は $\dfrac{1}{4} \cdot 1 \cdot 3 \cdot \pi = \dfrac{3}{4}\pi$ である。記述式の解答では使えないが，これを知っていると検算もできるし，マークシート方式の試験ではこのことを利用して解答することもできる。

(2) 点 Q は座標を $(3\cos\theta, 3\sin\theta)$ とおいたままでよい。点 R は線分 PQ を 2：1 に内分する点であるから，点 R の座標を θ を用いて表すとよい。線分 PQ というのは点 P，Q が一致する場合も含めて考えるのか否かによって，(1)と同様に θ のとり得る範囲に影響する。一致する場合を除くのであれば，$0 \leqq \theta < \pi$ となるので，点 $(-3, 0)$ を除くことになるが，(1)と同じく 1 点を除くかどうかを気にしても面積を求めることには影響な

しという立場をとるのであれば，$0 \leq \theta \leq \pi$ としておいてよいだろう。

　〔**参考3**〕は〔**参考1**〕と同様に，点 Q (x, y) $(x^2+y^2=9, y \geq 0)$ とおいて点 R の軌跡を考える解法である。

(3)　(1)，(2)で図形 S，T はそれぞれわかっているので，図形 U もわかる。y 軸のまわりに1回転させるときの外側をまわる図形と内側をまわる図形の状況を正確に把握しよう。楕円 $x^2+\dfrac{y^2}{9}=1$ を y 軸のまわりに1回転させてできる立体の体積は $\displaystyle\int_0^3 \pi\left(1-\dfrac{y^2}{9}\right)dy$ で直接計算できる。円 $(x+1)^2+y^2=4$ を1回転させてできる立体の体積は〔**解法**〕のように置換積分法で計算すればよいだろう。直接計算する場合は〔**参考4**〕のような計算方法をとる。

解 法

(1)　条件より，点 P，Q の座標はそれぞれ $(-3\cos\theta, 3\sin\theta)$，$(3\cos\theta, 3\sin\theta)$ $\left(0 \leq \theta < \dfrac{\pi}{2}\right)$ とおくことができる。点 R は線分 PQ を $2:1$ に内分する点であるから，点 R の座標は

$$\left(\frac{1\cdot(-3\cos\theta)+2\cdot3\cos\theta}{2+1}, 3\sin\theta\right)$$

つまり $(\cos\theta, 3\sin\theta)$ となる。

点 R $(\cos\theta, 3\sin\theta)$ $\left(0 \leq \theta < \dfrac{\pi}{2}\right)$ は，楕円 $x^2+\dfrac{y^2}{9}=1$ の $0<x\leq1$ かつ $0\leq y<3$ の部分であり，それぞれの点は右図のように位置し，図形 S は右図の網かけ部分である。境界線は点 $(0, 3)$ 以外は含む。

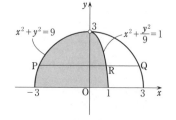

図形 S の面積は $\dfrac{1}{4}\cdot\pi\cdot3^2+\displaystyle\int_0^1 ydx$ で求めることができる。

$\displaystyle\int_0^1 ydx$ において，$x=\cos\theta$ であり，両辺を θ で微分すると

$\dfrac{dx}{d\theta}=-\sin\theta$ より　　$dx=-\sin\theta d\theta$

x	$0 \longrightarrow 1$
θ	$\dfrac{\pi}{2} \longrightarrow 0$

また，$y=3\sin\theta$ であるから，求める面積は

$$\frac{9}{4}\pi+\int_{\frac{\pi}{2}}^0 3\sin\theta(-\sin\theta)\,d\theta=\frac{9}{4}\pi+3\int_0^{\frac{\pi}{2}}\sin^2\theta d\theta$$

$$=\frac{9}{4}\pi+3\int_0^{\frac{\pi}{2}}\frac{1-\cos2\theta}{2}d\theta$$

$$= \frac{9}{4}\pi + \frac{3}{2}\left[\theta - \frac{1}{2}\sin 2\theta\right]_0^{\frac{\pi}{2}}$$

$$= \frac{9}{4}\pi + \frac{3}{4}\pi$$

$$= 3\pi \quad \cdots\cdots (\text{答})$$

参考1　条件より，点P，Qの座標はそれぞれ $(-x, y)$, (x, y) とおくことができ

$$x^2 + y^2 = 9, \quad x > 0, \quad y \geqq 0 \quad \cdots\cdots ①$$

を満たす。点Rの座標は

$$\left(\frac{-x+2x}{2+1}, y\right) \quad \text{つまり} \quad \left(\frac{x}{3}, y\right)$$

となる。$R(X, Y)$ とおくと

$$X = \frac{x}{3}, \quad Y = y$$

よって，$x = 3X$, $y = Y$ であるから，これを①に代入すると

$$(3X)^2 + Y^2 = 9, \quad 3X > 0, \quad Y \geqq 0$$

$$\therefore \quad X^2 + \frac{Y^2}{9} = 1, \quad X > 0, \quad Y \geqq 0$$

したがって，点Rの軌跡は楕円 $x^2 + \dfrac{y^2}{9} = 1$ の $x > 0$, $y \geqq 0$ の部分であり，図形 S は〔解法〕の図の網かけ部分である。境界線は点 $(0, 3)$ 以外は含む。

$\displaystyle\int_0^1 y \, dx$ について

$x^2 + \dfrac{y^2}{9} = 1$, $y \geqq 0$ より $y = 3\sqrt{1-x^2}$ であるから

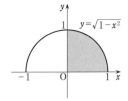

$$\int_0^1 y \, dx = \int_0^1 3\sqrt{1-x^2}\,dx = 3 \cdot \frac{1}{4} \cdot \pi \cdot 1^2$$

$$= \frac{3}{4}\pi$$

$$\left(\because \quad \int_0^1 \sqrt{1-x^2}\,dx \text{ は半径 1 の四分円，つまり上図の網かけ部分の面積を表す}\right)$$

参考2　楕円 $\dfrac{x^2}{a^2} + \dfrac{y^2}{b^2} = 1$ $(a > 0,\ b > 0)$ の面積は πab である。

＜証明その1＞　$4\displaystyle\int_0^a y \, dx = 4\int_0^a b\sqrt{\left(1-\frac{x^2}{a^2}\right)}\,dx = \frac{4b}{a}\int_0^a \sqrt{a^2-x^2}\,dx$

ここで，$x = a\sin\theta$ $(0 \leqq \theta \leqq \pi)$ とおく。
両辺を θ で微分すると

$$\frac{dx}{d\theta} = a\cos\theta \text{ より} \qquad dx = a\cos\theta\,d\theta$$

x	$0 \longrightarrow a$
θ	$0 \longrightarrow \dfrac{\pi}{2}$

よって

$$4\int_0^a y \, dx = \frac{4b}{a}\int_0^{\frac{\pi}{2}} \sqrt{a^2 - a^2\sin^2\theta}\, a\cos\theta\,d\theta$$

$$= 4ab \int_0^{\frac{\pi}{2}} \cos^2 \theta d\theta$$

$$= 4ab \int_0^{\frac{\pi}{2}} \frac{1 + \cos 2\theta}{2} d\theta$$

$$= 2ab \left[\theta + \frac{1}{2} \sin 2\theta \right]_0^{\frac{\pi}{2}}$$

$$= 2ab \cdot \frac{\pi}{2}$$

$$= \pi ab \qquad\qquad (証明終)$$

＜証明その2＞ $\begin{cases} x = a\cos\theta \\ y = b\sin\theta \end{cases}$

とおく。求める面積は，$4\displaystyle\int_0^a y dx$ である。

$$x = a\cos\theta$$

であるから

$\dfrac{dx}{d\theta} = -a\sin\theta$ より $\quad dx = -a\sin\theta d\theta$

x	$0 \longrightarrow a$
θ	$\dfrac{\pi}{2} \longrightarrow 0$

よって

$$4\int_0^a y dx = 4\int_{\frac{\pi}{2}}^0 b\sin\theta \, (-a\sin\theta) \, d\theta$$

$$= 4ab \int_0^{\frac{\pi}{2}} \sin^2 \theta d\theta$$

$$= 4ab \int_0^{\frac{\pi}{2}} \frac{1 - \cos 2\theta}{2} d\theta$$

$$= 2ab \left[\theta - \frac{1}{2} \sin 2\theta \right]_0^{\frac{\pi}{2}}$$

$$= 2ab \cdot \frac{\pi}{2}$$

$$= \pi ab \qquad\qquad (証明終)$$

(2) 線分 PQ は点 P，Q が一致して大きさが 0 となる場合も含めることにすると，条件より点 Q の座標は $(3\cos\theta, \ 3\sin\theta)$ $(0 \leqq \theta \leqq \pi)$ とおくことができる。点 R は線分 PQ を 2：1 に内分する点であるから，点 R の座標は

$$\left(\frac{1 \cdot (-3) + 2 \cdot 3\cos\theta}{2+1}, \ \frac{1 \cdot 0 + 2 \cdot 3\sin\theta}{2+1} \right) \quad つまり \quad (2\cos\theta - 1, \ 2\sin\theta)$$

となる。

点 R $(2\cos\theta - 1, \ 2\sin\theta)$ $(0 \leqq \theta \leqq \pi)$ は 円 $(x+1)^2 + y^2 = 4$ の $y \geqq 0$ の部分であり，それぞれの点は右図のように位置し，図形 T は右図の網かけ部分である。

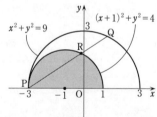

図形 T の面積は半径 2 の半円の面積だから

$$\frac{1}{2}\cdot\pi\cdot 2^2=2\pi \quad\cdots\cdots（答）$$

参考3 条件より，点 P $(-3,\ 0)$ で点Qの座標を $(x,\ y)$ $(x^2+y^2=9,\ y\geqq0\ \cdots\cdots②)$ とおくと，点Rの座標は

$$\left(\frac{-3+2x}{2+1},\ \frac{2y}{2+1}\right)\ \text{つまり}\ \left(\frac{2x-3}{3},\ \frac{2y}{3}\right)$$

となる。点 R $(X,\ Y)$ とおくと

$$X=\frac{2x-3}{3},\ \ Y=\frac{2y}{3}$$

よって，$x=\frac{3(X+1)}{2},\ y=\frac{3Y}{2}$ であるから，これを②に代入すると

$$\left\{\frac{3(X+1)}{2}\right\}^2+\left(\frac{3Y}{2}\right)^2=9,\ \ \frac{3Y}{2}\geqq0$$

$$\therefore\ \ (X+1)^2+Y^2=4,\ \ Y\geqq0$$

したがって，点Rの軌跡は，円 $(x+1)^2+y^2=4$ の $y\geqq0$ の部分であり，図形 T は〔解法〕の図の網かけ部分である。

(3) (1)，(2)より，図形 U は右図の網かけ部分である。(1)，(2)での点Rの軌跡の方程式をそれぞれ $x_1{}^2+\frac{y^2}{9}=1$，$(x_2+1)^2+y^2=4$ として，求める体積は

$$\int_0^3\pi x_1{}^2dy-\int_0^{\sqrt3}\pi x_2{}^2dy$$

である。

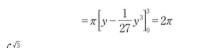

$$\int_0^3\pi x_1{}^2dy=\int_0^3\pi\left(1-\frac{y^2}{9}\right)dy$$

$$=\pi\left[y-\frac{1}{27}y^3\right]_0^3=2\pi$$

$\int_0^{\sqrt3}\pi x_2{}^2dy$ において，(2)より $y=2\sin\theta\ (0\leqq\theta\leqq\pi)$ であり，両辺を θ で微分すると

$$\frac{dy}{d\theta}=2\cos\theta\ \text{より}\qquad dy=2\cos\theta d\theta$$

y	$0\longrightarrow\sqrt3$
θ	$0\longrightarrow\dfrac{\pi}{3}$

また，(2)より，$x_2=2\cos\theta-1$ であるから

$$\int_0^{\sqrt3}\pi x_2{}^2dy=\int_0^{\frac{\pi}{3}}\pi(2\cos\theta-1)^2\cdot2\cos\theta d\theta$$

$$=\pi\int_0^{\frac{\pi}{3}}(8\cos^3\theta-8\cos^2\theta+2\cos\theta)\,d\theta$$

$$= \pi \int_0^{\frac{\pi}{3}} \left\{ 8 \cdot \frac{1}{4} (\cos 3\theta + 3\cos\theta) - 8 \cdot \frac{1}{2} (1 + \cos 2\theta) + 2\cos\theta \right\} d\theta$$

$$(\because \quad \cos 3\theta = 4\cos^3\theta - 3\cos\theta)$$

$$= \pi \int_0^{\frac{\pi}{3}} (2\cos 3\theta - 4\cos 2\theta + 8\cos\theta - 4)\, d\theta$$

$$= \pi \left[\frac{2}{3} \sin 3\theta - 2\sin 2\theta + 8\sin\theta - 4\theta \right]_0^{\frac{\pi}{3}}$$

$$= \pi \left(0 - 2 \cdot \frac{\sqrt{3}}{2} + 8 \cdot \frac{\sqrt{3}}{2} - \frac{4}{3}\pi \right) = \left(3\sqrt{3} - \frac{4}{3}\pi \right)\pi$$

よって，求める体積は

$$2\pi - \left(3\sqrt{3} - \frac{4}{3}\pi \right)\pi = \left(2 - 3\sqrt{3} + \frac{4}{3}\pi \right)\pi \quad \cdots\cdots (答)$$

参考4 $\displaystyle\int_0^{\sqrt{3}} \pi x_2{}^2 dy$ は次のようにしても計算できる。

$(x_2 + 1)^2 = 4 - y^2$ より

$$x_2 + 1 = \pm\sqrt{4 - y^2}$$
$$x_2 = -1 \pm \sqrt{4 - y^2}$$

y 軸のまわりに 1 回転させてできる図形の方程式は $x_2 = -1 + \sqrt{4 - y^2}$ であるから

$$\int_0^{\sqrt{3}} \pi x_2{}^2 dy = \int_0^{\sqrt{3}} \pi (-1 + \sqrt{4 - y^2})^2 dy$$

$$= \pi \int_0^{\sqrt{3}} (5 - y^2 - 2\sqrt{4 - y^2})\, dy$$

$$\int_0^{\sqrt{3}} (5 - y^2)\, dy = \left[5y - \frac{1}{3} y^3 \right]_0^{\sqrt{3}}$$

$$= 5\sqrt{3} - \sqrt{3}$$

$$= 4\sqrt{3}$$

であり，$\displaystyle\int_0^{\sqrt{3}} \sqrt{4 - y^2}\, dy$ は右図の網かけ部分の面積である。

よって

$$\int_0^{\sqrt{3}} \sqrt{4 - y^2}\, dy = \frac{1}{2} \cdot 2^2 \cdot \frac{\pi}{3} + \frac{1}{2} \cdot \sqrt{3} \cdot 1 = \frac{2}{3}\pi + \frac{\sqrt{3}}{2}$$

したがって

$$\pi \int_0^{\sqrt{3}} (5 - y^2 - 2\sqrt{4 - y^2})\, dy$$

$$= \pi \left\{ 4\sqrt{3} - 2\left(\frac{2}{3}\pi + \frac{\sqrt{3}}{2} \right) \right\} = \left(3\sqrt{3} - \frac{4}{3}\pi \right)\pi$$

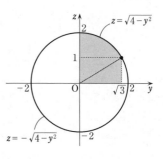

46

定数 $a > 0$ に対し，曲線 $y = a \tan x$ の $0 \leqq x < \dfrac{\pi}{2}$ の部分を C_1,

曲線 $y = \sin 2x$ の $0 \leqq x < \dfrac{\pi}{2}$ の部分を C_2 とする。以下の問いに答えよ。

(1) C_1 と C_2 が原点以外に交点をもつための a の条件を求めよ。

(2) a が(1)の条件を満たすとき，原点以外の C_1 と C_2 の交点を P とし，P の x 座標を p とする。P における C_1 と C_2 のそれぞれの接線が直交するとき，a および $\cos 2p$ の値を求めよ。

(3) a が(2)で求めた値のとき，C_1 と C_2 で囲まれた図形の面積を求めよ。

ポイント (1) C_1, C_2 が原点で交わるのは明らかである。(1)ではそれ以外に交点をもつための条件を求める。C_1, C_2 の方程式から y を消去して得られた x の方程式 $2 \sin x \left(\cos^2 x - \dfrac{a}{2} \right) = 0$ の解は，C_1, C_2 の共有点の x 座標であるから，$x = 0$ 以外の解をもつための条件を求めよう。このとき x は $0 < x < \dfrac{\pi}{2}$ の範囲の値をとるので，$\cos^2 x - \dfrac{a}{2} = 0$ より得られる $\cos^2 x = \dfrac{a}{2}$ が，$0 < x < \dfrac{\pi}{2}$ の範囲に対応する $0 < \cos^2 x < 1$ を満たすときの a の値を求めればよい。

(2) C_1, C_2 の方程式をそれぞれ x で微分する。そして得られた導関数より $x = p$ における微分係数，つまり点 P における C_1, C_2 の接線の傾きをそれぞれ求める。2 本の接線がともに x 軸，y 軸と平行でないときには，接線が直交するための条件は接線の傾きの積が -1 となることである。p は $\cos^2 x = \dfrac{a}{2}$ を満たす x の値であるから $\cos^2 p = \dfrac{a}{2}$ が成り立つ。これを利用しよう。

(3) C_1 と C_2 で囲まれた図形の面積を，積分区間 $0 \leqq x \leqq p$ の定積分の計算 $\displaystyle \int_0^p \left(\sin 2x - \dfrac{3}{4} \tan x \right) dx$ で求める。$\tan x$ は次のように積分できる。

$$\int \tan x \, dx = \int \frac{\sin x}{\cos x} dx = \int \left\{ -\frac{(\cos x)'}{\cos x} \right\} dx$$

$$= -\log |\cos x| + C \quad (C \text{ は積分定数})$$

解 法

(1) $C_1 : y = a \tan x$, $C_2 : y = \sin 2x$

より，y を消去して

$$a\tan x = \sin 2x \quad \cdots\cdots①$$

C_1 と C_2 の原点以外の交点の x 座標は，①の $0 < x < \dfrac{\pi}{2}$ における解である。

$$a\frac{\sin x}{\cos x} = 2\sin x\cos x$$

$$a\sin x = 2\sin x\cos^2 x$$

$$\left(0 < x < \frac{\pi}{2}\ \text{より，}\ \cos x \neq 0\ \text{なので「かつ}\ \cos x \neq 0\text{」の条件は不要}\right)$$

$$2\sin x\left(\cos^2 x - \frac{a}{2}\right) = 0$$

$\sin x \neq 0$ より $\quad \cos^2 x = \dfrac{a}{2} \quad \cdots\cdots②$

$0 < x < \dfrac{\pi}{2}$ より，$0 < \cos^2 x < 1$ であるから，C_1 と C_2 が原点以外に交点をもつための条件は

$$0 < \frac{a}{2} < 1$$

よって，求める a の条件は $\quad 0 < a < 2 \quad \cdots\cdots(答)$

(2) $0 < a < 2$ とするときの点 P の x 座標を p とすると，②より

$$\cos^2 p = \frac{a}{2} \quad \cdots\cdots③$$

$y = a\tan x$ より $\quad y' = \dfrac{a}{\cos^2 x}$

よって，点 P における C_1 の接線の傾きは $\quad \dfrac{a}{\cos^2 p} = \dfrac{a}{\dfrac{a}{2}} = 2$

$y = \sin 2x$ より $\quad y' = 2\cos 2x$

よって，点 P における C_2 の接線の傾きは $\quad 2\cos 2p$

点 P における C_1 と C_2 のそれぞれの接線が直交するための条件は

$$2\cdot 2\cos 2p = -1$$

$$\cos 2p = -\frac{1}{4} \quad \cdots\cdots(答)$$

③より

$$a = 2\cos^2 p = 1 + \cos 2p = 1 + \left(-\frac{1}{4}\right) = \frac{3}{4} \quad \cdots\cdots(答)$$

(3) 求める値は右図の網かけ部分の面積であり

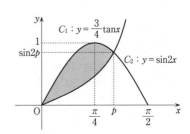

$$\int_0^p \left(\sin 2x - \frac{3}{4}\tan x\right) dx$$

$$= \left[-\frac{1}{2}\cos 2x + \frac{3}{4}\log|\cos x|\right]_0^p$$

$$= -\frac{1}{2}\cos 2p + \frac{3}{4}\log|\cos p| - \left(-\frac{1}{2}\right)$$

$$= -\frac{1}{2}\left(-\frac{1}{4}\right) + \frac{3}{4}\log\sqrt{\frac{3}{8}} + \frac{1}{2} \quad \left(\because \quad \cos^2 p = \frac{a}{2} = \frac{3}{8} \text{ より}, \ |\cos p| = \sqrt{\frac{3}{8}}\right)$$

$$= \frac{5}{8} + \frac{3}{8}\log\frac{3}{8} \quad \cdots\cdots（答）$$

47

座標平面上の曲線 C_1, C_2 をそれぞれ

$C_1 : y = \log x \quad (x > 0)$

$C_2 : y = (x-1)(x-a)$

とする。ただし，a は実数である。n を自然数とするとき，曲線 C_1, C_2 が 2 点 P，Q で交わり，P，Q の x 座標はそれぞれ 1，$n+1$ となっている。また，曲線 C_1 と直線 PQ で囲まれた領域の面積を S_n，曲線 C_2 と直線 PQ で囲まれた領域の面積を T_n とする。このとき，以下の問いに答えよ。

⑴ a を n の式で表し，$a > 1$ を示せ。

⑵ S_n と T_n をそれぞれ n の式で表せ。

⑶ 極限値 $\displaystyle \lim_{n \to \infty} \frac{S_n}{n \log T_n}$ を求めよ。

ポイント ⑴ 曲線 C_1, C_2 はともに点 P$(1, 0)$ を通る。さらに，曲線 C_1 は点 Q$(n+1, \log(n+1))$ を通ることから，曲線 C_2 もこの点を通ることがわかる。曲線 C_2 の方程式にこの点の座標を代入すると，n と a の関係がわかる。$a = f(n)$ とおいたときに $f(n) > 1$ となることを証明する。ここで n は自然数なので n を x に置き換えて $f(x)$ とし，関数として扱えるようにした上で，x で微分して $f'(x)$ を求める。そして $f(x)$ の増減を参考にして，$a = f(n)$ のとり得る値の範囲を求めて，$a > 1$ となることを示す。$f(n) = n + 1 - \dfrac{1}{n} \log(n+1)$ は連続な関数ではなく，x 座標が自然数である点を表しているだけなので，微分することはできないことに注意する。絶対に $f'(n)$ などとしないこと。

⑵ できる限り要領のよい計算方法をとろう。曲線 C_1 と直線 PQ で囲まれた領域の面積を求めるところでは，いったん，$\displaystyle \int_1^{n+1} \log x \, dx$ で求められる図形の面積を計算し，そこから余分な直角三角形の面積を除くとよい。曲線 C_2 と直線 PQ で囲まれた領域の面積を求めるところでは $\displaystyle \int_\alpha^\beta (x-\alpha)(x-\beta) \, dx = -\frac{1}{6}(\beta-\alpha)^3$ の公式を利用するとよい。

⑶ ⑵で求めた S_n，T_n を極限値 $\displaystyle \lim_{n \to \infty} \frac{S_n}{n \log T_n}$ に代入する。後は $n \to \infty$ のときに 0 となる部分を上手につくり，極限値を求める。具体的には，$\log(n+1) = \log n \left(1 + \dfrac{1}{n}\right)$ $= \log n + \log\left(1 + \dfrac{1}{n}\right)$ と細かく分ける変形などがポイントとなる。この変形は対数関数の極限値を求めるときに使うことがよくあるので，覚えておくとよい。

解 法

(1) C_1 の方程式より，点 Q の座標は $(n+1, \log(n+1))$ であり，C_2 の方程式にこの座標を代入すると

$$\log(n+1) = \{(n+1)-1\}\{(n+1)-a\}$$

つまり

$$\log(n+1) = n(n+1-a)$$

が成り立つ。

両辺を自然数 n で割ると

$$\frac{1}{n}\log(n+1) = n+1-a$$

$$a = n+1-\frac{1}{n}\log(n+1) \quad \cdots\cdots(\text{答})$$

$f(x) = x+1-\dfrac{1}{x}\log(x+1) \quad (x \geqq 1)$ とおく。

$$f'(x) = 1-\left\{\left(-\frac{1}{x^2}\right)\log(x+1)+\frac{1}{x}\cdot\frac{1}{x+1}\right\}$$

$$= \frac{x^2+x-1}{x(x+1)}+\frac{\log(x+1)}{x^2}$$

$x \geqq 1$ において，$\dfrac{x^2+x-1}{x(x+1)}>0$ かつ $\dfrac{\log(x+1)}{x^2}>0$ なので $f'(x)>0$。よって，$f(x)$ は単調に増加する。

$$f(1) = 2-\log 2$$

であるから

$$a \geqq 2-\log 2 > 2-\log e = 1$$

となるので，$a>1$ が成り立つ。　　　　　　　　　　　　　　　　　　　　（証明終）

(2) $\displaystyle S_n = \int_1^{n+1}\log x\,dx - \frac{1}{2}n\log(n+1) = \Big[x\log x\Big]_1^{n+1} - \int_1^{n+1}dx - \frac{1}{2}n\log(n+1)$

$\qquad = (n+1)\log(n+1) - \{(n+1)-1\} - \dfrac{1}{2}n\log(n+1)$

$\qquad = \left(\dfrac{1}{2}n+1\right)\log(n+1) - n \quad \cdots\cdots(\text{答})$

直線 PQ の方程式を $y=g(x)$ とおくと

$\qquad T_n = \displaystyle\int_1^{n+1}\{g(x)-(x-1)(x-a)\}\,dx = -\int_1^{n+1}(x-1)\{x-(n+1)\}\,dx$

$\qquad = -\dfrac{-1}{6}\{(n+1)-1\}^3 = \dfrac{1}{6}n^3 \quad \cdots\cdots(\text{答})$

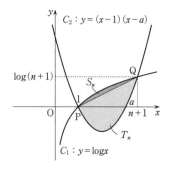

参考 直線 PQ は傾きが $\dfrac{\log (n+1)}{n}$ で，点 P $(1,\ 0)$ を通る直線なので，方程式は

$$y=\frac{\log (n+1)}{n}(x-1)=\frac{\log (n+1)}{n}x-\frac{\log (n+1)}{n}$$

と表される。よって

$$T_n=\int_1^{n+1}\left[\left\{\frac{\log (n+1)}{n}x-\frac{\log (n+1)}{n}\right\}-(x-1)(x-a)\right]dx$$

となるが

$$\int_\alpha^\beta (x-\alpha)(x-\beta)\,dx=-\frac{1}{6}(\beta-\alpha)^3$$

の公式を利用すると計算が簡単になり，それには x^2 の係数と積分区間がわかればよいことから，実際に直線 PQ の方程式を求めずに，〔解法〕のように面積を求めることにした。

(3) $\displaystyle\lim_{n\to\infty}\frac{S_n}{n\log T_n}$

$$=\lim_{n\to\infty}\frac{\left(\dfrac{1}{2}n+1\right)\log (n+1)-n}{n\log\dfrac{n^3}{6}}=\lim_{n\to\infty}\frac{\left(\dfrac{1}{2}n+1\right)\log n\left(1+\dfrac{1}{n}\right)-n}{n(3\log n-\log 6)}$$

$$=\lim_{n\to\infty}\left\{\left(\frac{1}{2}+\frac{1}{n}\right)\frac{\log n+\log\left(1+\dfrac{1}{n}\right)}{3\log n-\log 6}-\frac{1}{3\log n-\log 6}\right\}$$

$$=\lim_{n\to\infty}\left\{\left(\frac{1}{2}+\frac{1}{n}\right)\frac{1+\dfrac{\log\left(1+\dfrac{1}{n}\right)}{\log n}}{3-\dfrac{\log 6}{\log n}}-\frac{1}{3\log n-\log 6}\right\}$$

$$=\frac{1}{6}\quad\cdots\cdots\text{(答)}$$

48

C_1，C_2 をそれぞれ次式で与えられる放物線の一部とする。

$C_1 : y = -x^2 + 2x, \quad 0 \leqq x \leqq 2$

$C_2 : y = -x^2 - 2x, \quad -2 \leqq x \leqq 0$

また，a を実数とし，直線 $y = a(x+4)$ を l とする。

(1) 直線 l と C_1 が異なる 2 つの共有点をもつための a の値の範囲を求めよ。

以下，a が(1)の条件を満たすとする。このとき，l と C_1 で囲まれた領域の面積を S_1，x 軸と C_2 で囲まれた領域で l の下側にある部分の面積を S_2 とする。

(2) S_1 を a を用いて表せ。

(3) $S_1 = S_2$ を満たす実数 a が $0 < a < \dfrac{1}{5}$ の範囲に存在することを示せ。

ポイント (1) 直線 l は傾きが a で，定点 $(-4, 0)$ を通る直線である。すぐに計算処理することに飛びつくのではなくて，〔解法1〕のような図形的な見方をして考えてみること。特に直線 l が定点 $(-4, 0)$ を通るということはグラフを描く上でもとても大きい特徴であるといえる。そこに着目することができれば傾き a だけを考えればよいことになる。C_1 と異なる 2 つの共有点をもつためには傾き a について，$a \geqq 0$ であることが必要であり，接するときの傾き a を求める。これが〔解法1〕の考え方であるが，定点を通ることに気がつかなければ，〔解法2〕のように考えることになる。l と C_1 が異なる 2 点で交わるための条件が，連立方程式より得られた x の 2 次方程式①が $0 \leqq x \leqq 2$ の範囲に異なる 2 つの実数解をもつことから解答できるが，図形的な発想をもとにして〔解法1〕のように解くのが簡単でよいだろう。

(2) a が(1)の条件を満たせば l と C_1 は 2 点で交わる。l と C_1 の交点の x 座標を α，β とするとき，面積 S_1 は

$$S_1 = \int_\alpha^\beta \{(-x^2 + 2x) - a(x+4)\} \, dx$$

で求めることができる。その後は公式を利用して要領よく計算すること。2 次関数のグラフと直線で囲まれた部分の面積の求め方はきちんと理解して求められるようにしておくこと。

(3) S_2 を求める。余分に面積を求めて不要な部分の面積を除く発想から l と C_2 の交点の x 座標を γ，δ とするとき

$$S_2 = \int_{-2}^0 (-x^2 - 2x) \, dx - \int_\gamma^\delta \{(-x^2 - 2x) - a(x+4)\} \, dx$$

で求めることができる。公式を利用して S_2 を求め，$S_1 = S_2$ より a に関する方程式をつくる。

$S_1=S_2$ を満たす実数 a が $0<a<\dfrac{1}{5}$ の範囲に存在することを示すところでは，中間値の定理の利用を考えてみよう。その際，中間値の定理を利用しているということをきちんと述べた〔**解法1**〕のような答案をつくると数学的により正確な解答となる。そのためには $f(a)$ が連続であることも丁寧に述べておく。

②が異なる2つの実数解をもつことを〔**解法1**〕では判別式 D_2 が正となるということから示したが，定点 $(-4,\ 0)$ を通る直線 l が C_1 と2点で交わっているときに，C_2 と異なる2点で交わることは図形的に明らかではある。

解法1

(1) 直線 l は傾きが a で定点 $(-4,\ 0)$ を通る直線である。l と C_1 が接するときの a の値を求める。

$\begin{cases} y=-x^2+2x \\ y=a(x+4) \end{cases}$ より y を消去して

$$a(x+4)=-x^2+2x$$
$$x^2+(a-2)x+4a=0 \quad \cdots\cdots①$$

①の実数解は l と C_1 の共有点の x 座標なので，l と C_1 が接するための条件は①が重解をもつこと，つまり，①の判別式を D_1 とするとき $D_1=0$ となることであるから

$$D_1=(a-2)^2-4\cdot1\cdot4a=a^2-20a+4$$

よって

$$a^2-20a+4=0 \qquad a=10\pm4\sqrt{6}$$

下図のように，直線 l と C_1 が接するときの傾き a の値は $a=10-4\sqrt{6}$ であるから，異なる2つの共有点をもつための傾き a の値の範囲は

$$0\leqq a<10-4\sqrt{6} \quad \cdots\cdots(答)$$

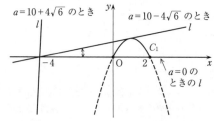

※ $a=10+4\sqrt{6}$ のとき $y=-x^2+2x$ と l は第3象限で接する。

(2) a は(1)の条件を満たすので

$$0\leqq a<10-4\sqrt{6}$$

このときの①の解を

$$\begin{cases} \alpha = \dfrac{-(a-2)-\sqrt{a^2-20a+4}}{2} \\[3mm] \beta = \dfrac{-(a-2)+\sqrt{a^2-20a+4}}{2} \end{cases}$$

とおく。

l と C_1 で囲まれた領域の面積 S_1 は

$$S_1 = \int_\alpha^\beta \{(-x^2+2x)-a(x+4)\}\,dx = -\int_\alpha^\beta \{x^2+(a-2)x+4a\}\,dx$$

$$= -\int_\alpha^\beta (x-\alpha)(x-\beta)\,dx = -\frac{-1}{6}(\beta-\alpha)^3$$

$$= \frac{1}{6}\left\{\frac{-(a-2)+\sqrt{a^2-20a+4}}{2} - \frac{-(a-2)-\sqrt{a^2-20a+4}}{2}\right\}^3$$

$$= \frac{1}{6}(\sqrt{a^2-20a+4})^3 \quad \cdots\cdots(\text{答})$$

(3) $\begin{cases} y = -x^2-2x \\ y = a(x+4) \end{cases}$ より y を消去して

$$a(x+4) = -x^2-2x$$

$$x^2+(a+2)x+4a=0 \quad \cdots\cdots\text{②}$$

②の実数解は l と C_2 の共有点の x 座標である。②の判別式を D_2 とするとき

$$D_2 = (a+2)^2 - 4\cdot 1\cdot 4a = a^2-12a+4$$

ここで，$0 \leqq a\ (<10-4\sqrt{6})$ なので

$$D_2 = a^2-12a+4 \geqq a^2-20a+4 > 0$$

となり，②は異なる2つの実数解をもつので，l と C_2 は2点で交わる。
このときの②の解を

$$\begin{cases} \gamma = \dfrac{-(a+2)-\sqrt{a^2-12a+4}}{2} \\[3mm] \delta = \dfrac{-(a+2)+\sqrt{a^2-12a+4}}{2} \end{cases}$$

とおく。

x 軸と C_2 で囲まれた領域で l の下側にある部分の面積 S_2 は

$$S_2 = \int_{-2}^0 (-x^2-2x)\,dx - \int_\gamma^\delta \{(-x^2-2x)-a(x+4)\}\,dx$$

$$= -\int_{-2}^0 (x^2+2x)\,dx + \int_\gamma^\delta \{x^2+(a+2)x+4a\}\,dx$$

$$= -\int_{-2}^0 x(x+2)\,dx + \int_\gamma^\delta (x-\gamma)(x-\delta)\,dx$$

$$= -\frac{-1}{6}\{0-(-2)\}^3 - \frac{1}{6}(\delta - \gamma)^3$$

$$= \frac{4}{3} - \frac{1}{6}\left\{\frac{-(a+2)+\sqrt{a^2-12a+4}}{2} - \frac{-(a+2)-\sqrt{a^2-12a+4}}{2}\right\}^3$$

$$= \frac{4}{3} - \frac{1}{6}(\sqrt{a^2-12a+4})^3$$

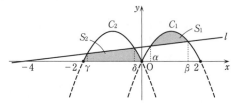

よって，$S_1 = S_2$ を満たすとき

$$\frac{1}{6}(\sqrt{a^2-20a+4})^3 = \frac{4}{3} - \frac{1}{6}(\sqrt{a^2-12a+4})^3$$

$$(\sqrt{a^2-20a+4})^3 + (\sqrt{a^2-12a+4})^3 - 8 = 0 \quad \cdots\cdots③$$

③を満たす a が $0<a<\dfrac{1}{5}$ の範囲に存在することを示す。

$f(a) = (\sqrt{a^2-20a+4})^3 + (\sqrt{a^2-12a+4})^3 - 8$ とおく。

関数 $f(a)$ は $0 \le a \le \dfrac{1}{5}$ において連続であり

$$\begin{cases} f(0) = 2^3 + 2^3 - 8 = 8 > 0 \\ f\left(\dfrac{1}{5}\right) = \left(\dfrac{1}{5}\right)^3 + \left(\dfrac{\sqrt{41}}{5}\right)^3 - 8 = \dfrac{-999+41\sqrt{41}}{125} < \dfrac{-999+41\cdot7}{125} = -\dfrac{712}{125} < 0 \end{cases}$$

$$(\because \quad 6 = \sqrt{36} < \sqrt{41} < \sqrt{49} = 7)$$

となるので，中間値の定理より，$f(a)=0$ を満たす a が $0<a<\dfrac{1}{5}$ の範囲に少なくとも1つ存在する。

よって，$S_1 = S_2$ を満たす実数 a が $0<a<\dfrac{1}{5}$ の範囲に存在する。　　　　（証明終）

解法 2

(1) ＜2次方程式の解の存在範囲を考える方法＞

$$\begin{cases} y = -x^2 + 2x \\ y = a(x+4) \end{cases} より y を消去して$$

$$a(x+4) = -x^2 + 2x$$

$$x^2 + (a-2)x + 4a = 0 \quad \cdots\cdots①$$

ここで $g(x) = x^2 + (a-2)x + 4a$ とおくと

$$g(x) = \left\{x + \frac{1}{2}(a-2)\right\}^2 - \frac{1}{4}(a-2)^2 + 4a$$

$$= \left\{x + \frac{1}{2}(a-2)\right\}^2 - \frac{1}{4}a^2 + 5a - 1$$

$y = g(x)$ のグラフは頂点の座標が $\left(-\frac{1}{2}(a-2),\ -\frac{1}{4}a^2 + 5a - 1\right)$ で，軸の方程式が

$x = -\frac{1}{2}(a-2)$ の下に凸の放物線である。

$g(x) = 0$ の実数解は l と C_1 の共有点の x 座標であるから，l と C_1 が異なる 2 つの共有点をもつための条件は，①が $0 \leqq x \leqq 2$ の範囲に異なる 2 つの実数解をもつことであり，$y = g(x)$ のグラフが x 軸の $0 \leqq x \leqq 2$ の部分と 2 つの共有点をもつことである。それは次の 4 つの条件を満たすことである。

(ア) 頂点の y 座標について

$$-\frac{1}{4}a^2 + 5a - 1 < 0$$

が成り立つこと。つまり

$$a^2 - 20a + 4 > 0$$

$$a < 10 - 4\sqrt{6},\ 10 + 4\sqrt{6} < a$$

(イ) 軸 $x = -\frac{1}{2}(a-2)$ について $0 < -\frac{1}{2}(a-2) < 2$

が成り立つこと。つまり

$$-2 < \frac{1}{2}(a-2) < 0 \qquad -4 < a - 2 < 0$$

$$-2 < a < 2$$

(ウ) $g(0) \geqq 0$ が成り立つこと。

$$g(0) = 4a$$

よって $a \geqq 0$

(エ) $g(2) \geqq 0$ が成り立つこと。

$$g(2) = 6a$$

よって $a \geqq 0$

(ア)〜(エ)より，直線 l と C_1 が異なる 2 つの共有点をもつための a の値の範囲は

$$0 \leqq a < 10 - 4\sqrt{6} \quad \cdots\cdots (答)$$

49

　座標空間内に，原点 O $(0,\ 0,\ 0)$ を中心とする半径 1 の球がある。下の概略図のように，y 軸の負の方向から仰角 $\dfrac{\pi}{6}$ で太陽光線が当たっている。この太陽光線はベクトル $(0,\ \sqrt{3},\ -1)$ に平行である。球は光を通さないものとするとき，以下の問いに答えよ。

(1)　球の $z \geqq 0$ の部分が xy 平面上につくる影を考える。k を $-1 < k < 1$ を満たす実数とするとき，xy 平面上の直線 $x = k$ において，球の外で光が当たらない部分の y 座標の範囲を k を用いて表せ。

(2)　xy 平面上において，球の外で光が当たらない部分の面積を求めよ。

(3)　$z \geqq 0$ において，球の外で光が当たらない部分の体積を求めよ。

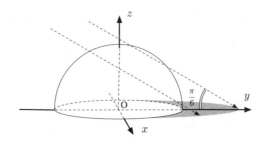

ポイント　球の外で太陽光線による光が当たらない部分をいろいろな見方で求めさせる問題である。

(1)　xy 平面上の直線 $x = k$ において，球の外で光が当たらない部分がどこかを求める問題である。平面 $x = k$ における球の断面図を描いてみよう。太陽光線はベクトル $(0,\ \sqrt{3},\ -1)$ に平行なので，この断面図の上で傾き $-\dfrac{1}{\sqrt{3}}$ の直線群を描きこむと，xy 平面上の直線 $x = k$ において，球の外で光が当たらない部分がどこかがわかる。問題の図を参考にしよう。

(2)　(1)で直線 $x = k$ 上での球の外で光が当たらない部分がわかっているので，(1)で求めた直線 $x = k$ 上の線分（両端を除く）を xy 平面に拡張させて考える。つまり $\sqrt{1 - k^2} < y < 2\sqrt{1 - k^2}$ の線分（両端を除く）は，k を $-1 \leqq k \leqq 1$ の範囲で変化させるときにどのような領域になるのかを考える。

$$\int_{-1}^{1} \sqrt{1 - x^2}\,dx = \frac{\pi}{2} \quad \text{もしくは} \quad \int_{0}^{1} \sqrt{1 - x^2}\,dx = \frac{\pi}{4}$$

となることは覚えておき，説明をつけて計算を続ければよい。

(3) (1)では図2をもとにして求める範囲が直線 $x=k$ のどの部分かを求めた。(2)ではそれを xy 平面へと対応づけた。(3)ではそれを立体としてとらえ，平面 $x=k$ での断面を考えて，それが図5の網かけ部分に対応することを理解する。

解 法

(1) 問題の図の xy 平面を真上から見下ろすと，xy 平面では図1のようになる。$(k,\ 0,\ 0)$ を点 Aとする。

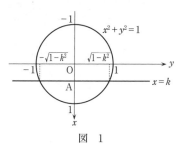

図 1

$$\begin{cases} x^2+y^2=1 \\ x=k \end{cases} \text{より } x \text{を消去して}$$

$$y=\pm\sqrt{1-k^2}$$

よって，円 $x^2+y^2=1$ かつ $z=0$ と平面 $x=k$ の交点は $(k,\ \sqrt{1-k^2},\ 0)$，$(k,\ -\sqrt{1-k^2},\ 0)$ である。

太陽光線はベクトル $(0,\ \sqrt{3},\ -1)$ に平行であるので，平面 $x=k$ における断面は図2のようになり，太線部分が xy 平面上の直線 $x=k$ において球の外で光が当たらない部分である。

半円に接する太陽光線の接点をB，その太陽光線と xy 平面上の直線 $x=k$ との交点をCとする。

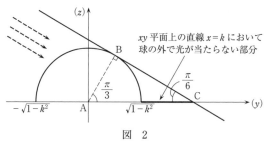

図 2

直角三角形 ABC において

$$AC=2AB=2\sqrt{1-k^2}$$

したがって，求める y 座標の範囲は

$$\sqrt{1-k^2}<y<2\sqrt{1-k^2} \quad \cdots\cdots(\text{答})$$

> **参考1** 〔解法〕では $\sqrt{1-k^2}<y<2\sqrt{1-k^2}$ としたが，両端の不等号は，解釈によっては等号をつけて $<$ ではなく $\leqq$ で解答しても問題ないであろう。本問においては等号のあるなしは問題の本質には関係なくそれほど気にしなくてよいと思われる。

(2) (1)より，$-1 \leqq k \leqq 1$ の範囲にある $x=k$ に対して，球の外で光が当たらない部分は

$$\sqrt{1-k^2} < y < 2\sqrt{1-k^2}$$

の範囲なので，xy 平面上において，k を変化させることで，球の外で光が当たらない部分は図3の網かけ部分のようになる。

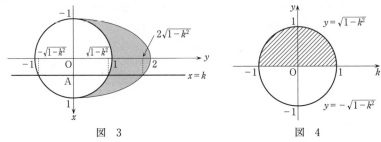

図 3　　　　　　　　　図 4

求める面積は

$$\int_{-1}^{1} 2\sqrt{1-k^2}\,dk - \frac{\pi}{2} \quad \left(\frac{\pi}{2} \text{ は半径 1 の半円の面積}\right)$$

で表せて，ここで，$\int_{-1}^{1}\sqrt{1-k^2}\,dk$ は図4の斜線部分の面積を表すので $\frac{\pi}{2}$ である。

よって

$$\int_{-1}^{1} 2\sqrt{1-k^2}\,dk - \frac{\pi}{2} = 2 \cdot \frac{\pi}{2} - \frac{\pi}{2} = \frac{\pi}{2} \quad \cdots\cdots (答)$$

参考2 $< \int_{-1}^{1}\sqrt{1-k^2}\,dk = \frac{\pi}{2}$ であることを置換積分法で求める方法 $>$

$$k = \sin\theta \quad \left(-\frac{\pi}{2} \leqq \theta \leqq \frac{\pi}{2}\right)$$

とおき，両辺を θ で微分すると

$$\frac{dk}{d\theta} = \cos\theta \qquad dk = \cos\theta\,d\theta$$

k	$-1 \to 1$
θ	$-\dfrac{\pi}{2} \to \dfrac{\pi}{2}$

よって

$$\int_{-1}^{1}\sqrt{1-k^2}\,dk = \int_{-\frac{\pi}{2}}^{\frac{\pi}{2}}\sqrt{1-\sin^2\theta}\,\cos\theta\,d\theta = \int_{-\frac{\pi}{2}}^{\frac{\pi}{2}}\sqrt{\cos^2\theta}\,\cos\theta\,d\theta$$

$$= 2\int_{0}^{\frac{\pi}{2}}\sqrt{\cos^2\theta}\,\cos\theta\,d\theta$$

$$= 2\int_{0}^{\frac{\pi}{2}}\cos\theta \cdot \cos\theta\,d\theta \quad \left(\because \ 0 \leqq \theta \leqq \frac{\pi}{2} \text{ において } \cos\theta \geqq 0\right)$$

$$= 2\int_{0}^{\frac{\pi}{2}}\frac{1+\cos 2\theta}{2}\,d\theta = \int_{0}^{\frac{\pi}{2}}(1+\cos 2\theta)\,d\theta$$

$$= \left[\theta + \frac{1}{2}\sin 2\theta\right]_{0}^{\frac{\pi}{2}} = \frac{\pi}{2}$$

(3) $z \geqq 0$ において，球の外で光が当たらない部分の平面 $x=k$ での断面は図5の網か

け部分で，断面積は，三角形 ABC の面積 $\dfrac{1}{2}$AB・AC$\sin \angle$BAC から半径 $\sqrt{1-k^2}$，中

心角が $\dfrac{\pi}{3}$ の扇形の面積を除けばよい。

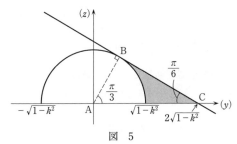

図　5

網かけ部分の面積は

$$\frac{1}{2} \cdot \sqrt{1-k^2} \cdot 2\sqrt{1-k^2} \cdot \sin \frac{\pi}{3} - \frac{1}{2}(\sqrt{1-k^2})^2 \cdot \frac{\pi}{3} = \left(\frac{\sqrt{3}}{2} - \frac{\pi}{6}\right)(1-k^2)$$

よって，求める体積は

$$\int_{-1}^{1} \left(\frac{\sqrt{3}}{2} - \frac{\pi}{6}\right)(1-k^2)\, dk = -\left(\frac{\sqrt{3}}{2} - \frac{\pi}{6}\right)\int_{-1}^{1}(k+1)(k-1)\, dk$$

$$= -\left(\frac{\sqrt{3}}{2} - \frac{\pi}{6}\right) \cdot \frac{-1}{6}\{1-(-1)\}^3$$

$$= \frac{6\sqrt{3} - 2\pi}{9} \quad \cdots\cdots (答)$$

50 2014年度 〔1〕 Level B

関数 $f(x) = x - \sin x \left(0 \leq x \leq \dfrac{\pi}{2}\right)$ を考える。曲線 $y = f(x)$ の接線で傾きが $\dfrac{1}{2}$ となるものを l とする。

(1) l の方程式と接点の座標 $(a,\ b)$ を求めよ。

(2) a は(1)で求めたものとする。曲線 $y = f(x)$,直線 $x = a$,および x 軸で囲まれた領域を,x 軸のまわりに1回転してできる回転体の体積 V を求めよ。

> **ポイント** (1) 曲線上の点における接線の方程式を求める基本的な問題であり,確実に得点に結びつけたい。$f'(a) = \dfrac{1}{2}$ より a の値が求まると,b の値も求まり,接点の座標と接線の方程式を求めることができる。
> (2) x 軸を回転軸とする回転体の体積を求める問題である。
> $$V = \int_0^{\frac{\pi}{3}} \pi y^2 dx$$
> であることをまず初めに記してみるとよい。$y = x - \sin x$ であるから,代入して積分ができるように2倍角の公式などを利用して,うまく式変形してから丁寧に計算しよう。

解 法

(1) $f(x) = x - \sin x$ より $f'(x) = 1 - \cos x$ となるので,l の方程式は
$$y - b = (1 - \cos a)(x - a)$$
$$y = (1 - \cos a)x + a\cos a - a + b \quad \cdots\cdots ①$$

この傾きが $\dfrac{1}{2}$ であるから
$$1 - \cos a = \dfrac{1}{2}$$
$$\cos a = \dfrac{1}{2}$$

$0 \leq a \leq \dfrac{\pi}{2}$ であるから
$$a = \dfrac{\pi}{3}$$
$$b = a - \sin a = \dfrac{\pi}{3} - \dfrac{\sqrt{3}}{2}$$

よって，接点の座標は $\left(\dfrac{\pi}{3},\ \dfrac{\pi}{3}-\dfrac{\sqrt{3}}{2}\right)$ ……（答）

①に $a=\dfrac{\pi}{3}$, $b=\dfrac{\pi}{3}-\dfrac{\sqrt{3}}{2}$ を代入して，l の方程式は

$$y=\left(1-\cos\dfrac{\pi}{3}\right)x+\dfrac{\pi}{3}\cos\dfrac{\pi}{3}-\dfrac{\pi}{3}+\dfrac{\pi}{3}-\dfrac{\sqrt{3}}{2}$$

$$y=\dfrac{1}{2}x+\dfrac{\pi}{6}-\dfrac{\sqrt{3}}{2} \quad \text{……（答）}$$

(2)　$a=\dfrac{\pi}{3}$ とする。

求める体積 V は，右図の斜線部分の領域を x 軸のまわりに 1 回転してできる回転体の体積であるから

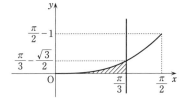

$$V=\int_0^{\frac{\pi}{3}}\pi y^2 dx$$

$$=\pi\int_0^{\frac{\pi}{3}}(x-\sin x)^2 dx$$

$$=\pi\int_0^{\frac{\pi}{3}}(x^2-2x\sin x+\sin^2 x)\,dx$$

$$=\pi\left(\int_0^{\frac{\pi}{3}}x^2 dx-2\int_0^{\frac{\pi}{3}}x\sin x dx+\int_0^{\frac{\pi}{3}}\sin^2 x dx\right)$$

ここで

$$\int_0^{\frac{\pi}{3}}x^2 dx=\left[\dfrac{1}{3}x^3\right]_0^{\frac{\pi}{3}}=\dfrac{\pi^3}{81}$$

$$\int_0^{\frac{\pi}{3}}x\sin x dx=\int_0^{\frac{\pi}{3}}x\,(-\cos x)'dx$$

$$=\left[x\,(-\cos x)\right]_0^{\frac{\pi}{3}}-\int_0^{\frac{\pi}{3}}(-\cos x)\,dx$$

$$=-\dfrac{\pi}{3}\cos\dfrac{\pi}{3}+\left[\sin x\right]_0^{\frac{\pi}{3}}$$

$$=-\dfrac{\pi}{6}+\dfrac{\sqrt{3}}{2}$$

$$\int_0^{\frac{\pi}{3}}\sin^2 x dx=\int_0^{\frac{\pi}{3}}\dfrac{1-\cos 2x}{2}dx$$

$$=\dfrac{1}{2}\left[x-\dfrac{1}{2}\sin 2x\right]_0^{\frac{\pi}{3}}$$

$$= \frac{1}{2}\left(\frac{\pi}{3} - \frac{\sqrt{3}}{4}\right)$$

よって

$$V = \pi\left\{\frac{\pi^3}{81} - 2\left(-\frac{\pi}{6} + \frac{\sqrt{3}}{2}\right) + \frac{1}{2}\left(\frac{\pi}{3} - \frac{\sqrt{3}}{4}\right)\right\}$$

$$= \left(\frac{\pi^3}{81} + \frac{\pi}{2} - \frac{9\sqrt{3}}{8}\right)\pi \quad \cdots\cdots(答)$$

参考1 〔解法〕のグラフは，$f'(x) = 1 - \cos x \geqq 0$ より $f(x)$ が単調に増加し，$f(0) = 0$ より $f(x) \geqq 0$ であることと，$f''(x) = \sin x \geqq 0$ より下に凸であることから得られる。しかし，x 軸に関する回転体の体積を求めるときは，$y = f(x)$ のグラフが x 軸の上側にあっても下側にあっても $V = \int_0^{\frac{\pi}{3}} \pi y^2 dx$ というように y を2乗することになり，y の正負には影響しないので，積分区間だけがわかればグラフの概形がわからなくても体積は求められる。

参考2 $V = \int_0^{\frac{\pi}{3}} \pi y^2 dx$ の定積分の式をとばして，$y = x - \sin x$ を代入した式から始める場合が多いと思う。本問ではそれでも全く問題ないが，関数によっては y^2 をひとかたまりと扱うと，いったん y を x の関数として表すといった余分な手順を省略できることに気づくきっかけとなる。

また媒介変数 t を用いて

$$\begin{cases} x = f(t) \\ y = g(t) \end{cases}$$

と表されている場合，$\int_\alpha^\beta \pi y^2 dx$ において

　　y を $g(t)$ に
　　dx を $f'(t)\,dt$ に
　　$x : \alpha \to \beta$ を $t : \alpha' \to \beta'$ に（ただし $f(\alpha') = \alpha,\ f(\beta') = \beta$）

それぞれ置き換えるときの方針を立てるきっかけにもなる。

面積，回転体の体積を求めるときには，まず $\int_\alpha^\beta y\,dx,\ \int_\alpha^\beta \pi y^2 dx$ などとおいてみることをお薦めする。

51 2013年度〔1〕 Level B

$a>1$ とし，2つの曲線

$$y=\sqrt{x} \quad (x\geqq0),$$

$$y=\frac{a^3}{x} \quad (x>0)$$

を順に C_1，C_2 とする。また，C_1 と C_2 の交点 P における C_1 の接線を l_1 とする。以下の問いに答えよ。

(1) 曲線 C_1 と y 軸および直線 l_1 で囲まれた部分の面積を a を用いて表せ。

(2) 点 P における C_2 の接線と直線 l_1 のなす角を $\theta(a)$ とする $\left(0<\theta(a)<\dfrac{\pi}{2}\right)$。このとき，$\displaystyle\lim_{a\to\infty} a\sin\theta(a)$ を求めよ。

ポイント (1) 曲線 C_1 と C_2 の方程式を連立して，交点の座標を求める。次に，$y=\sqrt{x}$ の導関数から接線 l_1 の傾きを求めることで接線の方程式がわかる。面積を求める方法は注目する図形によっていろいろ考えられるので，柔軟に対応したい。

(2) 点 P における C_2 の接線を l_2 とする。l_1 と l_2 が x 軸の正の方向となす角をそれぞれ α，β とおくと，$\tan\alpha$ と l_1 の傾き，$\tan\beta$ と l_2 の傾きはそれぞれ一致する。ここで2本の直線のなす角の定義を確認しておくこと。$\theta(a)=\alpha-\beta$ と決めつけてはいけない。2つのベクトルのなす角とは異なり，$\dfrac{\pi}{2}<\alpha-\beta<\pi$ となる場合，2本の直線のなす角は $\pi-(\alpha-\beta)$ となるからである。加法定理を利用して，$\tan(\alpha-\beta)$ を a で表し

$$0<\alpha-\beta<\frac{\pi}{2} \Longleftrightarrow \tan(\alpha-\beta)>0$$

$$\frac{\pi}{2}<\alpha-\beta<\pi \Longleftrightarrow \tan(\alpha-\beta)<0$$

となることより，$\theta(a)=\alpha-\beta$，$\theta(a)=\pi-(\alpha-\beta)$ のどちらであるのかを調べてみるとよい。

解 法

(1) $y=\sqrt{x}$，$y=\dfrac{a^3}{x}$ より y を消去して

$$\sqrt{x}=\frac{a^3}{x} \qquad (\sqrt{x})^3=a^3 \qquad \therefore \quad x=a^2$$

これは，C_1，C_2 の共有点の x 座標である。このとき

$$y = \frac{a^3}{a^2} = a$$

よって，C_1 と C_2 の交点 P の座標は　　$(a^2,\ a)$

$y = \sqrt{x}$ より，$y' = \dfrac{1}{2\sqrt{x}}$ であるから，接線 l_1 の方程式は

$$y - a = \frac{1}{2\sqrt{a^2}}(x - a^2) \qquad \therefore \quad y = \frac{1}{2a}x + \frac{a}{2}$$

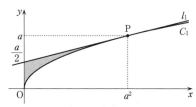

よって，求める面積 S は，上図の網かけ部分であるから

$$S = \int_0^{a^2} \left\{ \left(\frac{1}{2a}x + \frac{a}{2} \right) - \sqrt{x} \right\} dx = \left[\frac{1}{4a}x^2 + \frac{a}{2}x - \frac{2}{3}x^{\frac{3}{2}} \right]_0^{a^2}$$

$$= \frac{1}{4a} \cdot a^4 + \frac{a}{2} \cdot a^2 - \frac{2}{3} \cdot (a^2)^{\frac{3}{2}} = \frac{1}{4}a^3 + \frac{1}{2}a^3 - \frac{2}{3}a^3$$

$$= \frac{1}{12}a^3 \quad \cdots\cdots (答)$$

参考1　台形，三角形の面積は定積分の計算をしなくても求めることができるので，次のように考えてもよい。

(ア) 右図の太線で囲まれた部分（台形）の面積から網かけ部分の面積を除く。

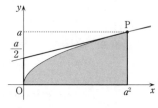

$$\frac{1}{2} \cdot \left(\frac{a}{2} + a \right)a^2 - \int_0^{a^2} \sqrt{x}\, dx$$

$$= \frac{3}{4}a^3 - \left[\frac{2}{3}x^{\frac{3}{2}} \right]_0^{a^2}$$

$$= \frac{3}{4}a^3 - \frac{2}{3}a^3$$

$$= \frac{1}{12}a^3$$

(イ) y で積分する。

右図の太線で囲まれた部分の面積から網かけ部分（三角形）の面積を除く。

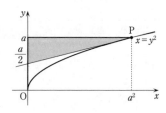

$$\int_0^a y^2 dy - \frac{1}{2}\left(a - \frac{a}{2} \right)a^2$$

$$= \left[\frac{1}{3}y^3 \right]_0^a - \frac{1}{4}a^3$$

$$= \frac{1}{3}a^3 - \frac{1}{4}a^3 = \frac{1}{12}a^3$$

(2)　点Pにおける C_2 の接線を l_2 とする。

$$y=\frac{a^3}{x} \text{ より } \qquad y'=-\frac{a^3}{x^2}$$

であるから，接線 l_2 の傾きは $\qquad -\frac{a^3}{(a^2)^2}=-\frac{1}{a}$

である。

l_1 と l_2 が x 軸の正の方向となす角をそれぞれ α，β $\left(-\frac{\pi}{2}<\beta<0<\alpha<\frac{\pi}{2}\right)$ とおくと，$\tan\alpha$ と直線 l_1 の傾き，$\tan\beta$ と直線 l_2 の傾きはそれぞれ一致するので

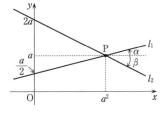

$$\tan\alpha=\frac{1}{2a}, \quad \tan\beta=-\frac{1}{a}$$

が成り立つ。

$\gamma=\alpha-\beta$ とおく。

γ のとり得る範囲は $0<\gamma<\pi$ である。

$$\tan\gamma=\tan(\alpha-\beta)=\frac{\tan\alpha-\tan\beta}{1+\tan\alpha\tan\beta}$$

$$=\frac{\frac{1}{2a}-\left(-\frac{1}{a}\right)}{1+\frac{1}{2a}\cdot\left(-\frac{1}{a}\right)}=\frac{\frac{3}{2a}}{1-\frac{1}{2a^2}}=\frac{3}{2a-\frac{1}{a}}$$

ここで，$a>1$ において $2a>\frac{1}{a}$ なので

$$\tan\gamma>0$$

となり，γ は $0<\gamma<\pi$ のうち特に $0<\gamma<\frac{\pi}{2}$ となるので，γ を直線 l_1 と l_2 のなす角 $\theta(a)$ とみなしてよく

$$\theta(a)=\alpha-\beta$$

よって

$$\tan\theta(a)=\tan(\alpha-\beta)$$

$$=\frac{3}{2a-\frac{1}{a}}$$

したがって

$$\lim_{a\to\infty}\tan\theta(a)=\lim_{a\to\infty}\frac{3}{2a-\frac{1}{a}}=0$$

となり，$0<\theta(a)<\dfrac{\pi}{2}$ であるから　　　$\displaystyle\lim_{a\to\infty}\theta(a)=0$

このとき　　$\displaystyle\lim_{a\to\infty}\cos\theta(a)=1$

以上より

$$\lim_{a\to\infty}a\sin\theta(a)=\lim_{a\to\infty}a\tan\theta(a)\cos\theta(a)$$

$$=\lim_{a\to\infty}a\cdot\dfrac{3}{2a-\dfrac{1}{a}}\cdot\cos\theta(a)$$

$$=\lim_{a\to\infty}\dfrac{3}{2-\dfrac{1}{a^2}}\cos\theta(a)$$

$$=\dfrac{3}{2}\cdot1=\dfrac{3}{2}\quad\cdots\cdots\text{（答）}$$

参考2　$0<\alpha-\beta<\dfrac{\pi}{2}$，$\dfrac{\pi}{2}<\alpha-\beta<\pi$ のどちらになるかを調べずに解答する方法として

　　　　$\tan\theta(a)=|\tan(\alpha-\beta)|$

と右辺に絶対値記号をつけておくことが考えられる。

$0<\alpha-\beta<\dfrac{\pi}{2}$ のときは 2 本の直線のなす角 $\theta(a)$ は $\theta(a)=\alpha-\beta$ であり

　　　　$\tan\theta(a)=\tan(\alpha-\beta)>0$

が成り立ち，$\dfrac{\pi}{2}<\alpha-\beta<\pi$ のときは $\theta(a)=\pi-(\alpha-\beta)$ であり

　　　　$\tan\theta(a)=\tan\{\pi-(\alpha-\beta)\}=-\tan(\alpha-\beta)>0$

が成り立つため，いずれにせよ

　　　　$\tan\theta(a)=|\tan(\alpha-\beta)|$

が成り立つからである。以下〔**解法**〕同様，加法定理を用いる。

参考3　$a>1$ より

$\tan\alpha=\dfrac{1}{2a}$ について，$0<\tan\alpha<\dfrac{1}{2}<\dfrac{1}{\sqrt{3}}$ より

　　　　$0<\alpha<\dfrac{\pi}{6}$

$\tan\beta=-\dfrac{1}{a}$ について，$-1<\tan\beta<0$ より

　　　　$-\dfrac{\pi}{4}<\beta<0$

なので　　$0<\alpha-\beta<\dfrac{\pi}{6}+\dfrac{\pi}{4}=\dfrac{5}{12}\pi<\dfrac{\pi}{2}$

よって，2 本の直線のなす角 $\theta(a)$ を $\theta(a)=\alpha-\beta$ として解き進めてもよい。

52 2013 年度 〔4〕 Level B

原点Oを中心とし，点 A $(0, 1)$ を通る円を S とする。点 B $\left(\dfrac{1}{2}, \dfrac{\sqrt{3}}{2}\right)$ で円 S に内接する円 T が，点Cで y 軸に接しているとき，以下の問いに答えよ。

(1) 円 T の中心Dの座標と半径を求めよ。

(2) 点Dを通り x 軸に平行な直線を l とする。円 S の短い方の弧 $\overset{\frown}{AB}$，円 T の短い方の弧 $\overset{\frown}{BC}$，および線分 AC で囲まれた図形を l のまわりに 1 回転してできる立体の体積を求めよ。

> **ポイント** (1) まずは図形を描いてみよう。円 T は y 軸に接するので半径は CD と等しく，点Dは直線 OB： $y = \sqrt{3}x$ 上にあることから，半径 r (>0) とおくと，点Dの座標は $(r, \sqrt{3}r)$ と表すことができる。そこで OD，DB，OB の関係を式で表してみよう。
>
> (2) 回転軸を x 軸と一致させる。すなわち，図形全体を平行移動させて，直線 l を x 軸に重ねるようにすると，これは y 軸の正の方向に $-\dfrac{\sqrt{3}}{3}$ の平行移動である。そのあと，体積を求める立体の回転軸と垂直な断面（円）の面積を求めてみる。それを $\left[0, \dfrac{1}{2}\right]$ の区間で積分すると体積が求められる。丁寧に計算しよう。$\displaystyle\int_0^{\frac{1}{2}} \sqrt{1-x^2}\, dx$ の計算は〔**参考 2**〕のように円の面積をもとにして，扇形の面積と直角三角形の面積の和で表して求めてもよい。よく出題される典型的計算の手法である。

解 法

(1) 点 $\left(\dfrac{1}{2}, \dfrac{\sqrt{3}}{2}\right)$ は直線 OB： $y = \sqrt{3}x$ 上にあり，円 T の中心Dはこの直線上にあるから，点Dの座標は正の数 r を用いて，$(r, \sqrt{3}r)$ と表すことができる。円 T の半径は，DB＝DC＝r であるから，円 S の半径に注目して

$$\mathrm{OD} + \mathrm{DB} = \mathrm{OB} = 1$$

$$2r + r = 1 \quad \therefore \quad r = \dfrac{1}{3}$$

よって，円 T の中心Dの座標は $\left(\dfrac{1}{3}, \dfrac{\sqrt{3}}{3}\right)$，半径は $\dfrac{1}{3}$ ……(答)

(2) 求めるものは，次の図(i)の網かけ部分の図形を直線 l のまわりに1回転してできる立体の体積である。

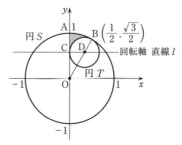

図 (i)

次の図(ii)のように，直線 l が x 軸と重なるように図形全体を平行移動する。

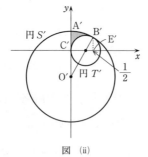

図 (ii)

これは y 軸の正の方向に $-\dfrac{\sqrt{3}}{3}$ の平行移動である。

円 S，T を平行移動したものをそれぞれ円 S'，T' とおくと

円 S' の方程式は $\quad x^2+\left(y+\dfrac{\sqrt{3}}{3}\right)^2=1$

よって

$$\left(y+\dfrac{\sqrt{3}}{3}\right)^2=1-x^2 \qquad y+\dfrac{\sqrt{3}}{3}=\pm\sqrt{1-x^2}$$

$$y=-\dfrac{\sqrt{3}}{3}\pm\sqrt{1-x^2}$$

円 S' のうち点 A′ を含む側，つまり上半分の方程式は

$$y=\sqrt{1-x^2}-\dfrac{\sqrt{3}}{3}$$

一方，円 T' の方程式は $\quad\left(x-\dfrac{1}{3}\right)^2+y^2=\left(\dfrac{1}{3}\right)^2$

よって $\quad y^2=\dfrac{1}{9}-\left(x-\dfrac{1}{3}\right)^2=-x^2+\dfrac{2}{3}x$

また，点A，B，Cについても平行移動した点をそれぞれ A′，B′，C′ とおき，点 $\left(\dfrac{1}{2},\ 0\right)$ を点 E′ とする。

円 S' の短い方の弧 $\overset{\frown}{\mathrm{A'B'}}$，線分 $\mathrm{A'C'}$，線分 $\mathrm{B'E'}$ および x 軸で囲まれた図形を x 軸のまわりに1回転してできる立体の体積を V_S とすると

$$V_S = \int_0^{\frac{1}{2}} \pi \left(\sqrt{1-x^2} - \frac{\sqrt{3}}{3}\right)^2 dx$$

$$= \pi \int_0^{\frac{1}{2}} \left(-x^2 - \frac{2\sqrt{3}}{3}\cdot\sqrt{1-x^2} + \frac{4}{3}\right) dx$$

円 T' の短い方の弧 $\overset{\frown}{\mathrm{B'C'}}$，線分 $\mathrm{B'E'}$ および x 軸で囲まれた図形を x 軸のまわりに1回転してできる立体の体積を V_T とすると

$$V_T = \int_0^{\frac{1}{2}} \pi \left(-x^2 + \frac{2}{3}x\right) dx$$

となるから，求める立体の体積は

$$V_S - V_T = \pi \int_0^{\frac{1}{2}} \left\{\left(-x^2 - \frac{2\sqrt{3}}{3}\sqrt{1-x^2} + \frac{4}{3}\right) - \left(-x^2 + \frac{2}{3}x\right)\right\} dx$$

$$= \pi \int_0^{\frac{1}{2}} \left(-\frac{2\sqrt{3}}{3}\sqrt{1-x^2} - \frac{2}{3}x + \frac{4}{3}\right) dx$$

$$= \pi \left(-\frac{2\sqrt{3}}{3}\int_0^{\frac{1}{2}}\sqrt{1-x^2}\,dx - \frac{2}{3}\int_0^{\frac{1}{2}}x\,dx + \int_0^{\frac{1}{2}}\frac{4}{3}\,dx\right)$$

ここで，$\displaystyle\int_0^{\frac{1}{2}}\sqrt{1-x^2}\,dx$ において，$x = \sin\theta$ とおくと

$\dfrac{dx}{d\theta} = \cos\theta$ より　　　$dx = \cos\theta d\theta$　　　また

x	$0 \to \dfrac{1}{2}$
θ	$0 \to \dfrac{\pi}{6}$

したがって

$$\int_0^{\frac{1}{2}}\sqrt{1-x^2}\,dx = \int_0^{\frac{\pi}{6}}\sqrt{1-\sin^2\theta}\cos\theta d\theta$$

$$= \int_0^{\frac{\pi}{6}}\sqrt{\cos^2\theta}\cos\theta d\theta$$

$$= \int_0^{\frac{\pi}{6}}\cos^2\theta d\theta \quad (\because\quad \cos\theta > 0 \text{ より } \sqrt{\cos^2\theta} = \cos\theta)$$

$$= \int_0^{\frac{\pi}{6}}\frac{1+\cos2\theta}{2}\,d\theta$$

$$= \left[\frac{1}{2}\theta + \frac{1}{4}\sin 2\theta \right]_0^{\frac{\pi}{6}}$$

$$= \frac{\pi}{12} + \frac{\sqrt{3}}{8}$$

$$\int_0^{\frac{1}{2}} x\,dx = \left[\frac{1}{2}x^2 \right]_0^{\frac{1}{2}} = \frac{1}{8}$$

よって

$$V_S - V_T = \pi\left\{ -\frac{2\sqrt{3}}{3}\left(\frac{\pi}{12} + \frac{\sqrt{3}}{8} \right) - \frac{2}{3}\cdot\frac{1}{8} + \frac{4}{3}\cdot\frac{1}{2} \right\}$$

$$= \pi\left(-\frac{\sqrt{3}}{18}\pi - \frac{1}{4} - \frac{1}{12} + \frac{2}{3} \right)$$

$$= \pi\left(\frac{1}{3} - \frac{\sqrt{3}}{18}\pi \right) \quad\cdots\cdots(答)$$

参考1　〔解法〕では回転軸となる直線 l を平行移動して x 軸に重ねることを強調した解答にしたが，V_S については，図(i)において回転軸直線 $y = \frac{1}{\sqrt{3}}$ からの距離を直接測ると考えても

$$V_S = \int_0^{\frac{1}{2}} \pi\left(\sqrt{1-x^2} - \frac{1}{\sqrt{3}} \right)^2 dx$$

となる。
自分が取り組みやすい方で解くとよい。

参考2　$<\int_0^{\frac{1}{2}} \sqrt{1-x^2}\,dx$ の計算についての別の方法>

$y = \sqrt{1-x^2}$ とおき，両辺を2乗すると

$$x^2 + y^2 = 1$$

となる。$y = \sqrt{1-x^2}$ は，原点が中心で，半径が1の円の上半分の部分である。したがって，$\int_0^{\frac{1}{2}} \sqrt{1-x^2}\,dx$ は右図の斜線部分と網かけ部分を合わせた部分の面積である。求める定積分の値は

$$\frac{1}{2}\cdot\frac{1}{2}\cdot\frac{\sqrt{3}}{2} + \frac{1}{2}\cdot 1^2\cdot\frac{\pi}{6} = \frac{\sqrt{3}}{8} + \frac{\pi}{12}$$

となる。

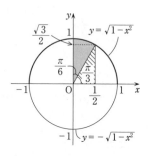

53

2012 年度 〔1〕

Level B

円 $x^2+(y-1)^2=4$ で囲まれた図形を x 軸のまわりに 1 回転してできる立体の体積を求めよ。

ポイント $x^2+(y-1)^2=4$ より $y=1\pm\sqrt{4-x^2}$ となる。曲線 $y=1+\sqrt{4-x^2}$ と線分 $x=-2$ $(0\le y\le1)$, $x=2$ $(0\le y\le1)$ を x 軸のまわりに 1 回転してできる立体の体積 V_1 から，曲線 $y=1-\sqrt{4-x^2}$ $(y\ge0)$ と線分 $x=-2$ $(0\le y\le1)$, $x=2$ $(0\le y\le1)$ を x 軸のまわりに 1 回転してできる立体の体積 V_2 を引くと，求めたい体積が得られる。その際，y 軸に関しての対称性を考えるとよい。

V_1 は右図の太線を x 軸のまわりに 1 回転してできる円の面積を積分すると求めることができる。円の面積は $\pi(1+\sqrt{4-x^2})^2$ であるから，V_1 は $\displaystyle\int_{-2}^{2}\pi(1+\sqrt{4-x^2})^2 dx$ である。V_2 も同様に求めよう。

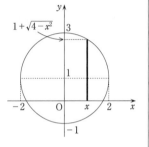

$\displaystyle\int_{0}^{2}\sqrt{4-x^2}dx$ と $\displaystyle\int_{\sqrt{3}}^{2}\sqrt{4-x^2}dx$ の定積分の計算では，〔参考〕で示したような扇形の面積に帰着させる解法を知っていれば簡単に求めることができる。知らなければ，$x=2\sin\theta$ とおき，〔解法〕のように置換積分法で計算し求めればよい。

解 法

円 $x^2+(y-1)^2=4$ と x 軸との交点は
$$x^2+(0-1)^2=4 \qquad x^2=3$$
よって，$(\sqrt{3},\ 0)$ と $(-\sqrt{3},\ 0)$ である。また
$$(y-1)^2=4-x^2 \qquad y-1=\pm\sqrt{4-x^2}$$
$$y=1\pm\sqrt{4-x^2}$$
ここで，$y_1=1+\sqrt{4-x^2}$, $y_2=1-\sqrt{4-x^2}$ とおく。
円 $x^2+(y-1)^2=4$ で囲まれた図形を x 軸のまわりに 1 回転してできる立体は，重なる部分も考慮すると，図 1 の網かけ部分を x 軸のまわりに 1 回転してできる立体であるとしてよい。求める立体の体積は図 2 の網かけ部分を x 軸のまわりに 1 回転してできる立体の体積から，図 3 の網かけ部分を x 軸のまわりに 1 回転してできる立体の体積を除いたものである。

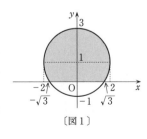

〔図 1〕

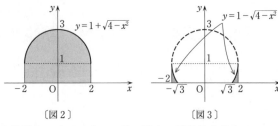

〔図2〕　　　　　　　　　　〔図3〕

よって，求める体積を V とすると，y 軸に関する対称性を考えて

$$V=2\left(\int_0^2 \pi y_1{}^2 dx - \int_{\sqrt{3}}^2 \pi y_2{}^2 dx\right)$$

$$=2\pi\left\{\int_0^2 (1+\sqrt{4-x^2})^2 dx - \int_{\sqrt{3}}^2 (1-\sqrt{4-x^2})^2 dx\right\}$$

$$=2\pi\left\{\int_0^2 (5-x^2+2\sqrt{4-x^2})\,dx - \int_{\sqrt{3}}^2 (5-x^2-2\sqrt{4-x^2})\,dx\right\}$$

$$=2\pi\left\{\int_0^2 (5-x^2)\,dx + 2\int_0^2 \sqrt{4-x^2}\,dx + \int_2^{\sqrt{3}} (5-x^2)\,dx + 2\int_{\sqrt{3}}^2 \sqrt{4-x^2}\,dx\right\}$$

$$=2\pi\left\{\int_0^{\sqrt{3}} (5-x^2)\,dx + 2\int_0^2 \sqrt{4-x^2}\,dx + 2\int_{\sqrt{3}}^2 \sqrt{4-x^2}\,dx\right\}$$

ここで　$\displaystyle\int_0^{\sqrt{3}} (5-x^2)\,dx = \left[5x-\frac{1}{3}x^3\right]_0^{\sqrt{3}} = 5\sqrt{3}-\sqrt{3}=4\sqrt{3}$

次に，$\displaystyle\int_0^2 \sqrt{4-x^2}\,dx$ において $x=2\sin\theta$ とおく。両辺を θ で微分すると，$\dfrac{dx}{d\theta}=2\cos\theta$

より，$dx=2\cos\theta d\theta$，また，

x	$0 \longrightarrow 2$
θ	$0 \longrightarrow \dfrac{\pi}{2}$

であるから

$$\int_0^2 \sqrt{4-x^2}\,dx = \int_0^{\frac{\pi}{2}} \sqrt{4-(2\sin\theta)^2}\cdot 2\cos\theta d\theta$$

$$=\int_0^{\frac{\pi}{2}} 2\sqrt{1-\sin^2\theta}\cdot 2\cos\theta d\theta = 4\int_0^{\frac{\pi}{2}} \sqrt{\cos^2\theta}\cdot\cos\theta d\theta$$

$$=4\int_0^{\frac{\pi}{2}} \cos^2\theta d\theta \quad \left(\because\quad 0\leqq\theta\leqq\frac{\pi}{2} \text{ において}\quad \cos\theta\geqq 0\right)$$

$$=4\int_0^{\frac{\pi}{2}} \frac{\cos 2\theta+1}{2}\,d\theta = 2\int_0^{\frac{\pi}{2}} (\cos 2\theta+1)\,d\theta$$

$$=2\left[\frac{1}{2}\sin 2\theta+\theta\right]_0^{\frac{\pi}{2}} = \pi$$

また，$\displaystyle\int_{\sqrt{3}}^2 \sqrt{4-x^2}\,dx$ においても $x=2\sin\theta$ とおくと，

x	$\sqrt{3} \longrightarrow 2$
θ	$\dfrac{\pi}{3} \longrightarrow \dfrac{\pi}{2}$

であることから

$$\int_{\sqrt{3}}^{2}\sqrt{4-x^2}\,dx = 2\left[\frac{1}{2}\sin 2\theta + \theta\right]_{\frac{\pi}{3}}^{\frac{\pi}{2}} = \left(\sin \pi - \sin \frac{2}{3}\pi\right) + 2\left(\frac{\pi}{2} - \frac{\pi}{3}\right)$$

$$= -\frac{\sqrt{3}}{2} + \frac{\pi}{3}$$

ゆえに

$$V = 2\pi\left\{4\sqrt{3} + 2\cdot\pi + 2\left(-\frac{\sqrt{3}}{2} + \frac{\pi}{3}\right)\right\}$$

$$= 6\sqrt{3}\,\pi + \frac{16}{3}\pi^2 \quad \cdots\cdots\text{(答)}$$

参考 $x^2 + y^2 = 4$ より $y = \pm\sqrt{4-x^2}$ であることから，$y = \sqrt{4-x^2}$ は円 $x^2 + y^2 = 4$ の点 $(2,\ 0)$，$(-2,\ 0)$ を含めて上側の部分である。

よって，$\displaystyle\int_{0}^{2}\sqrt{4-x^2}\,dx$ は図 4 の網かけ部分の面積であるから

$$\pi\cdot 2^2 \times \frac{1}{4} = \pi$$

また，$\displaystyle\int_{\sqrt{3}}^{2}\sqrt{4-x^2}\,dx$ は図 5 の網かけ部分の面積であるから，図 6 のように扇形の面積から直角三角形の面積を引いて

$$\int_{\sqrt{3}}^{2}\sqrt{4-x^2}\,dx = \frac{1}{2}\cdot 2^2\cdot\frac{\pi}{6} - \frac{1}{2}\cdot\sqrt{3}\cdot 1 = \frac{\pi}{3} - \frac{\sqrt{3}}{2}$$

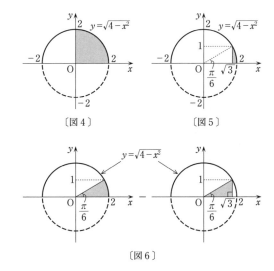

〔図 4〕　　　〔図 5〕

〔図 6〕

54 2012年度 〔3〕 Level B

実数 a と自然数 n に対して，x の方程式

$$a(x^2+|x+1|+n-1) = \sqrt{n}\,(x+1)$$

を考える。以下の問いに答えよ。

(1) この方程式が実数解を持つような a の範囲を，n を用いて表せ。

(2) この方程式が，すべての自然数 n に対して実数解を持つような a の範囲を求めよ。

ポイント (1) x の方程式の問題であるが，グラフの問題として考える方が視覚化されることでよくわかるし，応用も利く。与えられている方程式を $\dfrac{x^2+|x+1|+n-1}{x+1} = \dfrac{\sqrt{n}}{a}$ と変形するか，定数 a のみを分離することを意識して，$\dfrac{\sqrt{n}\,(x+1)}{x^2+|x+1|+n-1} = a$ と変形する。その際，分母にくる式は 0 ではないことを確認する必要がある。この変形をすることで，与えられた方程式の実数解は $y = \dfrac{x^2+|x+1|+n-1}{x+1}$ と $y = \dfrac{\sqrt{n}}{a}$ のグラフの共有点の x 座標，または，$y = \dfrac{\sqrt{n}\,(x+1)}{x^2+|x+1|+n-1}$ と $y = a$ のグラフの共有点の x 座標とみなすことができる。いずれにしても一方は x 軸に平行な直線で表したい。

(2) (1)で求めた a の範囲を表す不等式が，すべての自然数 n に対して成り立つような a の範囲を求めればよい。

解 法 1

(1)　$a(x^2+|x+1|+n-1)=\sqrt{n}\,(x+1)$　……① とおく。

(ア)　$a=0$ のとき，①は $\sqrt{n}\,(x+1)=0$ となるので，実数解 $x=-1$ を持つ。

(イ)　$a\neq0$ のとき，$x=-1$ を①に代入すると

$$（①の左辺）=an\neq0\qquad（①の右辺）=0$$

ゆえに，①は $x=-1$ を解に持たないので　　$x+1\neq0$

よって，①の両辺を 0 でない $a(x+1)$ で割ってよいので

$$\frac{x^2+|x+1|+n-1}{x+1}=\frac{\sqrt{n}}{a}\quad\cdots\cdots②$$

ここで，$f(x)=\dfrac{x^2+|x+1|+n-1}{x+1}$ とおく。

②の実数解は $y=f(x)$ と $y=\dfrac{\sqrt{n}}{a}$ のグラフの共有点の x 座標であるから，②つまり①

が実数解を持つような a の範囲とは，$y=f(x)$ と $y=\dfrac{\sqrt{n}}{a}$ のグラフが共有点を持つよ

うな a の範囲である。

$$|x+1|=\begin{cases}x+1 & (x>-1\text{ のとき})\\-(x+1) & (x<-1\text{ のとき})\end{cases}$$

よって

$$f(x)=\begin{cases}\dfrac{x^2+(x+1)+n-1}{x+1}=\dfrac{x^2+x+n}{x+1} & (x>-1\text{ のとき})\\[3mm]\dfrac{x^2-(x+1)+n-1}{x+1}=\dfrac{x^2-x+n-2}{x+1} & (x<-1\text{ のとき})\end{cases}$$

(i)　$x>-1$ のとき，$f(x)=\dfrac{x^2+x+n}{x+1}$ より

$$f'(x)=\frac{(x^2+x+n)'(x+1)-(x^2+x+n)(x+1)'}{(x+1)^2}$$

$$=\frac{(2x+1)(x+1)-(x^2+x+n)}{(x+1)^2}=\frac{x^2+2x-n+1}{(x+1)^2}$$

$f'(x)=0$ のとき，$x=-1\pm\sqrt{n}$ であり，$x>-1$ より

$$x=-1+\sqrt{n}$$

よって，$f(x)$ の増減表は右のようになる。

また，$f(x)=x+\dfrac{n}{x+1}$ より

$$\lim_{x\to-1+0}f(x)=\infty,\quad\lim_{x\to\infty}f(x)=\infty$$

x	(-1)	$\cdots$	$-1+\sqrt{n}$	$\cdots$
$f'(x)$		$-$	0	$+$
$f(x)$		$\searrow$	$2\sqrt{n}-1$	$\nearrow$

(ii) $x < -1$ のとき, $f(x) = \dfrac{x^2 - x + n - 2}{x + 1}$ より

$$f'(x) = \frac{(x^2 - x + n - 2)'(x + 1) - (x^2 - x + n - 2)(x + 1)'}{(x + 1)^2}$$

$$= \frac{(2x - 1)(x + 1) - (x^2 - x + n - 2)}{(x + 1)^2}$$

$$= \frac{x^2 + 2x - n + 1}{(x + 1)^2}$$

$f'(x) = 0$ のとき, $x = -1 \pm \sqrt{n}$ であり, $x < -1$ より

$$x = -1 - \sqrt{n}$$

よって, $f(x)$ の増減表は右のようになる。

また, $f(x) = x - 2 + \dfrac{n}{x + 1}$ より

$$\lim_{x \to -\infty} f(x) = -\infty, \qquad \lim_{x \to -1 - 0} f(x) = -\infty$$

x	$\cdots$	$-1 - \sqrt{n}$	$\cdots$	(-1)
$f'(x)$	$+$	0	$-$	
$f(x)$	↗	$-2\sqrt{n} - 3$	↘	

(i), (ii)より, $y = f(x)$ のグラフは右のようになる。

したがって, $y = f(x)$ と $y = \dfrac{\sqrt{n}}{a}$ のグラフが共有点

を持つ条件は

$$\frac{\sqrt{n}}{a} \leq -2\sqrt{n} - 3 \quad \text{または} \quad 2\sqrt{n} - 1 \leq \frac{\sqrt{n}}{a}$$

$$\Longleftrightarrow \frac{1}{a} \leq -\frac{2\sqrt{n} + 3}{\sqrt{n}} \quad \text{または} \quad \frac{2\sqrt{n} - 1}{\sqrt{n}} \leq \frac{1}{a}$$

よって $\quad -\dfrac{\sqrt{n}}{2\sqrt{n} + 3} \leq a < 0 \quad$ または $\quad 0 < a \leq \dfrac{\sqrt{n}}{2\sqrt{n} - 1}$

(ア), (イ)より, 方程式①が実数解を持つような a の範囲は

$$-\frac{\sqrt{n}}{2\sqrt{n} + 3} \leq a \leq \frac{\sqrt{n}}{2\sqrt{n} - 1} \quad \cdots\cdots(\text{答})$$

(2) (1)より, すべての自然数 n に対して, $-\dfrac{\sqrt{n}}{2\sqrt{n} + 3} \leq a \leq \dfrac{\sqrt{n}}{2\sqrt{n} - 1}$ が成り立つような

a の範囲を求めればよい。

$-\dfrac{\sqrt{n}}{2\sqrt{n} + 3}$ のとり得る値の範囲を求める。n は自然数なので

$$1 \leq n \qquad 1 \geq \frac{1}{n} > 0$$

したがって　　$3 \geqq \dfrac{3}{\sqrt{n}} > 0$

$5 \geqq 2 + \dfrac{3}{\sqrt{n}} > 2$　　　$5 \geqq \dfrac{2\sqrt{n}+3}{\sqrt{n}} > 2$

$\dfrac{1}{5} \leqq \dfrac{\sqrt{n}}{2\sqrt{n}+3} < \dfrac{1}{2}$　　　$-\dfrac{1}{5} \geqq -\dfrac{\sqrt{n}}{2\sqrt{n}+3} > -\dfrac{1}{2}$

次に，$\dfrac{\sqrt{n}}{2\sqrt{n}-1}$ のとり得る値の範囲を求める。

$1 \geqq \dfrac{1}{\sqrt{n}} > 0$　　　$-1 \leqq -\dfrac{1}{\sqrt{n}} < 0$　　　$1 \leqq 2 - \dfrac{1}{\sqrt{n}} < 2$

$1 \leqq \dfrac{2\sqrt{n}-1}{\sqrt{n}} < 2$　　　$1 \geqq \dfrac{\sqrt{n}}{2\sqrt{n}-1} > \dfrac{1}{2}$

よって，求める a の範囲は　　　$-\dfrac{1}{5} \leqq a \leqq \dfrac{1}{2}$　……（答）

参考　$-\dfrac{\sqrt{n}}{2\sqrt{n}+3} \leqq a \leqq \dfrac{\sqrt{n}}{2\sqrt{n}-1}$ において，$-\dfrac{\sqrt{n}}{2\sqrt{n}+3} = -\dfrac{1}{5}$ となるのは $n=1$ のときである

が，$\dfrac{\sqrt{n}}{2\sqrt{n}-1} = \dfrac{1}{2}$ となる自然数 n は存在しない。$\displaystyle \lim_{n \to \infty} \dfrac{\sqrt{n}}{2\sqrt{n}-1} = \lim_{n \to \infty} \dfrac{1}{2 - \dfrac{1}{\sqrt{n}}} = \dfrac{1}{2}$ だからで

ある。しかし，$\dfrac{\sqrt{n}}{2\sqrt{n}-1}$ は $\dfrac{1}{2}$ より大きい値をとるので，すべての自然数 n について，(1)

の不等式が成り立つ a の範囲に $a = \dfrac{1}{2}$ は含まれる。よって，$-\dfrac{1}{5} \leqq a \leqq \dfrac{1}{2}$ となる。

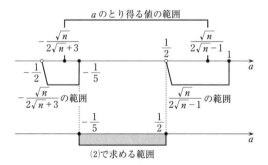

解 法 2

(1)　$a(x^2+|x+1|+n-1)=\sqrt{n}\,(x+1)$　……① とおく。

①の左辺において，$x^2+|x+1|>0$ かつ $n-1\geqq0$ なので

$\qquad x^2+|x+1|+n-1>0$

したがって，①の両辺を 0 でない $x^2+|x+1|+n-1$ で割ってよいので

$$a=\frac{\sqrt{n}\,(x+1)}{x^2+|x+1|+n-1}　……③$$

ここで，$g(x)=\dfrac{\sqrt{n}\,(x+1)}{x^2+|x+1|+n-1}$ とおく。③の実数解は $y=g(x)$ と $y=a$ のグラフの

共有点の x 座標であるから，③つまり①が実数解を持つような a の範囲とは，

$y=g(x)$ と $y=a$ のグラフが共有点を持つような a の範囲である。

$$|x+1|=\begin{cases}x+1 & (x\geqq-1\ \text{のとき})\\ -(x+1) & (x<-1\ \text{のとき})\end{cases}$$

よって　$g(x)=\begin{cases}\dfrac{\sqrt{n}\,(x+1)}{x^2+(x+1)+n-1}=\dfrac{\sqrt{n}\,(x+1)}{x^2+x+n} & (x\geqq-1\ \text{のとき})\\[2mm] \dfrac{\sqrt{n}\,(x+1)}{x^2-(x+1)+n-1}=\dfrac{\sqrt{n}\,(x+1)}{x^2-x+n-2} & (x<-1\ \text{のとき})\end{cases}$

(i)　$x\geqq-1$ のとき，$g(x)=\dfrac{\sqrt{n}\,(x+1)}{x^2+x+n}$ より

$$g'(x)=\sqrt{n}\cdot\frac{(x+1)'(x^2+x+n)-(x+1)(x^2+x+n)'}{(x^2+x+n)^2}$$

$$=\sqrt{n}\cdot\frac{(x^2+x+n)-(x+1)(2x+1)}{(x^2+x+n)^2}=\sqrt{n}\cdot\frac{-x^2-2x+(n-1)}{(x^2+x+n)^2}$$

$$=-\sqrt{n}\cdot\frac{x^2+2x-n+1}{(x^2+x+n)^2}$$

$g'(x)=0$ のとき，$x=-1\pm\sqrt{n}$ であり，$x\geqq-1$ より

$\qquad x=-1+\sqrt{n}$

よって，$g(x)$ の増減表は右のようになる。また

$$\lim_{x\to\infty}g(x)=\lim_{x\to\infty}\frac{\sqrt{n}\left(1+\dfrac{1}{x}\right)}{x+1+\dfrac{n}{x}}=0$$

x	-1	$\cdots$	$-1+\sqrt{n}$	$\cdots$
$g'(x)$		$+$	0	$-$
$g(x)$	0	$\nearrow$	$\dfrac{\sqrt{n}}{2\sqrt{n}-1}$	$\searrow$

(ii)　$x<-1$ のとき，$g(x)=\dfrac{\sqrt{n}\,(x+1)}{x^2-x+n-2}$ より

$$g'(x)=\sqrt{n}\cdot\frac{(x+1)'(x^2-x+n-2)-(x+1)(x^2-x+n-2)'}{(x^2-x+n-2)^2}$$

$$= \sqrt{n} \cdot \frac{(x^2 - x + n - 2) - (x+1)(2x-1)}{(x^2 - x + n - 2)^2}$$

$$= \sqrt{n} \cdot \frac{-x^2 - 2x + n - 1}{(x^2 - x + n - 2)^2}$$

$$= -\sqrt{n} \cdot \frac{x^2 + 2x - n + 1}{(x^2 - x + n - 2)^2}$$

$g'(x) = 0$ のとき，$x = -1 \pm \sqrt{n}$ であり，$x < -1$ より

$$x = -1 - \sqrt{n}$$

よって，$g(x)$ の増減表は右のようになる。また

$$\lim_{x \to -\infty} g(x) = \lim_{x \to -\infty} \frac{\sqrt{n}\left(1 + \dfrac{1}{x}\right)}{x - 1 + \dfrac{n-2}{x}} = 0$$

x	$\cdots$	$-1-\sqrt{n}$	$\cdots$	(-1)
$g'(x)$	$-$	0	$+$	
$g(x)$	$\searrow$	$-\dfrac{\sqrt{n}}{2\sqrt{n}+3}$	$\nearrow$	(0)

(ⅰ)，(ⅱ)より，$y = g(x)$ のグラフは次のようになる。

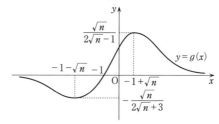

したがって，$y = g(x)$ と $y = a$ のグラフが共有点を持つ条件は

$$-\frac{\sqrt{n}}{2\sqrt{n}+3} \leqq a \leqq \frac{\sqrt{n}}{2\sqrt{n}-1} \quad \cdots\cdots \text{(答)}$$

55 2011 年度 〔1〕 Level A

曲線 $y=\sqrt{x}$ 上の点 $\mathrm{P}(t,\ \sqrt{t}\,)$ から直線 $y=x$ へ垂線を引き,交点を H とする。ただし,$t>1$ とする。このとき,以下の問いに答えよ。

(1) H の座標を t を用いて表せ。

(2) $x \geqq 1$ の範囲において,曲線 $y=\sqrt{x}$ と直線 $y=x$ および線分 PH とで囲まれた図形の面積を S_1 とするとき,S_1 を t を用いて表せ。

(3) 曲線 $y=\sqrt{x}$ と直線 $y=x$ で囲まれた図形の面積を S_2 とする。$S_1=S_2$ であるとき,t の値を求めよ。

> **ポイント** (1) 傾きをかけ合わせて -1 であれば 2 直線は垂直である。直線 PH の傾きが -1 となることから直線 PH の方程式を求めて,$y=x$ と連立して交点 H の座標を求めればよい。
>
> (2) 点 $(t,\ t)$ を Q とおく。点 H から直線 PQ までの距離を求めてみよう。これが三角形 PQH の底辺を辺 PQ とみたときの高さに当たる。
>
> $\displaystyle\int_1^t (x-\sqrt{x})\,dx$ の面積から三角形 PQH の面積を除けば求める図形の面積 S_1 が得られる。
>
> (3) S_2 を求めることは簡単である。S_1 は(2)で求めているので,それらが等しいことから t の値を求める。

解 法

(1) 直線 $y=x$ ……① と垂直な直線の傾きは -1 だから,直線 PH の方程式は

$$y-\sqrt{t}=-(x-t)$$
$$y=-x+t+\sqrt{t} \quad ……②$$

である。

①,②の連立方程式を解いて

$$x=y=\frac{t+\sqrt{t}}{2}$$

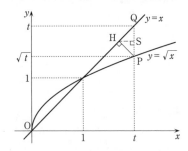

よって,H の座標は $\left(\dfrac{t+\sqrt{t}}{2},\ \dfrac{t+\sqrt{t}}{2}\right)$ ……(答)

(2) 点 (t, t) をQとおく。

$t>1$ であるから $\quad$ PQ $= t-\sqrt{t}$

また点Hから直線PQに垂線HSを下ろすと

$\quad$ HS $=($ Sの x 座標 $)-($ Hの x 座標 $)$

$\qquad = t-\dfrac{t+\sqrt{t}}{2}=\dfrac{t-\sqrt{t}}{2}$

$\quad \triangle$PQH $=\dfrac{1}{2}\cdot$PQ$\cdot$HS

$\qquad =\dfrac{1}{4}(t-\sqrt{t})^2$

$S_1 = \displaystyle\int_1^t (x-\sqrt{x})\,dx - \triangle$PQH

$\quad =\left[\dfrac{1}{2}x^2-\dfrac{2}{3}x^{\frac{3}{2}}\right]_1^t-\dfrac{1}{4}(t-\sqrt{t})^2$

$\quad =\dfrac{1}{2}(t^2-1^2)-\dfrac{2}{3}(t^{\frac{3}{2}}-1^{\frac{3}{2}})-\dfrac{1}{4}(t^2-2t\sqrt{t}+t)$

$\quad =\dfrac{1}{4}t^2-\dfrac{1}{6}t\sqrt{t}-\dfrac{1}{4}t+\dfrac{1}{6}$ $\quad$ ……（答）

(3) $\quad S_2 = \displaystyle\int_0^1 (\sqrt{x}-x)\,dx$

$\qquad =\left[\dfrac{2}{3}x^{\frac{3}{2}}-\dfrac{1}{2}x^2\right]_0^1$

$\qquad =\dfrac{2}{3}-\dfrac{1}{2}=\dfrac{1}{6}$

$S_1 = S_2$ であるとき

$\quad \dfrac{1}{4}t^2-\dfrac{1}{6}t\sqrt{t}-\dfrac{1}{4}t+\dfrac{1}{6}=\dfrac{1}{6}$

$\quad \dfrac{1}{12}t(3t-2\sqrt{t}-3)=0$

$t\neq 0$ だから $\quad 3t-2\sqrt{t}-3=0$

$\quad 3(\sqrt{t})^2-2\sqrt{t}-3=0$

$\sqrt{t}>0$ だから $\quad \sqrt{t}=\dfrac{1+\sqrt{10}}{3}$

これは $t>1$ を満たしている。

よって $\quad (\sqrt{t})^2=\left(\dfrac{1+\sqrt{10}}{3}\right)^2$

$\qquad t=\dfrac{11+2\sqrt{10}}{9}$ $\quad$ ……（答）

56　2011 年度〔2〕　Level B

a を正の定数とする。以下の問いに答えよ。

(1)　関数 $f(x) = (x^2 + 2x + 2 - a^2)\,e^{-x}$ の極大値および極小値を求めよ。

(2)　$x \geq 3$ のとき，不等式 $x^3 e^{-x} \leq 27 e^{-3}$ が成り立つことを示せ。さらに，極限値
$$\lim_{x \to \infty} x^2 e^{-x}$$
を求めよ。

(3)　k を定数とする。$y = x^2 + 2x + 2$ のグラフと $y = k e^x + a^2$ のグラフが異なる 3 点で交わるための必要十分条件を，a と k を用いて表せ。

ポイント　(1)　積の導関数を計算し，$f'(x)$ を求めて増減を調べることで，極大値，極小値を求める。

(2)　定石どおりに $g(x) = 27 e^{-3} - x^3 e^{-x}$ とおいて，$g(x)$ の増減を調べて，$g(x) \geq 0$ となることを証明すればよい。これは，$g'(x) > 0$ より $g(x)$ が単調に増加することと $g(3) = 0$ であることより示せる。極限値 $\lim_{x \to \infty} x^2 e^{-x}$ を求めるときに先に証明した不等式の左辺 $x^3 e^{-x}$ と似ていることに気づくこと。また，不等式の証明の後に極限値を求めるというのは入試問題の典型的パターンであり，その際には，はさみうちの原理を利用する。

(3)　本問をこのまま考察しようとすると放物線と指数関数のグラフを扱うことになり，異なる 3 点で交わるための必要十分条件を求めることは難しい。そこで同値な条件に置き換えていく。通常，定数 k を分離することを考える。本問でも，この方針で解答を進めると，曲線のグラフと x 軸に平行な直線である $y = k$ のグラフが異なる 3 点で交わるための必要十分条件を求めることになり，図形的に考察しやすくなるのと同時に(1)・(2)の結果が利用できる。異なる 3 点で交わる条件をグラフより読み取るわけだが，極小値が正または 0 以下になることで場合分けが必要となることに気づくこと。

解 法

(1) $f(x) = (x^2 + 2x + 2 - a^2) e^{-x}$ より

$$f'(x) = (x^2 + 2x + 2 - a^2)' e^{-x} + (x^2 + 2x + 2 - a^2)(e^{-x})'$$
$$= (2x + 2) e^{-x} + (x^2 + 2x + 2 - a^2)(-e^{-x})$$
$$= \{(2x + 2) - (x^2 + 2x + 2 - a^2)\} e^{-x}$$
$$= -(x + a)(x - a) e^{-x}$$

$f'(x) = 0$ とすると $x = \pm a$

$a > 0$ より，$f(x)$ の増減表は次のようになる。

x	$\cdots$	$-a$	$\cdots$	a	$\cdots$
$f'(x)$	$-$	0	$+$	0	$-$
$f(x)$	↘	極小	↗	極大	↘

$$\left. \begin{array}{l} 極大値 f(a) = 2(a + 1) e^{-a} \\ 極小値 f(-a) = 2(-a + 1) e^{a} \end{array} \right\} \quad \cdots\cdots（答）$$

(2) $g(x) = 27 e^{-3} - x^3 e^{-x}$ とおく。

$$g'(x) = -\{(x^3)' e^{-x} + x^3(e^{-x})'\}$$
$$= -(3x^2 e^{-x} - x^3 e^{-x})$$
$$= x^2(x - 3) e^{-x}$$

ここで $x > 3$ のとき，$x^2(x - 3) e^{-x} > 0$ であるから，$g'(x) > 0$ となり，$x \geqq 3$ のとき，$g(x)$ は単調に増加する。

そして，$g(3) = 0$ であるから $g(x) \geqq 0$

よって，$x \geqq 3$ のとき，$x^3 e^{-x} \leqq 27 e^{-3}$ が成り立つ。 （証明終）

$x \geqq 3$ のとき，$0 \leqq x^3 e^{-x} \leqq 27 e^{-3}$ が成り立ち，辺々を x で割ると

$$0 \leqq x^2 e^{-x} \leqq \frac{27 e^{-3}}{x}$$

$x \to \infty$ を求めるので $x \geqq 3$ としてよく，この不等式において

$$\lim_{x \to \infty} \frac{27 e^{-3}}{x} = 0$$

であることから，はさみうちの原理より

$$\lim_{x \to \infty} x^2 e^{-x} = 0 \quad \cdots\cdots（答）$$

(3)　$y=x^2+2x+2$ のグラフと $y=ke^x+a^2$ のグラフが異なる 3 点で交わる。

　$\Longleftrightarrow$ 方程式 $x^2+2x+2=ke^x+a^2$ が異なる 3 つの実数解をもつ。

　$\Longleftrightarrow$ 方程式 $(x^2+2x+2-a^2)e^{-x}=k$ が異なる 3 つの実数解をもつ。

　$\Longleftrightarrow y=(x^2+2x+2-a^2)e^{-x}$ のグラフと $y=k$ のグラフが異なる 3 点で交わる。

ここで

$$\lim_{x\to\infty}(x^2+2x+2-a^2)e^{-x}=\lim_{x\to\infty}\left\{x^2e^{-x}+2\cdot\frac{1}{x}\cdot x^2e^{-x}+(2-a^2)e^{-x}\right\}$$
$$=0$$

$$\lim_{x\to-\infty}(x^2+2x+2-a^2)e^{-x}=\lim_{x\to-\infty}x\left(x+2+\frac{2-a^2}{x}\right)e^{-x}$$
$$=+\infty$$

であることから，(1)で求めた極小値 $2(-a+1)e^a$ について

$$\begin{cases} 2(-a+1)e^a>0 & (0<a<1 \text{ のとき}) \\ 2(-a+1)e^a\leqq 0 & (a\geqq 1 \text{ のとき}) \end{cases}$$

が成り立つので，求める k の値の範囲は

$$\begin{cases} 2(-a+1)e^a<k<2(a+1)e^{-a} & (0<a<1 \text{ のとき}) \\ 0<k<2(a+1)e^{-a} & (a\geqq 1 \text{ のとき}) \end{cases}$$
　$\cdots\cdots$(答)

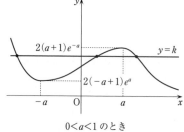

$0<a<1$ のとき

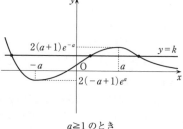

$a\geqq 1$ のとき

57

xy 平面上に曲線 $y = \dfrac{1}{x^2}$ を描き，この曲線の第 1 象限内の部分を C_1，第 2 象限内の

部分を C_2 と呼ぶ。C_1 上の点 $P_1\left(a, \dfrac{1}{a^2}\right)$ から C_2 に向けて接線を引き，C_2 との接点を

Q_1 とする。次に点 Q_1 から C_1 に向けて接線を引き，C_1 との接点を P_2 とする。次に

点 P_2 から C_2 に向けて接線を引き，接点を Q_2 とする。以下同様に続けて，C_1 上の点

列 P_n と C_2 上の点列 Q_n を定める。このとき，次の問いに答えよ。

(1) 点 Q_1 の座標を求めよ。

(2) 三角形 $P_1Q_1P_2$ の面積 S_1 を求めよ。

(3) 三角形 $P_nQ_nP_{n+1}$ $(n = 1, 2, 3, \cdots)$ の面積 S_n を求めよ。

(4) 級数 $\displaystyle\sum_{n=1}^{\infty} S_n$ の和を求めよ。

ポイント 問題文を丁寧に読み，点の決め方の規則性を正しく把握すること。点の決め
方に規則性があるので，点の座標を上手に読みかえることによって要領よく計算できる。
つまり，P_1 の座標から Q_1 の座標を求める規則がわかれば，P_2 の座標もただちに求め
ることができる。そうしないと，同じような計算ばかり繰り返し行うことになり，非常
に面倒である。なお，$y = \dfrac{1}{x^2}$ のグラフを描かなくても解答はできるが，簡単に描いてお

くと考えやすい。それを参考にして解答にとりかかろう。

(2) 本来 $y = \dfrac{1}{x^2}$ とひとつの関数で表されている図形を C_1，C_2 と分けて考えて，規則性
より交互に接線を引いている。(1)での考察を点 P_1 の代わりに点 Q_1 と置き換えて計算
すればよい。最初から計算し直す必要はない。また，三角形の面積は次の公式を利用し
て求めるとよい。必ず覚えておくこと。
三角形 OAB において，$\overrightarrow{OA} = (a_1, a_2)$，$\overrightarrow{OB} = (b_1, b_2)$ とすると

$$\triangle OAB = \frac{1}{2}|a_1b_2 - a_2b_1|$$

(3) (1)・(2)で考えたことを繰り返すことにより得られる規則性を，一般化して立式して
いく。ここでも具体的に計算するのではなく，数を上手に置き換えて計算するとよい。

解法

(1)　$y = \dfrac{1}{x^2}$ より　　$y' = (x^{-2})' = -2x^{-3} = -\dfrac{2}{x^3}$

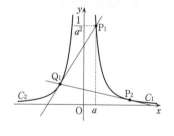

よって，曲線 $y = \dfrac{1}{x^2}$ 上の点 $\left(t,\ \dfrac{1}{t^2}\right)$ における接線の

傾きは $-\dfrac{2}{t^3}$ だから，接線の方程式は

$$y - \dfrac{1}{t^2} = -\dfrac{2}{t^3}(x-t) \qquad y = -\dfrac{2}{t^3}x + \dfrac{3}{t^2} \quad \cdots\cdots\text{①}$$

$Q_1\!\left(t,\ \dfrac{1}{t^2}\right)$ とおいて，Q_1 における接線が点 $P_1\!\left(a,\ \dfrac{1}{a^2}\right)$ を通ると考え，それぞれの座標

を①に代入すると

$$\dfrac{1}{a^2} = -\dfrac{2a}{t^3} + \dfrac{3}{t^2} \qquad t^3 - 3a^2t + 2a^3 = 0 \qquad (t-a)^2(t+2a) = 0$$

　$\therefore$　$t = a,\ -2a$

ここで，$t = a$ のときは C_1 の点 P_1 における接線を表すことになり，適さない。

よって，点 Q_1 の x 座標は　　$-2a$

このとき　　$y = \dfrac{1}{(-2a)^2} = \dfrac{1}{4a^2}$

したがって，点 Q_1 の座標は　　$\left(-2a,\ \dfrac{1}{4a^2}\right)$　$\cdots\cdots$(答)

> **参考**　$t^3 - 3a^2t + 2a^3 = 0$ を解くことで接点の x 座標
> を得る。$t = a$ が重解であることは，点 P_1 で接
> 線が引けることより明らかなので，
> $t^3 - 3a^2t + 2a^3$ は $(t-a)^2$ を因数にもつ。このと
> き，定数項 $2a^3$ に着目すると，$(t-a)^2(t+2a)$
> と因数分解できることがただちにわかる。
> $t = -2a,\ a$（重解）が得られるが，$t = a$ のとき
> は点 P_1 における接線を表す。よって，点
> $\left(a,\ \dfrac{1}{a^2}\right)$ から引いた接線の接点は，$t = -2a$ の場
> 合にあたることがわかる。

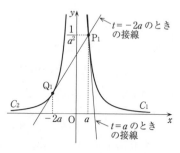

(2)　(1)の考察過程より，$y = \dfrac{1}{x^2}$ 上の点 $\left(a,\ \dfrac{1}{a^2}\right)$ から条件を満たす接線を引くと，接

点は $\left(-2a,\ \dfrac{1}{4a^2}\right)$ となることがわかる。点 $\left(-2a,\ \dfrac{1}{4a^2}\right)$ から同じようにして接線を

引くと，接点は，a を $-2a$ と読みかえることによって

$$\left(-2\left(-2a\right),\ \frac{1}{4\left(-2a\right)^{2}}\right)$$

とおける。よって，点 P_2 の座標は $\left(4a,\ \dfrac{1}{16a^2}\right)$ となる。

点 $P_1\left(a,\ \dfrac{1}{a^2}\right)$，点 $Q_1\left(-2a,\ \dfrac{1}{4a^2}\right)$，点 $P_2\left(4a,\ \dfrac{1}{16a^2}\right)$ であることがわかったから

$$\overrightarrow{Q_1P_1}=\left(a-(-2a),\ \frac{1}{a^2}-\frac{1}{4a^2}\right)=\left(3a,\ \frac{3}{4a^2}\right)$$

$$\overrightarrow{Q_1P_2}=\left(4a-(-2a),\ \frac{1}{16a^2}-\frac{1}{4a^2}\right)=\left(6a,\ -\frac{3}{16a^2}\right)$$

したがって

$$S_1=\frac{1}{2}\left|6a\cdot\frac{3}{4a^2}-3a\cdot\left(-\frac{3}{16a^2}\right)\right|=\frac{1}{2}\left|\frac{9}{2a}+\frac{9}{16a}\right|=\frac{81}{32}\left|\frac{1}{a}\right|$$

ここで，点 P_1 が第1象限の点であることから $a>0$ なので $\qquad \left|\dfrac{1}{a}\right|=\dfrac{1}{a}$

よって $\quad S_1=\dfrac{81}{32a}$ ……（答）

(3) 点 P_n の座標を $\left(a_n,\ \dfrac{1}{a_n{}^2}\right)$ とおく。

(2)の考察過程より，点 P_{n+1} の x 座標 a_{n+1} は $a_{n+1}=4a_n$ を満たす。よって，数列 $\{a_n\}$ は初項 a，公比 4 の等比数列となるから

$$a_n=4^{n-1}a$$

(2)の結果において S_1 を S_n に，a を a_n に読みかえることによって

$$S_n=\frac{81}{32a_n}$$

と表すことができるから

$$S_n=\frac{81}{32a_n}=\frac{81}{32\cdot4^{n-1}a}=\frac{81}{32a}\left(\frac{1}{4}\right)^{n-1}\quad ……（答）$$

(4) (3)の結果より，数列 $\{S_n\}$ は初項が $\dfrac{81}{32a}$，公比が $\dfrac{1}{4}$ の等比数列である。

よって，求める無限等比級数の公比が $-1<\dfrac{1}{4}<1$ を満たしているので，無限等比級数の和は収束し

$$\sum_{n=1}^{\infty}S_n=\frac{\dfrac{81}{32a}}{1-\dfrac{1}{4}}=\frac{4}{3}\cdot\frac{81}{32a}=\frac{27}{8a}\quad ……（答）$$

58

曲線 $C_1 : y = \dfrac{x^2}{2}$ の点 $P\left(a, \dfrac{a^2}{2}\right)$ における法線と点 $Q\left(b, \dfrac{b^2}{2}\right)$ における法線の交点を R とする。ただし，$b \neq a$ とする。このとき，次の問いに答えよ。

⑴　b が a に限りなく近づくとき，R はある点 A に限りなく近づく。A の座標を a で表せ。

⑵　点 P が曲線 C_1 上を動くとき，⑴で求めた点 A が描く軌跡を C_2 とする。曲線 C_1 と軌跡 C_2 の概形を描き，C_1 と C_2 の交点の座標を求めよ。

⑶　曲線 C_1 と軌跡 C_2 で囲まれた部分の面積を求めよ。

> **ポイント**　直線が直交する条件として多くの受験生は傾きをかけ合わせると -1 となることをまず思い浮かべるだろう。しかし，これを利用すると，接線の傾きが 0 のときは，法線が y 軸に平行な直線となり傾きが定義できないので，接線の傾きが 0 のときとそうでないときの場合分けが必要になってくる。この解き方は〔解法2〕である。そこで，場合分けせずにすむ方向ベクトルを用いた解法もぜひマスターしてほしい。2本の直線の方向ベクトルの内積が 0 となることを利用する。これは〔解法1〕である。また，面積を求めるときには，図形の対称性を利用する。

解 法 1

⑴　$y = \dfrac{x^2}{2}$ より　　$y' = x$

$x = a$ のとき　　$y' = a$

点 P における接線の傾きが a なので，方向ベクトルは $(1, a)$ であり，点 R の座標を (x, y) とおくと，点 P における法線の方向ベクトルは $\overrightarrow{PR}$ であるから

$$\overrightarrow{PR} = \left(x - a, \ y - \dfrac{a^2}{2}\right)$$

点 P における接線と法線は直交するので，方向ベクトルの内積が 0 であるから

$$1 \cdot (x - a) + a\left(y - \dfrac{a^2}{2}\right) = 0$$

$$x + ay = a + \dfrac{a^3}{2} \quad \cdots\cdots ①$$

同様に，点 Q における接線と法線の関係から

$$x + by = b + \dfrac{b^3}{2} \quad \cdots\cdots ②$$

① − ② より

$$(a-b)\,y = (a-b) + \frac{1}{2}\,(a-b)\,(a^2 + ab + b^2)$$

$b \neq a$ であるから

$$y = 1 + \frac{1}{2}\,(a^2 + ab + b^2)$$

よって

$$\lim_{b \to a} y = \lim_{b \to a} \left\{ 1 + \frac{1}{2}\,(a^2 + ab + b^2) \right\} = 1 + \frac{3}{2}\,a^2$$

①より

$$\lim_{b \to a} x = \lim_{b \to a} \left(-ay + a + \frac{a^3}{2} \right) = -a\left(1 + \frac{3}{2}\,a^2 \right) + a + \frac{a^3}{2} = -a^3$$

ゆえに $\mathrm{A}\left(-a^3,\ \frac{3}{2}\,a^2 + 1 \right)$ ……(答)

(2) $\mathrm{A}\,(x,\ y)$ とおくと

$$x = -a^3 \quad \cdots\cdots③ \qquad y = \frac{3}{2}\,a^2 + 1 \quad \cdots\cdots④$$

③より $a = -x^{\frac{1}{3}}$

④に代入して $C_2 : y = \frac{3}{2}\,x^{\frac{2}{3}} + 1$

C_2 のグラフは y 軸に関して対称であるから，区間 $x \geqq 0$ について調べる。

$x = 0$ のとき $y = 1$

$x > 0$ のとき

$y = \frac{3}{2}\,x^{\frac{2}{3}} + 1$ より $y' = x^{-\frac{1}{3}} > 0$ となるから y は単調増加。

$y'' = -\frac{1}{3}\,x^{-\frac{4}{3}} < 0$ となるから C_2 は上に凸。

$$\lim_{x \to +0} y' = \lim_{x \to +0} \frac{1}{\sqrt[3]{x}} = +\infty$$

$y = \dfrac{x^2}{2}$ と $y = \dfrac{3}{2}\,x^{\frac{2}{3}} + 1$ を連立させると $\dfrac{x^2}{2} = \dfrac{3}{2}\,x^{\frac{2}{3}} + 1$

$x^{\frac{2}{3}} = t$ とおくと

$$t^3 = 3t + 2 \quad (t \geqq 0)$$

$$(t-2)\,(t+1)^2 = 0 \quad (t \geqq 0)$$

$\therefore\quad t = 2$

$x^{\frac{2}{3}} = 2$ より $x^2 = 8$ $\therefore\quad x = \pm 2\sqrt{2}$

$x = \pm 2\sqrt{2}$ のとき $\qquad y = \dfrac{x^2}{2} = 4$

ゆえに，C_1 と C_2 の交点の座標は

$\qquad (\pm 2\sqrt{2},\ 4)$ ……（答）

よって，曲線 C_1 と軌跡 C_2 の概形は右図のようになる。

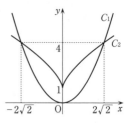

(3) C_1，C_2 は y 軸に関して対称であるから，求める面積は

$$2\int_0^{2\sqrt{2}}\left(\frac{3}{2}x^{\frac{2}{3}}+1-\frac{x^2}{2}\right)dx = 2\left[\frac{9}{10}x^{\frac{5}{3}}+x-\frac{x^3}{6}\right]_0^{2^{\frac{3}{2}}}$$

$$= 2\left(\frac{9}{10}\cdot 2^{\frac{5}{2}}+2^{\frac{3}{2}}-\frac{2^{\frac{9}{2}}}{6}\right) = 2\cdot 2^{\frac{1}{2}}\left(\frac{9}{10}\cdot 2^2+2-\frac{2^4}{6}\right)$$

$$= 2\sqrt{2}\times\frac{44}{15} = \frac{88\sqrt{2}}{15} \quad\cdots\cdots（答）$$

解法 2

(1) $y = \dfrac{x^2}{2}$ より $\qquad y' = x$

曲線 $C_1 : y = \dfrac{x^2}{2}$ の点 $\mathrm{P}\left(a,\ \dfrac{a^2}{2}\right)$ における接線の傾きは a である。

$a \neq 0$ のとき，点 P における法線の傾きは $-\dfrac{1}{a}$ なので，法線の方程式は

$$y-\frac{a^2}{2} = -\frac{1}{a}(x-a) \qquad \therefore\quad x+ay = \frac{a^3}{2}+a \quad\cdots\cdots\text{⑦}$$

$a = 0$ のとき，点 P における法線の方程式は

$$x = 0 \quad\cdots\cdots\text{④}$$

⑦に $a = 0$ を代入すると④が得られる。

よって，点 P における法線の方程式は

$$x+ay = \frac{a^3}{2}+a \quad\cdots\cdots①$$

（以下，〔解法1〕(1)と同じ）

参考 点 $\mathrm{A}\left(-a^3,\ \dfrac{3}{2}a^2+1\right)$ は点 $\mathrm{P}\left(a,\ \dfrac{a^2}{2}\right)$ における曲線 $C_1 : y = \dfrac{x^2}{2}$ の曲率中心（曲率円の中心）である（曲線上の点 P における曲がり方の度合いを円によって近似したものを点 P における「曲率円」という）。曲率円の半径（曲率半径）が小さいほど，その点における曲線の曲がり方の度合いが大きい。

59

$f(x) = \dfrac{e^x}{e^x+1}$ とおく。ただし，e は自然対数の底とする。このとき，次の問いに答えよ。

(1) $y = f(x)$ の増減，凹凸，漸近線を調べ，グラフをかけ。

(2) $f(x)$ の逆関数 $f^{-1}(x)$ を求めよ。

(3) $\displaystyle\lim_{n\to\infty} n\left\{ f^{-1}\left(\dfrac{1}{n+2}\right) - f^{-1}\left(\dfrac{1}{n+1}\right)\right\}$ を求めよ。

ポイント 漸近線について，関数 $f(x)$ が区間 $-\infty < x < \infty$ で連続の場合，曲線 $y = f(x)$ には y 軸に平行な漸近線はない。$\displaystyle\lim_{x\to\infty} f(x) = n$ または $\displaystyle\lim_{x\to-\infty} f(x) = n$ が成り立つならば，直線 $y = n$ は曲線 $y = f(x)$ の漸近線である。さらに，これらが発散する場合でも，m，n を定数として $\displaystyle\lim_{x\to\infty}\{f(x) - (mx+n)\} = 0$ または $\displaystyle\lim_{x\to-\infty}\{f(x) - (mx+n)\} = 0$ が成り立つならば，直線 $y = mx + n$ は曲線 $y = f(x)$ の漸近線である。

(2) 連続関数 $y = g(x)$ が逆関数 $g^{-1}(x)$ をもつ場合，$g(x)$ はその定義域において増加関数か減少関数である。また，$g(x)$ の定義域を A，値域を B とすると，$g^{-1}(x)$ の定義域は B，値域は A である。「x，y を入れ換える」という操作をしているので，当然である。$y = f(x)$ のグラフを正しく描くことにより，関数 $f(x)$ の逆関数が存在するかどうかがわかり，存在する場合はその定義域も読みとれる。

(3) 自然対数の底の定義 $\displaystyle\lim_{t\to\infty}\left(1 + \dfrac{1}{t}\right)^t = e$ を利用する。

解 法

(1) 　$f(x) = \dfrac{e^x}{e^x+1} = \dfrac{(e^x+1)-1}{e^x+1} = 1 - \dfrac{1}{e^x+1}$

$f'(x) = -\dfrac{1'(e^x+1) - 1\cdot(e^x+1)'}{(e^x+1)^2} = \dfrac{e^x}{(e^x+1)^2} > 0$

$f''(x) = \dfrac{(e^x)'(e^x+1)^2 - e^x\{(e^x+1)^2\}'}{(e^x+1)^4} = \dfrac{e^x(e^x+1)^2 - e^x\cdot 2(e^x+1)(e^x+1)'}{(e^x+1)^4}$

$\qquad = \dfrac{e^x(e^x+1)\{(e^x+1) - 2e^x\}}{(e^x+1)^4} = \dfrac{-e^x(e^x-1)}{(e^x+1)^3}$

$f''(x) = 0$ のとき，$e^x = 1$ より $\qquad x = 0$

よって，$y=f(x)$ の増減，凹凸は右のようになる。
また

$$\lim_{x \to \infty} f(x) = \lim_{x \to \infty} \frac{1}{1+e^{-x}} = \frac{1}{1+0} = 1$$

$$\lim_{x \to -\infty} f(x) = \lim_{x \to -\infty} \frac{e^x}{e^x+1} = \frac{0}{0+1} = 0$$

であるから，漸近線は直線 $y=0$，$y=1$ である。
以上より，$y=f(x)$ のグラフは右のようになる。

x	$\cdots$	0	$\cdots$
$f'(x)$	$+$	$+$	$+$
$f''(x)$	$+$	0	$-$
$f(x)$	⤴	$\dfrac{1}{2}$	⤴

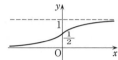

(2)　$y=f(x)$ は増加関数で，値域は $0<y<1$ であるから，
$f(x)$ の逆関数 $f^{-1}(x)$ が存在し，その定義域は $0<x<1$ である。

$y=f(x)$ より　　$y=\dfrac{e^x}{e^x+1}$　$(0<y<1)$

　　　　$y(e^x+1)=e^x$　　　$(1-y)e^x=y$

$1-y \neq 0$ より

　　　　$e^x=\dfrac{y}{1-y}$

$0<y<1$ より，$\dfrac{y}{1-y}>0$ であるから，両辺の自然対数をとって

　　　　$\log e^x = \log \dfrac{y}{1-y}$　　$\therefore$　$x=\log \dfrac{y}{1-y}$　$(0<y<1)$

x と y を入れ換えて

　　　　$y=\log \dfrac{x}{1-x}$　$(0<x<1)$　　$\therefore$　$f^{-1}(x)=\log \dfrac{x}{1-x}$　$(0<x<1)$　……(答)

(3)　$f^{-1}(x)=\log \dfrac{x}{1-x} = \log \left(\dfrac{1-x}{x}\right)^{-1} = -\log \dfrac{1-x}{x} = -\log \left(\dfrac{1}{x}-1\right)$

$0<\dfrac{1}{n+2}<\dfrac{1}{n+1}<1$ であるから，(2)より

　　　$f^{-1}\left(\dfrac{1}{n+2}\right) - f^{-1}\left(\dfrac{1}{n+1}\right) = -\log(n+1) + \log n = -\{\log(n+1) - \log n\}$

　　　　　　　　　　　　　　$= -\log \dfrac{n+1}{n} = -\log \left(1+\dfrac{1}{n}\right)$

よって

　　　$\lim_{n \to \infty} n\left\{f^{-1}\left(\dfrac{1}{n+2}\right) - f^{-1}\left(\dfrac{1}{n+1}\right)\right\} = \lim_{n \to \infty}\left\{-n\log\left(1+\dfrac{1}{n}\right)\right\} = \lim_{n \to \infty}\left\{-\log\left(1+\dfrac{1}{n}\right)^n\right\}$

　　　　　　　　　　　　　　$= -\log e = -1$　……(答)

60 2008年度〔4〕　　　　　　　　　　　　　　　　Level B

$a>0$ に対して，$f(x)=a+\log x$ $(x>0)$，$g(x)=\sqrt{x-1}$ $(x\geqq1)$ とおく。2曲線 $y=f(x)$，$y=g(x)$ が，ある点Pを共有し，その点で共通の接線 l を持つとする。このとき，次の問いに答えよ。

(1)　a の値，点Pの座標，および接線 l の方程式を求めよ。

(2)　2曲線は点P以外の共有点を持たないことを示せ。

(3)　2曲線と x 軸で囲まれた部分の面積を求めよ。

ポイント　(1)　点Pの座標を $(x_1,\ y_1)$ とおく。一般に2曲線 $y=f(x)$，$y=g(x)$ が点Pを共有し，点Pで共通の接線をもつための条件は
$$f(x_1)=g(x_1) \quad \text{かつ} \quad f'(x_1)=g'(x_1)$$
が成り立つことである。
(2)　$h(x)=f(x)-g(x)$ とおいて，$h'(x)$ を求めて $h(x)$ の増減を調べるが，$h'(x)$ は分子を有理化の手法で $\sqrt{\ }$ をはずすとよい。
(3)　まずは $y=f(x)$ と $y=g(x)$ を図示してみよう。計算については，〔解法1〕のように素直に積分してもよいし，計算が少し簡単になるので〔解法2〕のように逆関数をとってもよい。
　(1)より $a=1-\log2$ であるが，しばらくは a のまま計算しておいて適宜 a を $1-\log2$ に置き換えたらよいだろう。

解法1

(1)　2曲線 $y=f(x)$，$y=g(x)$ が点Pを共有し，その点で共通の接線をもつための条件は，点Pの座標を $(x_1,\ y_1)$ とするとき
$$f(x_1)=g(x_1) \quad \text{かつ} \quad f'(x_1)=g'(x_1) \quad (x_1>1)$$
が成り立つことである。
$f(x)=a+\log x$，$g(x)=\sqrt{x-1}$ より
$$f'(x)=\frac{1}{x}, \quad g'(x)=\frac{1}{2\sqrt{x-1}}$$
よって
$$\begin{cases} a+\log x_1=\sqrt{x_1-1} & \cdots\cdots① \\ \dfrac{1}{x_1}=\dfrac{1}{2\sqrt{x_1-1}} & \cdots\cdots② \end{cases}$$
②より　　$x_1=2\sqrt{x_1-1}$

両辺を 2 乗して

$$x_1{}^2 = 4(x_1 - 1) \qquad x_1{}^2 - 4x_1 + 4 = 0 \qquad (x_1 - 2)^2 = 0$$

$$\therefore \quad x_1 = 2$$

①より　　$a + \log 2 = 1$　　$\therefore$　$a = 1 - \log 2$

また

$$y_1 = g(x_1) = g(2) = 1$$

$$g'(x_1) = g'(2) = \frac{1}{2}$$

接線の方程式は $y - y_1 = g'(x_1)(x - x_1)$ より

$$y - 1 = \frac{1}{2}(x - 2) \qquad \therefore \quad y = \frac{1}{2}x$$

以上より

$$\left.\begin{array}{l} a = 1 - \log 2, \quad \mathrm{P}(2,\ 1) \\[2mm] \text{接線 } l : y = \dfrac{1}{2}x \end{array}\right\} \quad \cdots\cdots \text{(答)}$$

(2)　$a = 1 - \log 2$ より　　$f(x) = 1 - \log 2 + \log x$

$h(x) = f(x) - g(x)$　$(x \geqq 1)$　とおくと

$$h(x) = 1 - \log 2 + \log x - \sqrt{x-1}$$

$x > 1$ のとき

$$h'(x) = \frac{1}{x} - \frac{1}{2\sqrt{x-1}} = \frac{2\sqrt{x-1} - x}{2x\sqrt{x-1}}$$

$$= \frac{4(x-1) - x^2}{2x\sqrt{x-1}\,(2\sqrt{x-1} + x)}$$

$$= \frac{-(x-2)^2}{2x\sqrt{x-1}\,(2\sqrt{x-1} + x)}$$

また，2 曲線 $y = f(x)$，$y = g(x)$ の共有点 P の x 座標が 2 だから

$$h(2) = f(2) - g(2) = 0$$

よって，$h(x)$ の増減表は右のようになる。

増減表より

$1 \leqq x < 2$ のとき　　$h(x) > 0$

$x = 2$ のとき　　$h(x) = 0$

$2 < x$ のとき　　$h(x) < 0$

x	1	$\cdots$	2	$\cdots$
$h'(x)$			$-$	0	$-$
$h(x)$	$1 - \log 2$	$\searrow$	0	$\searrow$

よって，$h(x)$ は $x = 2$ 以外で $h(x) \neq 0$ となる。

ゆえに，2 曲線は点 P$(2,\ 1)$ 以外の共有点をもたない。　　　　　　（証明終）

(3) $y=f(x)$ について $f(x)=0$ とおくと

$$1-\log 2+\log x=0 \qquad \log x=\log 2-\log e$$

$$\log x=\log\frac{2}{e} \qquad \therefore \quad x=\frac{2}{e}$$

よって，求めるのは図の網かけ部分の面積である。
求める面積を S とおくと

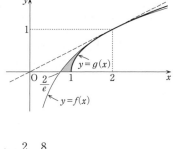

$$S=\int_{\frac{2}{e}}^{2}(a+\log x)\,dx-\int_{1}^{2}\sqrt{x-1}\,dx$$

$$=\Big[ax\Big]_{\frac{2}{e}}^{2}+\Big[x\log x\Big]_{\frac{2}{e}}^{2}-\int_{\frac{2}{e}}^{2}dx-\Big[\frac{2}{3}(x-1)^{\frac{3}{2}}\Big]_{1}^{2}$$

$$=a\Big(2-\frac{2}{e}\Big)+2\log 2-\frac{2}{e}\log\frac{2}{e}-\Big(2-\frac{2}{e}\Big)-\frac{2}{3}$$

$$=(1-\log 2)\Big(2-\frac{2}{e}\Big)+2\log 2-\frac{2}{e}(\log 2-\log e)+\frac{2}{e}-\frac{8}{3}$$

$$=\frac{2}{e}-\frac{2}{3} \quad \cdots\cdots（答）$$

解法 2

(3) (2)の結果より

$1\leqq x<2$ のとき $\qquad f(x)>g(x)$

$x=2$ のとき $\qquad f(x)=g(x)$

$2<x$ のとき $\qquad f(x)<g(x)$

$y=f(x)$，$y=g(x)$ を x について解くと

$y=f(x)$ は

$$y=a+\log x \qquad \log x=y-a$$

$$\therefore \quad x=e^{y-a}$$

$y=g(x)$ は

$$y=\sqrt{x-1} \qquad y^2=x-1 \quad (y\geqq 0)$$

$$\therefore \quad x=y^2+1 \quad (y\geqq 0)$$

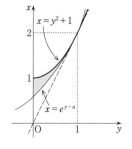

よって，求める面積を S とおくと

$$S=\int_{0}^{1}\{(y^2+1)-e^{y-a}\}\,dy=\Big[\frac{y^3}{3}+y-e^{y-a}\Big]_{0}^{1}=\Big(\frac{1}{3}+1-e^{1-a}\Big)-(-e^{-a})$$

$$=\frac{4}{3}-e^{1-a}+e^{-a}=\frac{4}{3}-e^{\log 2}+e^{-1+\log 2}=\frac{4}{3}-2+\frac{2}{e}=\frac{2}{e}-\frac{2}{3} \quad \cdots\cdots（答）$$

〔注〕 $e^{-1+\log 2}=e^{-1}\cdot e^{\log 2}=\frac{2}{e}$

§9 2次曲線，曲線の媒介変数表示

61 2022 年度 〔5〕 Level C

xy 平面上の曲線 C を，媒介変数 t を用いて次のように定める。

$$x = 5\cos t + \cos 5t, \quad y = 5\sin t - \sin 5t \quad (-\pi \le t < \pi)$$

以下の問いに答えよ。

(1) 区間 $0 < t < \dfrac{\pi}{6}$ において，$\dfrac{dx}{dt} < 0,\ \dfrac{dy}{dx} < 0$ であることを示せ。

(2) 曲線 C の $0 \le t \le \dfrac{\pi}{6}$ の部分，x 軸，直線 $y = \dfrac{1}{\sqrt{3}}x$ で囲まれた図形の面積を求めよ。

(3) 曲線 C は x 軸に関して対称であることを示せ。また，C 上の点を原点を中心として反時計回りに $\dfrac{\pi}{3}$ だけ回転させた点は C 上にあることを示せ。

(4) 曲線 C の概形を図示せよ。

ポイント (1) $\dfrac{dx}{dt} < 0$ であることを示す。次に，$\dfrac{dy}{dx} < 0$ であることを示す。そのためには，$\dfrac{dy}{dt}$ の符号を調べればよい。符号だけを問われているので，〔解法〕のように，$\dfrac{dy}{dt} > 0$ であることを示す方法と，〔参考1〕のように，$\dfrac{dy}{dx} = -\tan 2t$ と整理してから，符号を調べる方法とが考えられる。(4)で $\dfrac{d^2y}{dx^2}$ の符号を求めることになることを考えると，どのタイミングでどこまで変形しておくか判断が難しくはある。

(2) (1)で，$0 \le t \le \dfrac{\pi}{6}$ のときの曲線 C を xy 平面に描くと単調に減少することがわかったので，面積を定積分で表して，置換積分法を用いて計算し値を求める。

(3) $t = -\pi$ については，$-t$ に対応する点が定義されていないため，点 $(x(-\pi),\ y(-\pi))$ が x 軸上にあることを示し，これ以外の t に対しては $x(-t) = x(t)$，$y(-t) = -y(t)$ が成り立つことを示すと，曲線 C が x 軸に関して対称であることが示せたことになる。原点のまわりに回転させるところでは，定石通りに，複素数平面における計算に持ち込むこと。

(4) 曲線 C の概形を描く問題なので，曲線の凹凸も調べておきたい。そのために，$\dfrac{d^2y}{dx^2}$ の符号を調べておこう。

解法

(1)
$$\begin{cases} \dfrac{dx}{dt} = -5\sin t - 5\sin 5t \\[2mm] \dfrac{dy}{dt} = 5\cos t - 5\cos 5t \end{cases}$$

ここで，$0<t<\dfrac{\pi}{6}$ において $0<\sin t<\dfrac{1}{2}$ である。そして，$0<5t<\dfrac{5}{6}\pi$ において

$0<\sin 5t \leqq 1$ であるから，$\dfrac{dx}{dt}<0$ である。　　　　　　　　　　　（証明終）

また，$\dfrac{dy}{dt} = 5(\cos t - \cos 5t) = 10\sin 3t\sin 2t$ であり，$0<3t<\dfrac{\pi}{2}$ において $0<\sin 3t<1$

となり，$0<2t<\dfrac{\pi}{3}$ において $0<\sin 2t<\dfrac{\sqrt{3}}{2}$ であるから，$\dfrac{dy}{dt}>0$ である。

したがって

$$\dfrac{dy}{dx} = \dfrac{\dfrac{dy}{dt}}{\dfrac{dx}{dt}} < 0 \qquad\qquad\qquad\qquad\text{（証明終）}$$

参考1 $\dfrac{dy}{dx}$ の符号について問われているだけなので，$\dfrac{dy}{dx}$ をきれいに整理して表そうと思

う必要はない。$\dfrac{dy}{dx}$ を，$\dfrac{dx}{dt}$，$\dfrac{dy}{dt}$ を組み合わせて，$\dfrac{dy}{dx} = \dfrac{\dfrac{dy}{dt}}{\dfrac{dx}{dt}}$ と表して，符号を考えて求

めればよい。

ただし，$\dfrac{dy}{dt}$ の符号を調べる際に，$\dfrac{dy}{dt} = 5(\cos t - \cos 5t)$ のままでは符号がわからないこ

とから，和を積に直す公式を用いて $\dfrac{dy}{dt} = 10\sin 3t\sin 2t$ と変形しているので，$\dfrac{dx}{dt}$ の方に

ついても

$$\begin{aligned} \dfrac{dx}{dt} &= -5\sin t - 5\sin 5t \\ &= -5(\sin t + \sin 5t) \\ &= -10\sin 3t\cos 2t \end{aligned}$$

と同じように変形してもよい。すると

$$\dfrac{dy}{dx} = \dfrac{\dfrac{dy}{dt}}{\dfrac{dx}{dt}} = \dfrac{10\sin 3t\sin 2t}{-10\sin 3t\cos 2t} = -\tan 2t$$

と整理した形で表すことができる。〔解法〕では(4)でこの変形をしている。

この方針をとると，$0<t<\dfrac{\pi}{6}$ つまり $0<2t<\dfrac{\pi}{3}$ において，$0<\tan 2t<\sqrt{3}$ となり，$\dfrac{dy}{dt}>0$，

よって $\dfrac{dy}{dx}<0$ となる。

大問全体を見通せば，(1)でここまで変形しておいてもよく，(4)で曲線 C の凹凸をすぐに調べることができる。

(2) (1)の $\dfrac{dy}{dx}<0$ より曲線 C の $0\leqq t\leqq\dfrac{\pi}{6}$ の部分は xy 平

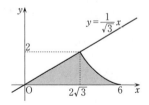

面で単調に減少するので，求めるものは右図の網かけ部分の面積である。求める面積は

$$\dfrac{1}{2}\cdot2\cdot2\sqrt{3}+\int_{2\sqrt{3}}^{6}ydx=2\sqrt{3}+\int_{2\sqrt{3}}^{6}ydx$$

ここで $\quad y=5\sin t-\sin 5t$

また，$\dfrac{dx}{dt}=-5\sin t-5\sin 5t$ より

$\quad dx=-5\left(\sin t+\sin 5t\right)dt$

積分区間の対応は

x	$2\sqrt{3}\to6$
t	$\dfrac{\pi}{6}\to0$

よって

$$2\sqrt{3}+\int_{2\sqrt{3}}^{6}ydx$$

$$=2\sqrt{3}+\int_{\frac{\pi}{6}}^{0}(5\sin t-\sin 5t)\{-5\left(\sin t+\sin 5t\right)\}dt$$

$$=2\sqrt{3}+5\int_{0}^{\frac{\pi}{6}}(5\sin^{2}t+4\sin 5t\sin t-\sin^{2}5t)\,dt$$

$$=2\sqrt{3}+5\int_{0}^{\frac{\pi}{6}}\left\{5\cdot\dfrac{1-\cos 2t}{2}+2\left(\cos 4t-\cos 6t\right)-\dfrac{1-\cos 10t}{2}\right\}dt$$

$$=2\sqrt{3}+\dfrac{5}{2}\int_{0}^{\frac{\pi}{6}}(\cos 10t-4\cos 6t+4\cos 4t-5\cos 2t+4)\,dt$$

$$=2\sqrt{3}+\dfrac{5}{2}\left(\left[\dfrac{1}{10}\sin 10t\right]_{0}^{\frac{\pi}{6}}-\left[\dfrac{2}{3}\sin 6t\right]_{0}^{\frac{\pi}{6}}+\left[\sin 4t\right]_{0}^{\frac{\pi}{6}}-\left[\dfrac{5}{2}\sin 2t\right]_{0}^{\frac{\pi}{6}}+\left[4t\right]_{0}^{\frac{\pi}{6}}\right)$$

$$=2\sqrt{3}+\dfrac{5}{2}\left\{\dfrac{1}{10}\left(-\dfrac{\sqrt{3}}{2}\right)+\dfrac{\sqrt{3}}{2}-\dfrac{5}{2}\cdot\dfrac{\sqrt{3}}{2}+\dfrac{2}{3}\pi\right\}$$

$$=\dfrac{5}{3}\pi\quad\cdots\cdots(\text{答})$$

(3) $\begin{cases}x\left(t\right)=5\cos t+\cos 5t\\y\left(t\right)=5\sin t-\sin 5t\end{cases}$

とおく。

$t=-\pi$ のとき
$$y(-\pi)=5\sin(-\pi)-\sin(-5\pi)=0$$
となるので，点 $(x(-\pi),\ y(-\pi))$ は x 軸上の点である。

$-\pi<t<\pi$ である t に対して，$(x(t),\ y(t))$ を考える。
$$\begin{cases} x(-t)=5\cos(-t)+\cos5(-t)=5\cos t+\cos5t=x(t)\\ y(-t)=5\sin(-t)-\sin5(-t)=-5\sin t+\sin5t=-y(t) \end{cases}$$

となるので，$-\pi<t<\pi$ であるすべての t に対して，点 $(x(-t),\ y(-t))$ は曲線 C 上の点 $(x(t),\ y(t))$ と x 軸に関して対称な位置にある。

これらのことから，曲線 C は x 軸に関して対称である。　　　　　　（証明終）

次に，$\{x(t)+iy(t)\}\left(\cos\dfrac{\pi}{3}+i\sin\dfrac{\pi}{3}\right)$ について考える。

$$\{x(t)+iy(t)\}\left(\cos\frac{\pi}{3}+i\sin\frac{\pi}{3}\right)$$

$$=\{(5\cos t+\cos5t)+i(5\sin t-\sin5t)\}\left(\cos\frac{\pi}{3}+i\sin\frac{\pi}{3}\right)$$

$$=5(\cos t+i\sin t)\left(\cos\frac{\pi}{3}+i\sin\frac{\pi}{3}\right)+(\cos5t-i\sin5t)\left(\cos\frac{\pi}{3}+i\sin\frac{\pi}{3}\right)$$

$$=5(\cos t+i\sin t)\left(\cos\frac{\pi}{3}+i\sin\frac{\pi}{3}\right)+\{\cos(-5t)+i\sin(-5t)\}\left(\cos\frac{\pi}{3}+i\sin\frac{\pi}{3}\right)$$

$$=5\left\{\cos\left(t+\frac{\pi}{3}\right)+i\sin\left(t+\frac{\pi}{3}\right)\right\}+\left\{\cos\left(-5t+\frac{\pi}{3}\right)+i\sin\left(-5t+\frac{\pi}{3}\right)\right\}$$

$$=5\left\{\cos\left(t+\frac{\pi}{3}\right)+i\sin\left(t+\frac{\pi}{3}\right)\right\}+\left[\cos\left\{\left(-5t+\frac{\pi}{3}\right)-2\pi\right\}+i\sin\left\{\left(-5t+\frac{\pi}{3}\right)-2\pi\right\}\right]$$

$$=5\left\{\cos\left(t+\frac{\pi}{3}\right)+i\sin\left(t+\frac{\pi}{3}\right)\right\}+\left\{\cos\left(-5t-\frac{5}{3}\pi\right)+i\sin\left(-5t-\frac{5}{3}\pi\right)\right\}$$

$$=5\left\{\cos\left(t+\frac{\pi}{3}\right)+i\sin\left(t+\frac{\pi}{3}\right)\right\}+\left\{\cos5\left(t+\frac{\pi}{3}\right)-i\sin5\left(t+\frac{\pi}{3}\right)\right\}$$

$$=\left\{5\cos\left(t+\frac{\pi}{3}\right)+\cos5\left(t+\frac{\pi}{3}\right)\right\}+i\left\{5\sin\left(t+\frac{\pi}{3}\right)-\sin5\left(t+\frac{\pi}{3}\right)\right\}$$

$$=x\left(t+\frac{\pi}{3}\right)+iy\left(t+\frac{\pi}{3}\right)$$

よって，$x(t)+iy(t)$ が表す点を原点のまわりに $\dfrac{\pi}{3}$ だけ回転させると，曲線 C 上の $x\left(t+\dfrac{\pi}{3}\right)+iy\left(t+\dfrac{\pi}{3}\right)$ が表す点に移ることがわかる。すなわち，曲線 C 上の点を原点を中心として反時計回りに $\dfrac{\pi}{3}$ だけ回転させた点は曲線 C 上にある。　　　（証明終）

(4) $\dfrac{d^2y}{dx^2}$ は

$$\frac{d^2y}{dx^2}=\frac{d}{dx}\left(\frac{dy}{dx}\right)=\frac{d}{dt}\left(\frac{dy}{dx}\right)\frac{dt}{dx}$$

で表すことができる。

ここで，(1)より

$$\frac{dy}{dt}=y'(t)=5\,(\cos t-\cos 5t)=10\sin 3t\sin 2t$$

と表していたので，同じようにして $x'(t)=-5\sin t-5\sin 5t$ も次のように変形する。

$$\frac{dx}{dt}=x'(t)=-5\,(\sin t+\sin 5t)=-10\sin 3t\cos 2t$$

よって

$$\frac{dy}{dx}=\frac{\dfrac{dy}{dt}}{\dfrac{dx}{dt}}=\frac{10\sin 3t\sin 2t}{-10\sin 3t\cos 2t}=-\tan 2t$$

したがって

$$\frac{d^2y}{dx^2}=\frac{d}{dt}\,(-\tan 2t)\,\frac{dt}{dx}=-\frac{2}{\cos^2 2t}\cdot\frac{1}{\dfrac{dx}{dt}}$$

ここで，$0<t<\dfrac{\pi}{6}$ のとき $0<3t<\dfrac{\pi}{2}$ より，$0<\sin 3t<1$ となり，$0<2t<\dfrac{\pi}{3}$ より

$\dfrac{1}{2}<\cos 2t<1$ であるから

$$\frac{1}{\dfrac{dx}{dt}}=-\frac{1}{10\sin 3t\cos 2t}<0$$

また，$\dfrac{2}{\cos^2 2t}>0$ なので，$\dfrac{d^2y}{dx^2}>0$ となり，曲線 C の $0\leqq t\leqq\dfrac{\pi}{6}$ の部分は，(2)で描いた
グラフのように，下に凸の曲線である。

よって，(3)で証明したことも含めて，曲線 C の概形は次のようになる。

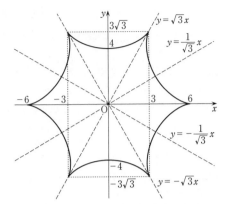

参考2 曲線 C の概形は次のように3段階に分けて考えるとよい。

① 凹凸について調べた $0 \leqq t \leqq \dfrac{\pi}{6}$ における C のグラフは下左図のようになる。

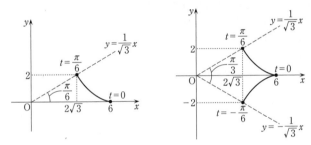

② C は x 軸に関して対称なので①は上右図のようになる。またこのとき t の範囲は $-\dfrac{\pi}{6} \leqq t \leqq \dfrac{\pi}{6}$ である。

③ C 上の点を原点を中心として反時計回りに $\dfrac{\pi}{3}$ だけ回転させた点は C 上にあるので，②をくり返し回転させると次のようになる。

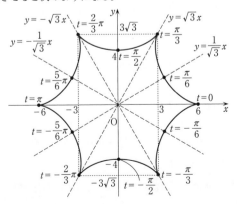

62 2018 年度 〔1〕 Level B

座標空間において，xy 平面上にある双曲線 $x^2-y^2=1$ のうち $x \geq 1$ を満たす部分を C とする。また，z 軸上の点 A$(0, 0, 1)$ を考える。点 P が C 上を動くとき，直線 AP と平面 $x=d$ との交点の軌跡を求めよ。ただし，d は正の定数とする。

ポイント C 上を動く点 P は xy 平面上の点であるから，z 座標が 0 であるので，座標を $(a, b, 0)$ とおくことができる。この点が特に $x^2-y^2=1$ かつ $x \geq 1$ を満たすので $a^2-b^2=1$ かつ $a \geq 1$ が成り立つ。また，直線 AP と平面 $x=d$ との交点を Q(d, Y, Z)（x 座標を d とするところがポイント）とし Y，Z の関係式を作ることを強く意識して変形すること。Y，Z の関係式が得られたら，それが求める交点の軌跡の方程式である。空間の様子を確認するために，簡単なものでよいので図を描いてみることを勧める。

〔解法〕では $1-d \leq z < 1$ の部分としたが，図を描けばわかるが，円のうち $z < 1-d$ を満たすような部分は存在しないので，それがわかった上で，$z < 1$ と表してもよい。

点の座標を求めるときにベクトルを利用する方法も知っておくとよい。点 Q の座標を求めたければ $\overrightarrow{OQ}$ の成分を求めるのである。どの分野の問題であるかというのは，入試問題の分析などの際に必要な視点であるだけで，受験生が解答するときには，柔軟な思考による横断的な観点でいろいろな分野にまたがるような形で対応するとよい。

解 法

点 P が C 上を動くとき，点 P の座標を $(a, b, 0)$ とおくと，a，b について
$$a^2-b^2=1 \quad (a \geq 1)$$
が成り立つ。直線 AP と平面 $x=d$ との交点を Q とおくと，$\overrightarrow{AQ}=t\overrightarrow{AP}$（$t$ は実数）と表せて

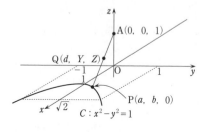

$$\overrightarrow{OQ}=\overrightarrow{OA}+\overrightarrow{AQ}=\overrightarrow{OA}+t\overrightarrow{AP}$$
$$=(0, 0, 1)+t(a, b, -1)$$
$$=(ta, tb, 1-t)$$

点 Q の座標を (d, Y, Z) とおくと，$\overrightarrow{OQ}=(d, Y, Z)$ となり
$$\begin{cases} d=ta \\ Y=tb \\ Z=1-t \end{cases}$$

$d=ta$ において $a \geq 1$ であるから，0 ではない a で両辺を割って
$$t=\frac{d}{a}$$

したがって

$$\begin{cases} Y = \dfrac{bd}{a} & \cdots\cdots① \\[2mm] Z = 1 - \dfrac{d}{a} & \cdots\cdots② \end{cases}$$

$a \geqq 1$ より　　$0 < \dfrac{1}{a} \leqq 1$

各辺に d（>0）をかけて　　$0 < \dfrac{d}{a} \leqq d$

各辺に -1 をかけて　　$0 > -\dfrac{d}{a} \geqq -d$

各辺に 1 を加えて　　$1 > 1 - \dfrac{d}{a} \geqq 1 - d$

②より　　$1 > Z \geqq 1 - d$　$\cdots\cdots③$

また，②より　　$\dfrac{d}{a} = 1 - Z$　$\cdots\cdots②'$

これを①に代入すると　　$Y = b(1 - Z)$　$\cdots\cdots①'$

$①'$，$②'$ において，③より $1 - Z \neq 0$ なので

$$\begin{cases} a = \dfrac{d}{1-Z} & \cdots\cdots④ \\[2mm] b = \dfrac{Y}{1-Z} & \cdots\cdots⑤ \end{cases}$$

④，⑤を $a^2 - b^2 = 1$ に代入すると

$$\left(\dfrac{d}{1-Z}\right)^2 - \left(\dfrac{Y}{1-Z}\right)^2 = 1 \qquad Y^2 + (1-Z)^2 = d^2$$

Z のとり得る値の範囲は③であるから，求める軌跡は，平面 $x = d$ における円 $y^2 + (z-1)^2 = d^2$ の $1 - d \leqq z < 1$ にある部分。　$\cdots\cdots$（答）

> **参考**　〔解法〕では定跡どおり Y，Z を a，b を用いて表し，$a^2 - b^2 = 1$（$a \geqq 1$）から a，b を消去したが，次のように計算すると簡明である。
> $d = ta$，$Y = tb$，$Z = 1 - t$ と $a^2 - b^2 = 1$ より
> 　　　$d^2 - Y^2 = t^2(a^2 - b^2) = t^2$
> $t = 1 - Z$ より　　$d^2 - Y^2 = (1-Z)^2$
> また，$d = ta$，$d > 0$，$a \geqq 1$ より $t > 0$ であるから
> 　　　$d = ta \geqq t$　$\therefore$　$0 < t \leqq d$
> すなわち　　$0 < 1 - Z \leqq d$　$\therefore$　$1 - d \leqq Z < 1$
> よって，$Y^2 + (Z-1)^2 = d^2$，$1 - d \leqq Z < 1$ が導かれる。

63 2014 年度 〔3〕 Level B

座標平面上の楕円

$$\frac{(x+2)^2}{16}+\frac{(y-1)^2}{4}=1 \quad \cdots\cdots①$$

を考える。以下の問いに答えよ。

(1) 楕円①と直線 $y=x+a$ が交点をもつときの a の値の範囲を求めよ。

(2) $|x|+|y|=1$ を満たす点 $(x,\ y)$ 全体がなす図形の概形をかけ。

(3) 点 $(x,\ y)$ が楕円①上を動くとき，$|x|+|y|$ の最大値，最小値とそれを与える $(x,\ y)$ をそれぞれ求めよ。

> **ポイント** (1) 連立方程式の解は2つの方程式を満たす値の組であり，それは2つの図形上の点，つまり共有点（本問では「交点」と表現されている）の座標である。2つの図形の方程式から y を消去して x の2次方程式をつくる。2つの図形が共有点をもつ（本問では「交わる」）のは，2次方程式が実数解をもつ，つまり判別式が0以上の値をとる場合である。
>
> (2) 絶対値は絶対値記号の中が0以上か0未満かで場合分けし
>
> $$|x|=\begin{cases} x & (x\geqq0 \text{のとき}) \\ -x & (x<0 \text{のとき}) \end{cases}$$
>
> となる。$x,\ y$ のそれぞれの場合分けの組合せを考える。解答は場合分けして丁寧に記述するべきであるが，どのような図形になるかは覚えておくとよい。
>
> (3) $|x|+|y|=k$ とおいてみる。(2)を参考にして，これがどのような図形を表すのかを考える。この図形と楕円①とのかかわりを考察する。グラフを用いて，楕円①上の点に対して，$|x|+|y|=k$ の k の値が最大・最小になる場合を考えてみよう。

解　法

(1) $\begin{cases} \dfrac{(x+2)^2}{16}+\dfrac{(y-1)^2}{4}=1 \\ y=x+a \end{cases}$ から y を消去すると

$$\frac{(x+2)^2}{16}+\frac{\{(x+a)-1\}^2}{4}=1$$

$$5x^2+4(2a-1)x+4(a^2-2a-2)=0 \quad \cdots\cdots②$$

②の判別式を D とすると

$$\frac{D}{4}=\{2(2a-1)\}^2-5\cdot4(a^2-2a-2)=-4(a^2-6a-11) \quad \cdots\cdots③$$

楕円①と直線 $y=x+a$ が交点をもつとき，②は実数解をもち，この条件は $D \geqq 0$ となることである。

$$-4(a^2-6a-11) \geqq 0 \qquad a^2-6a-11 \leqq 0$$

$$\therefore \quad 3-2\sqrt{5} \leqq a \leqq 3+2\sqrt{5} \quad \cdots\cdots(答)$$

〔注〕　一般的に，交点の定義は「2つの集合（図形）の共有する部分集合」というものであるため，この意味において，交点と共有点は同義である。しかし，教科書では接点を交点に含めるか含めないかが明確になっておらず，本問(1)において交点に接点は含まれないという解釈も可能である。その場合，判別式 $D>0$ として計算することになる。しかし，(3)の設問との関連を考えて，交点に接点が含まれると判断することにし，$D \geqq 0$ となるときの a の値の範囲を求めることとした。よって，(1)で $3-2\sqrt{5}<a<3+2\sqrt{5}$ としていても問題はない。

(2)　$|x|+|y|=1$ について

$x \geqq 0$ かつ $y \geqq 0$ のとき

$\qquad x+y=1 \qquad y=-x+1$

$x \geqq 0$ かつ $y<0$ のとき

$\qquad x-y=1 \qquad y=x-1$

$x<0$ かつ $y \geqq 0$ のとき

$\qquad -x+y=1 \qquad y=x+1$

$x<0$ かつ $y<0$ のとき

$\qquad -x-y=1 \qquad y=-x-1$

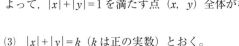

よって，$|x|+|y|=1$ を満たす点 (x, y) 全体がなす図形は，上のようになる。

(3)　$|x|+|y|=k$（k は正の実数）とおく。

$x \geqq 0$ かつ $y \geqq 0$ のとき

$\qquad x+y=k \qquad y=-x+k$

$x \geqq 0$ かつ $y<0$ のとき

$\qquad x-y=k \qquad y=x-k$

$x<0$ かつ $y \geqq 0$ のとき

$\qquad -x+y=k \qquad y=x+k$

$x<0$ かつ $y<0$ のとき

$\qquad -x-y=k \qquad y=-x-k$

よって，$|x|+|y|=k$ を満たす点 (x, y) 全体がなす図形は図(i)のようになる。

楕円①は図(ii)のような図形である。

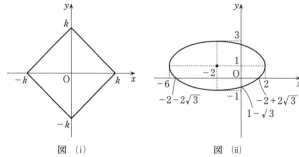

図 (i)　　　　　　　　図 (ii)

k が最大となるのは，図形 $|x|+|y|=k$ が楕円①と図(iii)のように接する場合である。これは，③において a を k に置き換えた $\dfrac{D}{4}=-4(k^2-6k-11)$ について $D=0$ となる場合なので

$$k=3\pm2\sqrt{5}$$

図(iii)より，$k>0$ の，$k=3+2\sqrt{5}$ の場合である。

このとき，②の a を k に置き換えた

$5x^2+4(2k-1)x+4(k^2-2k-2)=0$ を解くと

$$x=\frac{-2(2k-1)\pm\sqrt{-4(k^2-6k-11)}}{5}$$

$$=-\frac{2}{5}(2k-1)\quad(\because\ \text{接することより}\ D=0)$$

$$=-\frac{2}{5}\{2(3+2\sqrt{5})-1\}=-\frac{10+8\sqrt{5}}{5}$$

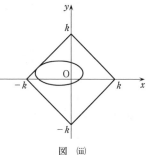

図 (iii)

第2象限で接するので，$y=x+k$ に $k=3+2\sqrt{5}$，$x=-\dfrac{10+8\sqrt{5}}{5}$ を代入して

$$y=\frac{5+2\sqrt{5}}{5}$$

また，k が最小となるのは，図形 $|x|+|y|=k$ が図(iv)のように楕円①上の点 $(0,\ 1-\sqrt{3})$ を通る場合である。

このとき

$$k=|0|+|1-\sqrt{3}|=-1+\sqrt{3}$$

したがって，$|x|+|y|$ は

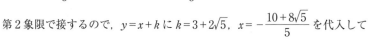

図 (iv)

$(x,\ y)=\left(-\dfrac{10+8\sqrt{5}}{5},\ \dfrac{5+2\sqrt{5}}{5}\right)$ のとき，最大値 $3+2\sqrt{5}$

$(x,\ y)=(0,\ 1-\sqrt{3})$ のとき，最小値 $-1+\sqrt{3}$

$\Big\}$ ……(答)

64

2010 年度　〔4〕　　　　　　　　　　　　　　　　　　　　Level　C

中心 $(0,\ a)$，半径 a の円を xy 平面上の x 軸の上を x の正の方向に滑らないように転がす。このとき円上の定点Pが原点 $(0,\ 0)$ を出発するとする。次の問いに答えよ。

(1)　円が角 t だけ回転したとき，点Pの座標を求めよ。

(2)　t が 0 から 2π まで動いて円が一回転したときの点Pの描く曲線を C とする。曲線 C と x 軸とで囲まれる部分の面積を求めよ。

(3)　(2)の曲線 C の長さを求めよ。

ポイント　(1)　円の中心の動きに注目して円自体がどのように移動しているのかを求めることに加えて，点Pが円周上でどのように移動しているのかを考えると，点Pの座標を知ることができる。〔解法〕の図において，まずは $\overarc{PR}=OR$ に気づくこと。

(2)　曲線 C のグラフが x 軸の上側にあるということは，曲線 C と x 軸とで囲まれる図形の面積を求める上で非常に重要なことであるから，きちんと説明しておくこと。$\alpha\leqq x\leqq\beta$ の範囲で x 軸より上側にある曲線と x 軸とで囲まれる部分の面積は，曲線上の点を $(x,\ y)$ とすると，$\displaystyle\int_{\alpha}^{\beta}y\,dx$ で求めることができる。いったん $\displaystyle\int_{\alpha}^{\beta}y\,dx$ と表すと，どのように置き換えたらよいかがわかり，効果的である。

(3)　本問は $x,\ y$ が媒介変数 t で表されている場合であり，曲線 C の長さは $\displaystyle\int_{0}^{2\pi}\sqrt{\left(\frac{dx}{dt}\right)^2+\left(\frac{dy}{dt}\right)^2}\,dt$ で求められる。y が x の関数で表されている場合の曲線の長さの求め方も確認しておこう。

解法

(1)　右図は中心 $(0,\ a)$，半径 a の円を xy 平面上の x 軸の上を x の正の方向に角 t だけ滑らないように回転させた後の様子である。円の中心を点Qとし，点Qから x 軸に下ろした垂線と x 軸の交点を点Rとおく。

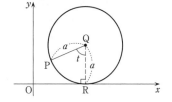

$$OR=\overarc{PR}=at$$

よって，点Qの座標は $(at,\ a)$ で　　$\overrightarrow{OQ}=(at,\ a)$

また

$$\overrightarrow{QP}=\left(a\cos\left(-\frac{\pi}{2}-t\right),\ a\sin\left(-\frac{\pi}{2}-t\right)\right)=(-a\sin t,\ -a\cos t)$$

したがって

$$\overrightarrow{OP} = \overrightarrow{OQ} + \overrightarrow{QP}$$
$$= (at, \ a) + (-a\sin t, \ -a\cos t)$$
$$= (a(t-\sin t), \ a(1-\cos t))$$

よって，点Pの座標は

$$(a(t-\sin t), \ a(1-\cos t)) \quad \cdots\cdots(\text{答})$$

参考1 角度は x 軸の正の方向（角度を測る基準）とのなす角を測るのだということを意識して考える。

点Qが点 $(0, \ a)$ 上にあるとき，$\overrightarrow{QP}$ と x 軸の正の方向とのなす角は $-\dfrac{\pi}{2}$ であり，そこからさらに $-t$ 回転すると $-\dfrac{\pi}{2}-t$ となる。

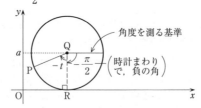

したがって $\overrightarrow{QP} = \left(a\cos\left(-\dfrac{\pi}{2}-t\right), \ a\sin\left(-\dfrac{\pi}{2}-t\right)\right)$

と表されることがわかる。

(2) (1)より，円が一回転する $0 \leqq t \leqq 2\pi$ において y 座標が 0 となるのは

$$a(1-\cos t) = 0 \quad \therefore \quad t=0, \ 2\pi$$

$t=0$ のとき $x=0$

$t=2\pi$ のとき $x=a(2\pi-\sin 2\pi)=2\pi a$

また，$-1 \leqq \cos x \leqq 1$ であるから

$$y=a(1-\cos x) \geqq 0$$

よって，曲線 C は x 軸より上側にある。

したがって，求めるのは右図の網かけ部分の面積である。

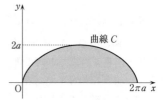

網かけ部分の面積は $\displaystyle\int_0^{2\pi a} y\,dx$

と表すことができ，ここで，$y=a(1-\cos t)$ である。

また，$x=a(t-\sin t)$ より

$$\dfrac{dx}{dt}=a(1-\cos t), \quad dx=a(1-\cos t)\,dt,$$

x	$0 \longrightarrow 2\pi a$
t	$0 \longrightarrow 2\pi$

したがって，求める面積は

$$\int_0^{2\pi a} y\,dx = \int_0^{2\pi} a^2(1-\cos t)^2\,dt = a^2\int_0^{2\pi}(1-2\cos t+\cos^2 t)\,dt$$

$$= a^2\int_0^{2\pi}\left(1-2\cos t+\frac{\cos 2t+1}{2}\right)dt = a^2\int_0^{2\pi}\left(\frac{1}{2}\cos 2t-2\cos t+\frac{3}{2}\right)dt$$

$$= a^2\left[\frac{1}{4}\sin 2t-2\sin t+\frac{3}{2}t\right]_0^{2\pi}$$

$$= 3\pi a^2 \quad\cdots\cdots(\text{答})$$

参考2 媒介変数表示された関数の定積分

t の定積分を計算して面積を求める。

(ⅰ) y を t で表す（媒介変数 t で表されている関数なら既に表されている）。

(ⅱ) x を t で表し，t で微分し $\left(\dfrac{dx}{dt}\,\text{を求め}\right)$, dx を t と dt を用いて表す。

(ⅲ) x が α から β まで変化するとき，t はどのように変化するのか調べる。

(3) (2)の曲線 C の長さは

$$\int_0^{2\pi}\sqrt{\left(\frac{dx}{dt}\right)^2+\left(\frac{dy}{dt}\right)^2}\,dt$$

で求めることができる。

ここで，$y=a(1-\cos t)$ より $\qquad \dfrac{dy}{dt}=a\sin t$

したがって

$$\int_0^{2\pi}\sqrt{\left(\frac{dx}{dt}\right)^2+\left(\frac{dy}{dt}\right)^2}\,dt=\int_0^{2\pi}\sqrt{a^2(1-\cos t)^2+a^2\sin^2 t}\,dt$$

$$=\int_0^{2\pi}\sqrt{a^2(1-2\cos t+\cos^2 t+\sin^2 t)}\,dt$$

$$=\int_0^{2\pi}\sqrt{2a^2(1-\cos t)}\,dt=\int_0^{2\pi}\sqrt{2a^2\cdot 2\sin^2\frac{t}{2}}\,dt$$

$$=2a\int_0^{2\pi}\sqrt{\sin^2\frac{t}{2}}\,dt \quad(\because\quad a>0)$$

$$=2a\int_0^{2\pi}\sin\frac{t}{2}\,dt \quad\left(\because\quad 0\leqq t\leqq 2\pi \text{ において}\qquad \sin\frac{t}{2}\geqq 0\right)$$

$$=2a\left[-2\cos\frac{t}{2}\right]_0^{2\pi}=-4a(\cos\pi-\cos 0)$$

$$=8a \quad\cdots\cdots(\text{答})$$

§10 複素数平面

65
2021 年度 〔2〕   Level C

θ を $0<\theta<\dfrac{\pi}{4}$ をみたす定数とし，x の 2 次方程式

$$x^2 - (4\cos\theta)\,x + \frac{1}{\tan\theta} = 0 \quad \cdots\cdots(*)$$

を考える。以下の問いに答えよ。

(1)　2 次方程式 $(*)$ が実数解をもたないような θ の値の範囲を求めよ。

(2)　θ が(1)で求めた範囲にあるとし，$(*)$ の 2 つの虚数解を α，β とする。ただし，α の虚部は β の虚部より大きいとする。複素数平面上の 3 点 A(α)，B(β)，O(0) を通る円の中心を C(γ) とするとき，θ を用いて γ を表せ。

(3)　点 O，A，C を(2)のように定めるとき，三角形 OAC が直角三角形になるような θ に対する $\tan\theta$ の値を求めよ。

ポイント　(1)　2 次方程式 $(*)$ が実数解をもたないための条件は

　　　$[(*)\text{ の判別式}]<0$

となることである。これより得られる三角関数に関する不等式を解いて θ の取り得る値の範囲を求める基本的な問題である。

(2)　図形の問題なので，必ず図を描いて考えること。OC＝AC より α と γ の関係式が求まり，θ を γ を用いて表そうと思えば，α，$\bar{\alpha}$ を消去しなければならない。ここで，$(*)$ における解と係数の関係を用いる。$(*)$ の各項の係数は実数なので β が α の共役な複素数であることに気付くことで，式を整理することができ，α，$\bar{\alpha}$ を消去することができる。

　　OC＝AC＝BC の条件を複素数 α，β，γ のまま解き進めたものが〔**解法1**〕，$\alpha=a+bi$，$\beta=a-bi$，$\gamma=c$（a, b, c は実数で $b>0$）とおいて計算したものが〔**解法2**〕，図形的な見方で処理した解法が〔**解法3**〕である。

　　まずは自分に合った解法で最後まで解いて，その後それ以外の解法にも目を通して，考え方の幅を広げていこう。

(3)　どの角が直角になるのかを検討しよう。点 O，A，C を(2)のように定めるということは，円の中心が C で円周上に O，A があるということなので，∠OCA が直角になる場合に限られる。条件をうまく $\tan\theta$ で表そう。

　　本問全体を通してのポイントは，点 A，B が実軸に関して対称であることに気付くことである。2021 年度〔4〕でも，似たような状況が設定されているが具体的に $\alpha=1-i$，

$\beta = 1 + i$ や $\alpha = \dfrac{1-i}{\sqrt{2}}$, $\beta = \dfrac{1+i}{\sqrt{2}}$ と与えられており，それらが表す点が実軸に関して対称だと誰もがわかるが，本問では(*)の2つの虚数解が α, β であるということなので，係数が実数である2次方程式が共役な複素数を解にもつことを理解し，点A，Bが実軸に関して対称であることに気付かなければならない。

解法 1

(1) 2次方程式(*)が実数解をもたないための条件は

[(*)の判別式] < 0

が成り立つことであるから

$$\{-(2\cos\theta)\}^2 - 1 \cdot \dfrac{1}{\tan\theta} < 0$$

$$4\cos^2\theta - \dfrac{1}{\tan\theta} < 0$$

$0 < \theta < \dfrac{\pi}{4}$ の範囲では正の値をとる $\tan\theta$ を両辺にかけると

$$4\sin\theta\cos\theta - 1 < 0$$

$$\sin 2\theta < \dfrac{1}{2} \quad \cdots\cdots①$$

$0 < 2\theta < \dfrac{\pi}{2}$ の範囲で①を満たすのは $\quad 0 < 2\theta < \dfrac{\pi}{6}$

よって $\quad 0 < \theta < \dfrac{\pi}{12}$ $\cdots\cdots$(答)

(2) x の2次方程式(*)の各項の係数は実数なので α, β は共役な複素数である。よって，$A(\alpha)$，$B(\beta)$ は実軸に関して対称な点であり，このとき，3点A，B，Oを通る円の中心Cは線分 AB の垂直二等分線，つまり実軸上に存在する。

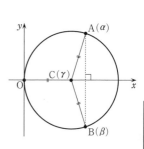

対称性より AC＝BC なので，さらにOC＝AC となる条件を求める。

$$|\gamma| = |\alpha - \gamma|$$

両辺を2乗して

$$|\gamma|^2 = |\alpha - \gamma|^2$$

$$\gamma\bar{\gamma} = (\alpha - \gamma)\overline{(\alpha - \gamma)}$$

γ は実数なので

$$\gamma^2 = (\alpha - \gamma)(\bar{\alpha} - \gamma)$$

$$= \alpha\overline{\alpha} - (\alpha + \overline{\alpha})\gamma + \gamma^2$$

$$(\alpha + \overline{\alpha})\gamma - \alpha\overline{\alpha} = 0 \quad \cdots\cdots②$$

ここで，α，β は（＊）の2つの解なので，解と係数の関係より

$$\begin{cases} \alpha + \beta = 4\cos\theta \\ \alpha\beta = \dfrac{1}{\tan\theta} \end{cases}$$

が成り立ち，β が α の共役な複素数 $\overline{\alpha}$ であることから

$$\begin{cases} \alpha + \overline{\alpha} = 4\cos\theta \\ \alpha\overline{\alpha} = \dfrac{1}{\tan\theta} \end{cases}$$

これらを②に代入すると

$$4\gamma\cos\theta - \frac{1}{\tan\theta} = 0$$

$$\cos\theta\left(4\gamma - \frac{1}{\sin\theta}\right) = 0$$

$0 < \theta < \dfrac{\pi}{12}$ の範囲では $\cos\theta > 0$ であるから

$$4\gamma - \frac{1}{\sin\theta} = 0$$

$$\therefore \quad \gamma = \frac{1}{4\sin\theta} \quad \cdots\cdots（答）$$

(3) 点 O，A，C を(2)のように定めるとき，三角形 OAC が直角三角形になるのは，右図のような場合である。

このとき線分 AB の中点 C (γ) は

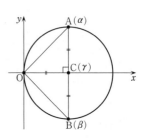

$$\gamma = \frac{\alpha + \beta}{2} = \frac{4\cos\theta}{2} = 2\cos\theta$$

一方で，(2)においては，$\gamma = \dfrac{1}{4\sin\theta}$ でもあるから，

$2\cos\theta = \dfrac{1}{4\sin\theta}$ より

$$8\sin\theta\cos\theta = 1$$

両辺を $\cos^2\theta$ (>0) で割って

$$8 \cdot \frac{\sin\theta}{\cos\theta} = \frac{1}{\cos^2\theta}$$

$$8\tan\theta = \tan^2\theta + 1$$

$$\tan^2\theta - 8\tan\theta + 1 = 0$$

$$\therefore \quad \tan\theta = 4 \pm \sqrt{15}$$

このうち，$0 < \theta < \dfrac{\pi}{12} < \dfrac{\pi}{4}$ より $0 < \tan\theta < 1$ を満たすものは

$$\tan\theta = 4 - \sqrt{15} \quad \cdots\cdots（答）$$

解法 2

(2) x の2次方程式 $(*)$ の各項の係数は実数なので $\alpha,\ \beta$ は共役な複素数である。よって，$\mathrm{A}(\alpha)$，$\mathrm{B}(\beta)$ は実軸に関して対称な点であり，このとき3点A，B，Oを通る円の中心Cは線分 AB の垂直二等分線，つまり実軸上に存在する。

対称性より AC = BC なので，さらに OC = AC となる条件を求める。

$\alpha = a + bi,\ \beta = a - bi,\ \gamma = c$（$a,\ b,\ c$ は実数で，$b > 0$）とおく。

$$|c| = |(a - c) + bi|$$

両辺を2乗して

$$|c|^2 = |(a - c) + bi|^2$$

$$c^2 = (a - c)^2 + b^2$$

$$a^2 - 2ac + b^2 = 0 \quad \cdots\cdots\text{③}$$

ここで，$\alpha = a + bi,\ \beta = a - bi$ は $(*)$ の2つの解なので，解と係数の関係より

$$\begin{cases} (a + bi) + (a - bi) = 4\cos\theta \\ (a + bi)(a - bi) = \dfrac{1}{\tan\theta} \end{cases}$$

つまり

$$\begin{cases} a = 2\cos\theta \\ a^2 + b^2 = \dfrac{1}{\tan\theta} \end{cases}$$

これらを③に代入すると

$$\frac{1}{\tan\theta} - 4c\cos\theta = 0$$

$0 < \theta < \dfrac{\pi}{12}$ の範囲では $\cos\theta > 0$ であるから

$$\gamma = c = \frac{1}{4\cos\theta\tan\theta} = \frac{1}{4\sin\theta} \quad \cdots\cdots（答）$$

解法 3

(2) x の2次方程式 $(*)$ の各項の係数は実数なので，$\alpha,\ \beta$ は共役な複素数である。よって，$\mathrm{A}(\alpha)$，$\mathrm{B}(\beta)$ は実軸に関して対称な点であり，このとき，3点A，B，O

を通る円の中心 C は線分 OA の垂直二等分線と線分 AB の垂直二等分線つまり実軸との交点である。

$\alpha = a + bi$, $\beta = a - bi$, $\gamma = c$ （a, b, c は実数で, $b > 0$）とおく。

xy 平面において, 直線 OA の傾きは $\dfrac{b}{a}$, 線分 OA の中点の座標は $\left(\dfrac{a}{2}, \dfrac{b}{2}\right)$ なので,

直線 OA の垂直二等分線の方程式は

$$y - \frac{b}{2} = -\frac{a}{b}\left(x - \frac{a}{2}\right)$$

つまり

$$y = -\frac{a}{b}x + \frac{a^2 + b^2}{2b}$$

これが, 点 $(c, 0)$ を通るための条件は

$$-\frac{ac}{b} + \frac{a^2 + b^2}{2b} = 0$$

つまり

$$2ac = a^2 + b^2$$

が成り立つことである。

点 O, A は異なる点なので, $a \neq 0$ であるから, 両辺を 0 ではない $2a$ で割って

$$c = \frac{a^2 + b^2}{2a} \quad \cdots\cdots ④$$

ここで, $\alpha = a + bi$, $\beta = a - bi$ は（＊）の 2 つの解なので, 解と係数の関係より

$$\begin{cases} (a + bi) + (a - bi) = 4\cos\theta \\ (a + bi)(a - bi) = \dfrac{1}{\tan\theta} \end{cases}$$

つまり

$$\begin{cases} a = 2\cos\theta \\ a^2 + b^2 = \dfrac{1}{\tan\theta} \end{cases}$$

これらを④に代入すると

$$\gamma = c = \frac{\dfrac{1}{\tan\theta}}{4\cos\theta} = \frac{1}{4\cos\theta\tan\theta} = \frac{1}{4\sin\theta} \quad \cdots\cdots（答）$$

66

2021 年度 〔4〕

Level C

自然数 n と実数 a_0, a_1, a_2, ……, a_n $(a_n \neq 0)$ に対して，2つの整式

$$f(x) = \sum_{k=0}^{n} a_k x^k = a_n x^n + a_{n-1} x^{n-1} + \cdots + a_1 x + a_0$$

$$f'(x) = \sum_{k=1}^{n} k a_k x^{k-1} = n a_n x^{n-1} + (n-1) a_{n-1} x^{n-2} + \cdots + a_1$$

を考える。α, β を異なる複素数とする。複素数平面上の2点 α, β を結ぶ線分上にある点 γ で，

$$\frac{f(\beta) - f(\alpha)}{\beta - \alpha} = f'(\gamma)$$

をみたすものが存在するとき，

　α, β, $f(x)$ は平均値の性質をもつ

ということにする。以下の問いに答えよ。ただし，i は虚数単位とする。

(1)　$n = 2$ のとき，どのような α, β, $f(x)$ も平均値の性質をもつことを示せ。

(2)　$\alpha = 1 - i$, $\beta = 1 + i$, $f(x) = x^3 + ax^2 + bx + c$ が平均値の性質をもつための，実数 a, b, c に関する必要十分条件を求めよ。

(3)　$\alpha = \dfrac{1 - i}{\sqrt{2}}$, $\beta = \dfrac{1 + i}{\sqrt{2}}$, $f(x) = x^7$ は，平均値の性質をもたないことを示せ。

ポイント　α, β, γ が表す点をそれぞれ A，B，C とおく。

(1)　$n = 2$ のときに，a_0, a_1, a_2 に対して

$$f(x) = \sum_{k=0}^{2} a_k x^k = a_2 x^2 + a_1 x + a_0$$

$$f'(x) = \sum_{k=1}^{2} k a_k x^{k-1} = 2a_2 x + a_1$$

となる。どのような α, β, $f(x)$ も平均値の性質をもつとは，どのような α, β に対しても，$\dfrac{f(\beta) - f(\alpha)}{\beta - \alpha} = f'(\gamma)$ を満たす γ が線分 AB 上に存在することである。(2)，(3)でも線分 AB 上に点 C (γ) が存在するということを強く意識しておくこと。

(2)　$\alpha = 1 - i$, $\beta = 1 + i$, $f(x) = x^3 + ax^2 + bx + c$ が平均値の性質をもつための条件式を立て，α, β に対して条件を満たす複素数 γ を求めよう。C (γ) は線分 AB 上の点である。条件を満たす γ が存在することを，「条件式が成り立つ」かつ「C (γ) が線分 AB 上に存在する」の2点でおさえる。

(3)　$\alpha = \dfrac{1 - i}{\sqrt{2}}$, $\beta = \dfrac{1 + i}{\sqrt{2}}$, $f(x) = x^7$ は平均値の性質をもたないことを背理法で証明しよう。α, β, $f(x)$ が平均値の性質をもつと仮定し，矛盾が生じることを示そう。矛盾点

として得られた点 C(γ) が線分 AB 上に存在しないことにもっていくとよい。

(1), (2), (3)ともに, α, β に対して, γ を求めて, その点 C(γ) が線分 AB 上の点であるという検証をするという 2 段構えの方針で解答するとわかりやすい。

解法

α, β, γ が表す点をそれぞれ A，B，C とおく。

(1) $n=2$ のときに, a_0, a_1, a_2 について, $f(x)$, $f'(x)$ は次のようになる。

$$\begin{cases} f(x) = \sum_{k=0}^{2} a_k x^k = a_2 x^2 + a_1 x + a_0 \\ f'(x) = \sum_{k=1}^{2} k a_k x^{k-1} = 2a_2 x + a_1 \end{cases}$$

このとき

$$\frac{f(\beta)-f(\alpha)}{\beta-\alpha} = \frac{(a_2\beta^2+a_1\beta+a_0)-(a_2\alpha^2+a_1\alpha+a_0)}{\beta-\alpha}$$
$$= \frac{a_2(\beta^2-\alpha^2)+a_1(\beta-\alpha)}{\beta-\alpha}$$
$$= a_2(\beta+\alpha)+a_1$$

また, $f'(\gamma)=2a_2\gamma+a_1$ であるから

$$\frac{f(\beta)-f(\alpha)}{\beta-\alpha} = f'(\gamma) \quad \cdots\cdots①$$
$$a_2(\beta+\alpha)+a_1 = 2a_2\gamma+a_1$$
$$a_2(\beta+\alpha) = 2a_2\gamma$$

a_2 は 0 ではないので, 両辺を $2a_2$ で割って

$$\gamma = \frac{\alpha+\beta}{2}$$

よって, α, β に対して, $\gamma=\frac{\alpha+\beta}{2}$ をとると①は成り立つ。そして, この C(γ) は $\gamma=\frac{\alpha+\beta}{2}$ より線分 AB の中点であり, A(α), B(β) を両端とする線分 AB 上にある中点 C(γ) は必ず存在し, α, β に対して, 条件を満たす γ が必ず存在するので, $n=2$ のとき, どのような α, β, $f(x)$ も平均値の性質をもつ。 (証明終)

(2) $\alpha=1-i$, $\beta=1+i$, $f(x)=x^3+ax^2+bx+c$ のとき

$$\frac{f(\beta)-f(\alpha)}{\beta-\alpha} = \frac{(\beta^3+a\beta^2+b\beta+c)-(\alpha^3+a\alpha^2+b\alpha+c)}{\beta-\alpha}$$
$$= \frac{(\beta^3-\alpha^3)+a(\beta^2-\alpha^2)+b(\beta-\alpha)}{\beta-\alpha}$$
$$= \frac{(\beta-\alpha)(\beta^2+\beta\alpha+\alpha^2)+a(\beta-\alpha)(\beta+\alpha)+b(\beta-\alpha)}{\beta-\alpha}$$

$$= (\beta^2 + \beta\alpha + \alpha^2) + a(\beta + \alpha) + b$$
$$= (\beta + \alpha)^2 - \beta\alpha + a(\beta + \alpha) + b$$

ここで，$\beta + \alpha = (1+i) + (1-i) = 2$，$\beta\alpha = (1+i)(1-i) = 1 - i^2 = 1 - (-1) = 2$ であるから

$$\frac{f(\beta) - f(\alpha)}{\beta - \alpha} = 2^2 - 2 + a\cdot 2 + b = 2a + b + 2 \quad \cdots\cdots ②$$

また，$f'(x) = 3x^2 + 2ax + b$ より $f'(\gamma) = 3\gamma^2 + 2a\gamma + b$ $\quad\cdots\cdots③$であるから，②・③より，平均値の性質をもつための条件は，点 A(α)，B(β) を両端とする線分 AB 上の点 C(γ) に対して

$$2a + b + 2 = 3\gamma^2 + 2a\gamma + b$$

つまり $\quad 3\gamma^2 + 2a\gamma - 2a - 2 = 0 \quad \cdots\cdots④$

が成り立つことであり，これを解くと

$$\gamma = \frac{-a \pm \sqrt{a^2 - 3(-2a-2)}}{3}$$
$$= \frac{-a \pm \sqrt{a^2 + 6a + 6}}{3}$$

となる。よって，α, β に対してこのような γ をとると①は成り立つ。線分 AB 上の点 C(γ) の実部は 1 であるから，γ が実数のとき，$\gamma = 1$ であるが，④が $1 = 0$ となり成り立たないので，$\gamma \neq 1$ である。よって，γ は虚数であり

$$\gamma = -\frac{a}{3} \pm \frac{1}{3}\sqrt{-a^2 - 6a - 6}\, i \quad \cdots\cdots⑤$$

$$\left(\begin{array}{l} \sqrt{a^2 + 6a + 6} = \sqrt{-a^2 - 6a - 6}\, i \text{ と変形した。} \\ -\dfrac{a}{3} \text{ が実部，} \pm\dfrac{1}{3}\sqrt{-a^2 - 6a - 6} \text{ が虚部。} \end{array}\right)$$

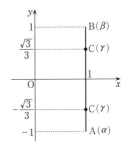

となる。γ の実部が 1 であるから，$-\dfrac{a}{3} = 1$ より

$$a = -3$$

⑤に代入して

$$\gamma = 1 \pm \frac{\sqrt{3}}{3}i$$

となり，虚部は $\pm\dfrac{\sqrt{3}}{3}$ である。α の虚部は -1，β の虚部は 1 である。$\pm\dfrac{\sqrt{3}}{3}$ は $-1 < -\dfrac{\sqrt{3}}{3} < \dfrac{\sqrt{3}}{3} < 1$ を満たすので，点 C(γ) は線分 AB 上の点である。

したがって，実数 a, b, c に関する必要十分条件は，$a = -3$，b, c は任意の実数の定数である。 $\cdots\cdots$(答)

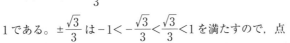

(3)　α, β は

$$\begin{cases} \alpha = \dfrac{1-i}{\sqrt{2}} = \dfrac{1}{\sqrt{2}} - \dfrac{1}{\sqrt{2}}i = \cos\left(-\dfrac{\pi}{4}\right) + i\sin\left(-\dfrac{\pi}{4}\right) \\ \beta = \dfrac{1+i}{\sqrt{2}} = \dfrac{1}{\sqrt{2}} + \dfrac{1}{\sqrt{2}}i = \cos\dfrac{\pi}{4} + i\sin\dfrac{\pi}{4} \end{cases} \quad \cdots\cdots ⑥$$

と極形式で表せて，ド・モアブルの定理より

$$\begin{cases} \alpha^7 = \cos\left(-\dfrac{7}{4}\pi\right) + i\sin\left(-\dfrac{7}{4}\pi\right) = \cos\dfrac{\pi}{4} + i\sin\dfrac{\pi}{4} = \beta \\ \beta^7 = \cos\dfrac{7}{4}\pi + i\sin\dfrac{7}{4}\pi = \cos\left(-\dfrac{\pi}{4}\right) + i\sin\left(-\dfrac{\pi}{4}\right) = \alpha \end{cases}$$

よって

$$\frac{f(\beta) - f(\alpha)}{\beta - \alpha} = \frac{\beta^7 - \alpha^7}{\beta - \alpha}$$

$$= \frac{\alpha - \beta}{\beta - \alpha}$$

$$= -1$$

$f(x) = x^7$ より $f'(x) = 7x^6$ となるので　$f'(\gamma) = 7\gamma^6$

α, β, $f(x) = x^7$ が平均値の性質をもつと仮定すると，$7\gamma^6 = -1$ より

$$\gamma^6 = -\frac{1}{7}$$

つまり

$$\gamma^6 = \frac{1}{7} \cdot (-1)$$

を満たす点 C(γ) が線分 AB 上に存在する。極形式で表すと

$$\gamma^6 = \frac{1}{7}\{\cos(\pi + 2k\pi) + i\sin(\pi + 2k\pi)\} \quad (k：整数)$$

ド・モアブルの定理より

$$\gamma = \left(\frac{1}{7}\right)^{\frac{1}{6}}\left\{\cos\left(\frac{\pi}{6} + \frac{k}{3}\pi\right) + i\sin\left(\frac{\pi}{6} + \frac{k}{3}\pi\right)\right\} \quad (k：整数)$$

ここで，γ の値を知るには，k は $k = 0$, 1, 2, 3, 4, 5 のときを考えれば十分で，それぞれの k の値に対して，実部の値は次の通りである。

$$\begin{cases} k=0 \text{ のとき} & \dfrac{\sqrt{3}}{2}\left(\dfrac{1}{7}\right)^{\frac{1}{6}} \\[2mm] k=1 \text{ のとき} & 0 \\[2mm] k=2 \text{ のとき} & -\dfrac{\sqrt{3}}{2}\left(\dfrac{1}{7}\right)^{\frac{1}{6}} \\[2mm] k=3 \text{ のとき} & -\dfrac{\sqrt{3}}{2}\left(\dfrac{1}{7}\right)^{\frac{1}{6}} \\[2mm] k=4 \text{ のとき} & 0 \\[2mm] k=5 \text{ のとき} & \dfrac{\sqrt{3}}{2}\left(\dfrac{1}{7}\right)^{\frac{1}{6}} \end{cases}$$

平均値の性質をもつときの点 $C(\gamma)$ は線分 AB 上にある必要があるが，そのための実部の値は，⑥より $\dfrac{1}{\sqrt{2}}$ であり，いずれとも一致しない。よって，条件を満たす γ は存在しないので，$\alpha=\dfrac{1-i}{\sqrt{2}}$，$\beta=\dfrac{1+i}{\sqrt{2}}$，$f(x)=x^7$ は，平均値の性質をもたない。

(証明終)

参考 本問のように，A(α)，B(β) が x 軸に関して対称なとき，C(γ) が線分 AB 上に存在するかどうかは，実部に注目して，まず，α，β の実部と一致しているかを調べて，実部が一致するなら，次に虚部に注目して，A，Bの虚部の間にとれているかと2段階で確認すればよい。

67

　1 個のサイコロを 3 回投げて出た目を順に a, b, c とする。2 次方程式

$$ax^2 + bx + c = 0$$

の 2 つの解 z_1, z_2 を表す複素数平面上の点をそれぞれ $P_1(z_1)$, $P_2(z_2)$ とする。また，複素数平面上の原点を O とする。以下の問いに答えよ。

(1)　P_1 と P_2 が一致する確率を求めよ。

(2)　P_1 と P_2 がともに単位円の周上にある確率を求めよ。

(3)　P_1 と O を通る直線を l_1 とし，P_2 と O を通る直線を l_2 とする。l_1 と l_2 のなす鋭角が 60° である確率を求めよ。

ポイント　2 次方程式と複素数平面と確率の融合問題である。

(1)　P_1 と P_2 が一致するための条件は，$ax^2 + bx + c = 0$ が重解をもつことであり，判別式が 0 となることである。

(2)　$ax^2 + bx + c = 0$ の 2 つの解 z_1 と z_2 が実数の場合と虚数の場合とに分けて考えてみよう。実数で条件を満たすものは -1 または 1 であるから，この 2 数について考察すればよい。1 が解でないことがわかれば -1 と虚数を解としてもつことはないから -1 を重解としてもつことになる。これについては〔解法〕のように考えてもよいが，〔参考〕のように考えることもできる。また虚数のときはその虚数を $\alpha + \beta i$（α, β は実数で $\beta \neq 0$）とおくと，条件を満たすものは絶対値が 1 であることから $|\alpha + \beta i| = \sqrt{\alpha^2 + \beta^2}$ より $\alpha^2 + \beta^2 = 1$ が成り立つ。

(3)　$ax^2 + bx + c = 0$ が実数解をもつとき，直線 l_1 と l_2 ともに x 軸に重なる直線であり，なす角は 0° で，l_1 と l_2 のなす鋭角が 60° であるということは起こらない。よって，$ax^2 + bx + c = 0$ が異なる 2 つの虚数解をもつ場合について考察しよう。z_1 と z_2 がどのような値であるときに 2 直線のなす鋭角が 60° となるであろうか。2 直線のなす鋭角が 60° というのは 2 通りあることに注意しよう。ベクトルには向きがあるので「2 つのベクトルのなす角 θ」は $0 \leq \theta \leq 180°$ で定義されて，直線には向きがないので「2 直線のなす角 θ」は $0 \leq \theta \leq 90°$ で定義されている。本問では特に「なす鋭角」と記されている。

解法

(1)　(a, b, c) の組は $6^3 = 216$ 通りである。

$P_1(z_1)$ と $P_2(z_2)$ が一致するための条件は

$$ax^2 + bx + c = 0 \quad \cdots\cdots ①$$

が重解をもち $z_1 = z_2$ となることであるから，それは①の判別式を D とするときに $D = 0$ となることであり

$b^2 - 4ac = 0$

$b^2 = 4ac$

b^2 は 4 の倍数なので，b は偶数である。b に対して a, c に値を割り当てて，これを満たす (a, b, c) の組は

$$(a, b, c) = (1, 2, 1), (1, 4, 4), (2, 4, 2), (4, 4, 1), (3, 6, 3)$$

の 5 通りである。

よって，求める確率は $\dfrac{5}{216}$ ……(答)

(2) $P_1(z_1)$ と $P_2(z_2)$ がともに単位円の周上にある場合を，①が実数解をもつ場合と虚数解をもつ場合とに分けて考察する。

(ア) ①が実数解をもつ場合

z_1, z_2 が 1 または -1 である場合に限られる。

①が $x = 1$ を解にもつとき

$$a + b + c = 0$$

が成り立つが，このような (a, b, c)（a, b, c はサイコロの目 1 ~ 6 である）は存在しないので，①が $x = 1$ を解にもつことはない。

①が $x = -1$ を解にもつとき，$x = -1$ は重解であり

$$a - b + c = 0$$

(1)で求めた (a, b, c) の組の中から，$x = -1$ を重解にもつものを選ぶと

$$(a, b, c) = (1, 2, 1), (2, 4, 2), (3, 6, 3)$$

の 3 通りである。

(イ) ①が虚数解をもつ場合

①の判別式を D とするときに $D < 0$ となるときであり

$$b^2 - 4ac < 0 \quad \cdots\cdots ②$$

このとき，①の解は

$$x = \frac{-b \pm \sqrt{b^2 - 4ac}}{2a} = \frac{-b \pm \sqrt{-b^2 + 4ac}\, i}{2a}$$

であるから

$$z_1 = \frac{-b + \sqrt{-b^2 + 4ac}\, i}{2a}, \quad z_2 = \frac{-b - \sqrt{-b^2 + 4ac}\, i}{2a}$$

とすると，$|z_1| = 1$ かつ $|z_2| = 1$ となることから，いずれの場合も

$$\left(\frac{b}{2a}\right)^2 + \left(\frac{\sqrt{-b^2 + 4ac}}{2a}\right)^2 = 1$$

$$b^2 + (-b^2 + 4ac) = 4a^2$$

$$4ac = 4a^2$$

$a \neq 0$ より　　$a = c$　……③

②, ③より　　$b^2 < 4a^2$

$a > 0$, $b > 0$ より　　$b < 2a$

$b < 2a$ かつ $a = c$ となる (a, b, c) の組を求めて

　$a = 1$ のとき, b は 1 通り

　$a = 2$ のとき, b は 3 通り

　$a = 3$ のとき, b は 5 通り

　$a = 4$, 5, 6 のとき, b は各 6 通り

の合計 27 通りである。

(ア), (イ)の合計は 30 通りであるから, 求める確率は

$$\frac{30}{216} = \frac{5}{36} \quad ……(答)$$

参考　(ア)　①が $x = -1$ を重解としてもつとき, ①は $a(x+1)^2 = 0$ と表せて
$$ax^2 + 2ax + a = 0$$
　これと, $ax^2 + bx + c = 0$ の係数を比較して
$$b = 2a, \quad c = a$$
　b は偶数である。b に対して a, c に値を割り当てて, これを満たす (a, b, c) の組は
$$(a, b, c) = (1, 2, 1), (2, 4, 2), (3, 6, 3)$$
　の 3 通りである。

(3)　①が実数解をもつとき条件を満たさないから, 異なる 2 つの虚数解をもつ場合を考えればよい。①は実数が係数である 2 次方程式であるから, z_1 と z_2 は共役な複素数であり, P_1, P_2 は x 軸に関して対称な点となる。(2)で 2 つの虚数解が $x = -\dfrac{b}{2a} \pm \dfrac{\sqrt{-b^2 + 4ac}\,i}{2a}$ であり, $-\dfrac{b}{2a} < 0$ であることから, 次の 2 つの場合がある。

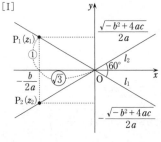
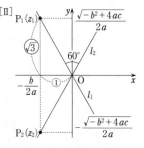

[Ⅰ] のとき

$$\left| -\frac{b}{2a} \right| : \frac{\sqrt{-b^2 + 4ac}}{2a} = \sqrt{3} : 1$$

$$b^2 : (-b^2 + 4ac) = 3 : 1$$

$$-3b^2 + 12ac = b^2$$

$$b^2 = 3ac$$

b^2 が 3 の倍数なので，b は 3 の倍数である。b に対して $a,\ c$ に値を割り当てて，これを満たす $(a,\ b,\ c)$ の組は

$$(a,\ b,\ c) = (1,\ 3,\ 3),\ (3,\ 3,\ 1),\ (2,\ 6,\ 6),\ (3,\ 6,\ 4),\ (4,\ 6,\ 3),$$
$$(6,\ 6,\ 2)$$

の 6 通りである。

［Ⅱ］のとき

$$\left| -\frac{b}{2a} \right| : \frac{\sqrt{-b^2 + 4ac}}{2a} = 1 : \sqrt{3}$$

$$b^2 : (-b^2 + 4ac) = 1 : 3$$

$$-b^2 + 4ac = 3b^2$$

$$b^2 = ac$$

これを満たす $(a,\ b,\ c)$ の組は

$$(a,\ b,\ c) = (1,\ 1,\ 1),\ (1,\ 2,\ 4),\ (2,\ 2,\ 2),\ (4,\ 2,\ 1),\ (3,\ 3,\ 3),$$
$$(4,\ 4,\ 4),\ (5,\ 5,\ 5),\ (6,\ 6,\ 6)$$

の 8 通りである。

［Ⅰ］，［Ⅱ］の合計は 14 通りであるから，求める確率は

$$\frac{14}{216} = \frac{7}{108} \quad \cdots\cdots（答）$$

68

2019 年度 〔5〕　　　　　　　　　　　　　　　　　　　　**Level C**

a, b を複素数，c を純虚数でない複素数とし，i を虚数単位とする。複素数平面において，点 z が虚軸全体を動くとき

$$w = \frac{az + b}{cz + 1}$$

で定まる点 w の軌跡を C とする。次の 3 条件が満たされているとする。

(ア)　$z = i$ のときに $w = i$ となり，$z = -i$ のときに $w = -i$ となる。

(イ)　C は単位円の周に含まれる。

(ウ)　点 -1 は C に属さない。

このとき a, b, c の値を求めよ。さらに C を求め，複素数平面上に図示せよ。

ポイント　複素数平面における軌跡の問題である。まずは，それぞれの数に関する条件を正しく把握しよう。

　これに条件(ア)，(イ)，(ウ)が付け加わる。

　条件(ア)が一番扱いやすそうなので，まずは条件(ア)より a, b, c の値もしくは関係を求め，それをもとに w を表して，条件(イ)，(ウ)を適用するとよい。具体的には条件(イ)によって $|b| = 1$ になることがわかり，条件(ウ)によって b の値が定まる。あとは，軌跡 C は単位円上に存在して，-1 を除くことまではわかっているので，それ以外の除外点がないかどうか確認しよう。

解法

条件(ア)が満たされているならば

$$\begin{cases} i = \dfrac{ai + b}{ci + 1} \\[2mm] -i = \dfrac{-ai + b}{-ci + 1} \end{cases}$$

よって

$$\begin{cases} -c + i = ai + b & \cdots\cdots ① \\ -c - i = -ai + b & \cdots\cdots ② \end{cases}$$

① + ② より　　$-2c = 2b$

① - ② より　　$2i = 2ai$

よって

$$\begin{cases} a = 1 \\ c = -b \end{cases}$$

したがって，$w = \dfrac{az+b}{cz+1}$ は $w = \dfrac{z+b}{-bz+1}$ と表すことができる。

条件(イ)が満たされているならば，C は単位円の周に含まれ

$$|w| = 1$$

ここで，点 z が虚軸上を動くので $z = di$（d は実数）と表すことができ

$$w = \frac{di+b}{-bdi+1}$$

となるので

$$\left| \frac{di+b}{-bdi+1} \right| = 1$$

$$|di+b| = |-bdi+1|$$

$$|di+b|^2 = |-bdi+1|^2$$

$$(di+b)\overline{(di+b)} = (-bdi+1)\overline{(-bdi+1)}$$

$$(di+b)(-di+\overline{b}) = (-bdi+1)(\overline{b}di+1)$$

$$d^2 + \overline{b}di - bdi + b\overline{b} = b\overline{b}d^2 - bdi + \overline{b}di + 1$$

$$d^2 + \overline{b}di - bdi + |b|^2 = |b|^2 d^2 - bdi + \overline{b}di + 1$$

$$d^2 + |b|^2 = |b|^2 d^2 + 1$$

$$|b|^2(d^2-1) = d^2 - 1$$

$$(|b|^2-1)(d^2-1) = 0$$

$$|b| = 1 \quad \text{または} \quad d^2 = 1$$

$d=1$ のとき $z=i$，$d=-1$ のとき $z=-i$ であるが，$|b|=1$ のときは $z=\pm i$ の場合も含めてすべての実数 d に対して成り立つ，つまり点 z が虚軸全体を動くときに成り立つので，条件(イ)が満たされているならば，まとめて

$$|b| = 1$$

条件(ウ)が満たされているならば点 -1 は C に属さない。

$w = -1$ となる z が存在しないための条件を考える。

$$\frac{di+b}{-bdi+1} = -1$$

$$di+b = bdi - 1$$

$$(b-1)di = b+1$$

ここで，$b \neq 1$ と仮定すると，$d = \dfrac{b+1}{(b-1)i}$ となり

$$\overline{d}=\overline{\left\{\frac{b+1}{(b-1)\,i}\right\}}=\frac{\overline{b+1}}{\overline{(b-1)\,i}}=\frac{\overline{b}+1}{(\overline{b}-1)\,(-i)}=\frac{\overline{b}+1}{(1-\overline{b})\,i}$$

$$=\frac{b\overline{b}+b}{(b-b\overline{b})\,i}=\frac{|b|^2+b}{(b-|b|^2)\,i}=\frac{b+1}{(b-1)\,i}=d$$

つまり $\overline{d}=d$ となり，d は実数である。

したがって，$w=-1$ となるような $z=di$ が存在し，これは条件(ウ)に矛盾する。この矛盾は $b\neq1$ と仮定したことに起因しているので，$b=1$ である。

よって　　$a=1$，$b=1$，$c=-1$　……(答)

このとき，$w=\dfrac{z+1}{-z+1}$ であり

$$w\,(-z+1)=z+1$$
$$(w+1)\,z=w-1$$

ここで，条件(ウ)より $w\neq-1$ であるから　　$w+1\neq0$

よって，両辺を 0 ではない $w+1$ で割って

$$z=\frac{w-1}{w+1}$$

このとき

$$\overline{z}=\overline{\left(\frac{w-1}{w+1}\right)}=\frac{\overline{w-1}}{\overline{w+1}}=\frac{\overline{w}-1}{\overline{w}+1}$$

点 z が虚軸上を動くための条件は，$z+\overline{z}=0$ が成り立つことであるから

$$z+\overline{z}=0$$

$$\frac{w-1}{w+1}+\frac{\overline{w}-1}{\overline{w}+1}=0$$

$$\frac{(w-1)\,(\overline{w}+1)+(\overline{w}-1)\,(w+1)}{(w+1)\,(\overline{w}+1)}=0$$

$$\frac{w\overline{w}+w-\overline{w}-1+w\overline{w}+\overline{w}-w-1}{(w+1)\,(\overline{w}+1)}=0$$

$$\frac{2\,(w\overline{w}-1)}{(w+1)\,(\overline{w}+1)}=0$$

$$w\overline{w}-1=0$$
$$|w|^2=1$$
$$|w|=1$$

逆に，w が $|w|=1$ かつ $w\neq-1$ を満たすとき，上式の変形を逆にたどることで，$z+\overline{z}=0$ を得るので，z は虚軸上の点である。

したがって，C は単位円のうち，点 -1 を除いた部分である。　……(答)

C を図示すると下図の実線部分のようになる。

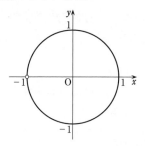

69

2018 年度 〔5〕

Level C

α を複素数とする。等式

$$\alpha\left(|z|^2+2\right)+i\left(2|\alpha|^2+1\right)\bar{z}=0$$

を満たす複素数 z をすべて求めよ。ただし，i は虚数単位である。

ポイント $\alpha=a+bi$，$z=x+yi$（a, b, x, y は実数）とおいて，与式に代入し，実部と虚部に分けて計算すると答は得られるが，かなり計算が面倒になるので避けた方が無難だろう。

条件を満たす複素数 z を求める問題であるから，直接 z を求めることができれば都合がよいが，それが難しいときには $\bar{z}$ を求めてもよい。$\bar{z}$ がわかれば z もわかるからである。与式は

$$\bar{z}=\frac{|z|^2+2}{2|\alpha|^2+1}\alpha i$$

と変形できて，$\dfrac{|z|^2+2}{2|\alpha|^2+1}$ は実数であるから β とおいてみるとよい。実数 β についての 2 次方程式が導かれるから，これを解けば z が求められる。$\alpha=0$ のときの場合分けも忘れないように。なお，$\bar{z}=\alpha\beta i$ は α が複素数であるから，純虚数とは限らないし，$z=-\alpha\beta i$ ともならないことに注意する。

〔**解法2**〕は，②の両辺の絶対値をとり，まず必要条件をおさえて，$|z|$ を求める解法である。

共役複素数に関する性質 $\overline{(\bar{z})}=z$，$|\bar{z}|=|z|$，$|z|^2=z\bar{z}$，$\bar{\beta}=\beta$（β は実数）などを理解し，これらを自由に使いこなせるようになること。

解法 1

$$\alpha\left(|z|^2+2\right)+i\left(2|\alpha|^2+1\right)\bar{z}=0$$

$$i\left(2|\alpha|^2+1\right)\bar{z}=-\alpha\left(|z|^2+2\right)$$

$2|\alpha|^2+1>0$ であるから，両辺を 0 ではない $i\left(2|\alpha|^2+1\right)$ で割ると

$$\bar{z}=-\frac{\alpha\left(|z|^2+2\right)}{i\left(2|\alpha|^2+1\right)}$$

$$=\frac{|z|^2+2}{2|\alpha|^2+1}\alpha i \quad \cdots\cdots①$$

$\beta=\dfrac{|z|^2+2}{2|\alpha|^2+1}$ とおくと，β は実数で，$\beta>0$ であり，$\bar{z}=\alpha\beta i$ であるから

$$|z|=|\bar{z}|=|\alpha\beta i|$$

これを①に代入すると

$$\alpha\beta i = \frac{|\alpha\beta i|^2 + 2}{2|\alpha|^2 + 1}\alpha i$$

$$\alpha\beta = \frac{|\alpha|^2|\beta|^2|i|^2 + 2}{2|\alpha|^2 + 1}\alpha$$

$$= \frac{|\alpha|^2\beta^2 + 2}{2|\alpha|^2 + 1}\alpha \quad (\beta は実数なので |\beta|^2 = \beta^2)$$

$$(2|\alpha|^2 + 1)\alpha\beta = (|\alpha|^2\beta^2 + 2)\alpha$$

$$\{|\alpha|^2\beta^2 - (2|\alpha|^2 + 1)\beta + 2\}\alpha = 0$$

(ア) $\alpha = 0$ のとき

①に代入すると　　$\bar{z} = 0$　すなわち　$z = 0$

(イ) $\alpha \neq 0$ のとき

$$|\alpha|^2\beta^2 - (2|\alpha|^2 + 1)\beta + 2 = 0$$

$$(|\alpha|^2\beta - 1)(\beta - 2) = 0$$

$\alpha \neq 0$ であり，$|\alpha|^2 \neq 0$ であるから

$$\beta = \frac{1}{|\alpha|^2},\ 2$$

これらの β は $\beta > 0$ であることを満たす。したがって，$\bar{z} = \alpha\beta i$ より

$\beta = \dfrac{1}{|\alpha|^2}$ のとき

$$z = \overline{\alpha\beta i} = \bar{\alpha}\beta(-i) = -\bar{\alpha}\left(\frac{1}{|\alpha|^2}\right)i = -\bar{\alpha}\left(\frac{1}{\alpha\bar{\alpha}}\right)i = -\frac{1}{\alpha}i$$

$\beta = 2$ のとき

$$z = \overline{2\alpha i} = -2\bar{\alpha}i$$

(ア)，(イ)より，求める複素数 z は

$$\begin{array}{ll} \alpha = 0 \text{ のとき} & z = 0 \\ \alpha \neq 0 \text{ のとき} & z = -\dfrac{1}{\alpha}i,\ -2\bar{\alpha}i \end{array} \Biggr\} \quad \cdots\cdots(答)$$

解法 2

与えられた等式より

$$\alpha(|z|^2 + 2) = -i(2|\alpha|^2 + 1)\bar{z} \quad \cdots\cdots②$$

両辺の絶対値をとって

$$|\alpha(|z|^2 + 2)| = |-i(2|\alpha|^2 + 1)\bar{z}|$$

$$|\alpha||\,|z|^2 + 2| = |-i||2|\alpha|^2 + 1||\bar{z}|$$

$$|\alpha|(|z|^2+2)=(2|\alpha|^2+1)|z|$$
$$|\alpha||z|(|z|-2|\alpha|)+2|\alpha|-|z|=0$$
$$(|z|-2|\alpha|)(|\alpha||z|-1)=0$$

(i)　$\alpha=0$ のとき

②より　　$\bar{z}=0$　　∴　$z=0$

(ii)　$\alpha\neq0$ のとき

$|\alpha|\neq0$ であるから　　$|z|=2|\alpha|,\ \dfrac{1}{|\alpha|}$

$|z|=2|\alpha|$ のとき，②より

$$\alpha(4|\alpha|^2+2)=-i(2|\alpha|^2+1)\bar{z}$$

$2|\alpha|^2+1\neq0$ より　　$\bar{z}=-\dfrac{2\alpha}{i}=2\alpha i$

　　∴　$z=\overline{2\alpha i}=-2\bar{\alpha}i$

$|z|=\dfrac{1}{|\alpha|}$ のとき，②より

$$\alpha\left(\dfrac{1}{|\alpha|^2}+2\right)=-i(2|\alpha|^2+1)\bar{z}$$

$$\alpha\cdot\dfrac{1+2|\alpha|^2}{|\alpha|^2}=-i(2|\alpha|^2+1)\bar{z}$$

$$\bar{z}=-\dfrac{\alpha}{|\alpha|^2i}=\dfrac{\alpha}{\alpha\bar{\alpha}}i=\dfrac{1}{\bar{\alpha}}i$$

　　∴　$z=\overline{\left(\dfrac{1}{\bar{\alpha}}i\right)}=-\dfrac{1}{\alpha}i$

(i)，(ii)より，求める複素数 z は

$$\left.\begin{array}{ll}\alpha=0\text{ のとき}&z=0\\[4pt]\alpha\neq0\text{ のとき}&z=-\dfrac{1}{\alpha}i,\ -2\bar{\alpha}i\end{array}\right\}\quad\cdots\cdots\text{(答)}$$

70

2017 年度 〔5〕 Level B

2 つの複素数 $\alpha = 10000 + 10000i$ と $w = \dfrac{\sqrt{3}}{4} + \dfrac{1}{4}i$ を用いて，複素数平面上の点 $P_n(z_n)$ を $z_n = \alpha w^n$ $(n = 1, 2, \cdots)$ により定める。ただし，i は虚数単位を表す。2 と 3 の常用対数を $\log_{10} 2 = 0.301$，$\log_{10} 3 = 0.477$ として，以下の問いに答えよ。

(1) z_n の絶対値 $|z_n|$ と偏角 $\arg z_n$ を求めよ。

(2) $|z_n| \leqq 1$ が成り立つ最小の自然数 n を求めよ。

(3) 下図のように，複素数平面上の $\triangle ABC$ は線分 AB を斜辺とし，点 $C\left(\dfrac{i}{\sqrt{2}}\right)$ を一つの頂点とする直角二等辺三角形である。なお A，B を表す複素数の虚部は負であり，原点 O と 2 点 A，B の距離はともに 1 である。点 P_n が $\triangle ABC$ の内部に含まれる最小の自然数 n を求めよ。

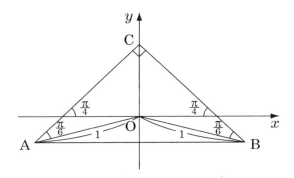

ポイント (1) 複素数 $z_n = \alpha w^n$ の絶対値 $|z_n|$ と偏角 $\arg z_n$ を求めることで，原点 O からの位置を把握できるようにする。まずは，$\alpha = 10000 + 10000i$ と $w = \dfrac{\sqrt{3}}{4} + \dfrac{1}{4}i$ の 2 つの虚数を極形式で表してみる。ド・モアブルの定理を利用して要領よく計算しよう。

(2) $|z_n| \leqq 1$ が成り立つ最小の自然数 n を求めるので，偏角 $\arg z_n$ を考える必要はなく，$|z_n|$ だけを考察すればよい。(1)で z_n の絶対値 $|z_n|$ を求めているから，それを利用して，点 P_n が原点 O を中心とする半径 1 の円周または円の内部に存在するような n を求める。

(3) 〔解法〕の図のように，原点を中心とする半径 $\dfrac{1}{2}$，$\dfrac{1}{\sqrt{2}}$，1 の同心円を描いてみよう。(2)では，点 P_n が原点 O を中心とする半径 1 の円周と円の内部に存在するようになることを考えればよかったが，(3)では問題の図のような原点 O を含む直角二等辺三角形

ABC の内部に存在するための最小の n を問われている。偏角によって境界となる直線が変わるので，偏角 $\arg z_n$ にも注意する必要がある。(2)より，$n = 1,\ 2,\ 3,\ \cdots,\ 13$ については，$|z_n| > 1$ であるから，半径が 1 の円の外側にあり，三角形 ABC の内部に含まれることはないことがわかる。よって，以下，順に $n = 14$ のとき，15 のとき，$\cdots$ と考察していこう。$n = 14$ のときは，$|z_n| \leqq 1$ を満たすわけであるが，三角形 ABC に含まれるかどうかはわからない。そこで偏角を求めてみよう。点 P_n が第 2 象限に含まれることがわかる。第 2 象限に含まれる点に関しては，原点中心で半径が $\frac{1}{\sqrt{2}}$ の円の外部にあることを示せば，三角形 ABC の内部にはないことを示すことができ，半径が $\frac{1}{2}$ の円の内部にあることを示せば，三角形 ABC の内部に含まれることを示すことができる。その間の値であれば別の方法で検討する必要が出てくる。

解 法

(1) α と w を極形式で表す。

$$\alpha = 10000 + 10000i = 10000\,(1 + i)$$
$$= 10^4\sqrt{2}\left(\frac{1}{\sqrt{2}} + \frac{1}{\sqrt{2}}i\right) = 10^4\sqrt{2}\left(\cos\frac{\pi}{4} + i\sin\frac{\pi}{4}\right)$$
$$w = \frac{\sqrt{3}}{4} + \frac{1}{4}i = \frac{1}{2}\left(\frac{\sqrt{3}}{2} + \frac{1}{2}i\right) = \frac{1}{2}\left(\cos\frac{\pi}{6} + i\sin\frac{\pi}{6}\right)$$

よって

$$z_n = \alpha w^n$$
$$= 10^4\sqrt{2}\left(\cos\frac{\pi}{4} + i\sin\frac{\pi}{4}\right)\left\{\frac{1}{2}\left(\cos\frac{\pi}{6} + i\sin\frac{\pi}{6}\right)\right\}^n$$
$$= 10^4\sqrt{2}\left(\frac{1}{2}\right)^n\left(\cos\frac{\pi}{4} + i\sin\frac{\pi}{4}\right)\left(\cos\frac{n\pi}{6} + i\sin\frac{n\pi}{6}\right)$$
$$= 10^4\left(\frac{1}{2}\right)^{n-\frac{1}{2}}\left\{\cos\left(\frac{\pi}{4} + \frac{n\pi}{6}\right) + i\sin\left(\frac{\pi}{4} + \frac{n\pi}{6}\right)\right\}$$

したがって

$$|z_n| = 10^4\left(\frac{1}{2}\right)^{n-\frac{1}{2}},\quad \arg z_n = \frac{\pi}{4} + \frac{n\pi}{6} = \frac{2n+3}{12}\pi \quad \cdots\cdots(\text{答})$$

(2) $|z_n| \leqq 1$ $10^4\left(\frac{1}{2}\right)^{n-\frac{1}{2}} \leqq 1$ $10^4 \leqq 2^{n-\frac{1}{2}}$

両辺の常用対数をとると，$10 > 1$ より

$$\log_{10}10^4 \leqq \log_{10}2^{n-\frac{1}{2}} \qquad 4 \leqq \left(n - \frac{1}{2}\right)\log_{10}2 \qquad n - \frac{1}{2} \geqq \frac{4}{\log_{10}2}$$

$$n \geq \frac{4}{0.301} + \frac{1}{2} \qquad n \geq 13.7\cdots$$

よって，$|z_n| \leq 1$ が成り立つ最小の自然数 n は　14 ……(答)

(3)　原点から AC に引いた垂線を OH とすると

$$\text{OH} = \text{OC} \sin \frac{\pi}{4} = \frac{1}{\sqrt{2}} \cdot \frac{1}{\sqrt{2}} = \frac{1}{2}$$

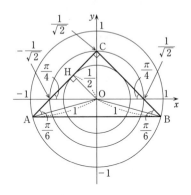

(2)より，$n = 1$, 2, 3, $\cdots$, 12, 13 については，$|z_n| > 1$ であるから，点 P_n は三角形 ABC の外部にある。

$n = 14$ のとき

$$\arg z_{14} = \frac{2 \cdot 14 + 3}{12}\pi = \frac{31}{12}\pi = \frac{5}{2}\pi + \frac{1}{12}\pi$$

であるから，点 $\text{P}_{14}(z_{14})$ は第 2 象限に存在しており

$$1 \geq |z_{14}| = 10^4 \left(\frac{1}{2}\right)^{13+\frac{1}{2}} = \frac{10000}{8192} \cdot \frac{1}{\sqrt{2}} > \frac{1}{\sqrt{2}}$$

であるから，原点からの距離を考えると，上図より三角形 ABC の外部に存在する。

$n = 15$ のとき

$$\arg z_{15} = \frac{2 \cdot 15 + 3}{12}\pi = \frac{11}{4}\pi = \frac{5}{2}\pi + \frac{1}{4}\pi$$

であるから，点 $\text{P}_{15}(z_{15})$ は第 2 象限に存在しており

$$|z_{15}| = \frac{1}{2}|z_{14}| < \frac{1}{2} \cdot 1 = \frac{1}{2}$$

であるから，原点からの距離を考えると，上図より三角形 ABC の内部に存在する。

よって，点 P_n が三角形 ABC の内部に含まれる最小の自然数 n は　15 ……(答)

71
2016 年度 〔5〕 Level B

以下の問いに答えよ。

(1) θ を $0 \leqq \theta < 2\pi$ を満たす実数，i を虚数単位とし，z を $z = \cos\theta + i\sin\theta$ で表される複素数とする。このとき，整数 n に対して次の式を証明せよ。

$$\cos n\theta = \frac{1}{2}\left(z^n + \frac{1}{z^n}\right), \quad \sin n\theta = -\frac{i}{2}\left(z^n - \frac{1}{z^n}\right)$$

(2) 次の方程式を満たす実数 x $(0 \leqq x < 2\pi)$ を求めよ。

$$\cos x + \cos 2x - \cos 3x = 1$$

(3) 次の式を証明せよ。

$$\sin^2 20° + \sin^2 40° + \sin^2 60° + \sin^2 80° = \frac{9}{4}$$

ポイント ほとんどの大学入試問題では，各小問は密接に関わっているので，その誘導をうまく利用し解答していくことが問題を要領よく解くコツである。そのような問題では，途中で解答に詰まった際には，その小問の誘導を逆手にとることによって，それ自体をヒントとして，解答の流れをつかむことができる場合もある。九大の問題もそのような仕組みでつくられているものが大半である。

　本問もそのように出題者は配慮してくれてはいる。つまり，(1)で証明したことを利用することにより，(2)・(3)を解答することができる仕組みになっている。そのことを意識すると〔解法2〕のような解答になる。しかし，本問に限っては小問のつながりを意識すると解法がかえって面倒になるので，三角関数に関する小問集合だと割り切って解答した方が自然な流れで解答できる。それが〔解法1〕の解き方である。

(1) ド・モアブルの定理を利用して，z^n，z^{-n} をそれぞれ表して，式を整理する。得られた2式を足したものと引いたものから，新たに2式をつくり，式を整理すればよい。

(2) 2倍角，3倍角の公式を利用して，左辺の角を x にそろえて $\cos x$ だけで表してみるところがポイントである。$2\cos^3 x - \cos^2 x - 2\cos x + 1 = 0$ が得られるので，$\cos x = t$ とおくと，t の3次方程式 $2t^3 - t^2 - 2t + 1 = 0$ が得られるから，これを解けばよい。

(3) 半角の公式 $\sin^2\theta = \dfrac{1 - \cos 2\theta}{2}$ を，与式の中で $\sin^2\theta$ の2乗を解消し，$\cos 2\theta$ で表すことに利用する。次に，値を直接求めることができない $\cos 40°$，$\cos 80°$，$\cos 160°$ をうまく整理するために，和 → 積の公式を利用する。

解 法 1

(1) $z = \cos\theta + i\sin\theta$ において，ド・モアブルの定理より

$$\begin{cases} z^n = \cos n\theta + i\sin n\theta \\ z^{-n} = \cos(-n)\theta + i\sin(-n)\theta \end{cases}$$

となるから

$$\begin{cases} z^n = \cos n\theta + i\sin n\theta & \cdots\cdots① \\ \dfrac{1}{z^n} = \cos n\theta - i\sin n\theta & \cdots\cdots② \end{cases}$$

①＋②より

$$z^n + \frac{1}{z^n} = 2\cos n\theta$$

$$\therefore \quad \cos n\theta = \frac{1}{2}\left(z^n + \frac{1}{z^n}\right) \qquad\qquad\qquad\qquad\qquad （証明終）$$

①－②より

$$z^n - \frac{1}{z^n} = 2i\sin n\theta$$

$$\sin n\theta = \frac{1}{2i}\left(z^n - \frac{1}{z^n}\right)$$

$$\therefore \quad \sin n\theta = -\frac{i}{2}\left(z^n - \frac{1}{z^n}\right) \qquad\qquad\qquad\qquad （証明終）$$

(2) $\quad \cos x + \cos 2x - \cos 3x = 1$

$\quad \cos x + (2\cos^2 x - 1) - (4\cos^3 x - 3\cos x) = 1$

$\quad 2\cos^3 x - \cos^2 x - 2\cos x + 1 = 0$

$\quad (\cos x - 1)(\cos x + 1)(2\cos x - 1) = 0$

$\quad \cos x = -1, \ \dfrac{1}{2}, \ 1$

$0 \leqq x < 2\pi$ の範囲で x を求めると

$$x = 0, \ \frac{1}{3}\pi, \ \pi, \ \frac{5}{3}\pi \quad \cdots\cdots （答）$$

(3) $\quad \sin^2 20° + \sin^2 40° + \sin^2 60° + \sin^2 80°$

$$= \frac{1 - \cos 40°}{2} + \frac{1 - \cos 80°}{2} + \frac{1 - \cos 120°}{2} + \frac{1 - \cos 160°}{2}$$

$$= 2 - \frac{1}{2}\left(-\frac{1}{2}\right) - \frac{1}{2}(\cos 40° + \cos 80° + \cos 160°) \quad \left(\because \quad \cos 120° = -\frac{1}{2}\right)$$

$$= \frac{9}{4} - \frac{1}{2} \{\cos 80° + \cos 40° + \cos(180° - 20°)\}$$

$$= \frac{9}{4} - \frac{1}{2} \left(2\cos\frac{80° + 40°}{2}\cos\frac{80° - 40°}{2} - \cos 20°\right)$$

$$= \frac{9}{4} - \frac{1}{2}(2\cos 60°\cos 20° - \cos 20°)$$

$$= \frac{9}{4} - \frac{1}{2}\left(2 \cdot \frac{1}{2} \cdot \cos 20° - \cos 20°\right)$$

$$= \frac{9}{4}$$

（証明終）

解法 2

(2)　$\cos x + \cos 2x - \cos 3x = 1$

$$\frac{1}{2}\left(z + \frac{1}{z}\right) + \frac{1}{2}\left(z^2 + \frac{1}{z^2}\right) - \frac{1}{2}\left(z^3 + \frac{1}{z^3}\right) = 1 \quad \left(\because \quad \cos n\theta = \frac{1}{2}\left(z^n + \frac{1}{z^n}\right)\right)$$

$$\left(z + \frac{1}{z}\right) + \left(z + \frac{1}{z}\right)^2 - 2 \cdot z \cdot \frac{1}{z} - \left\{\left(z + \frac{1}{z}\right)^3 - 3 \cdot z \cdot \frac{1}{z}\left(z + \frac{1}{z}\right)\right\} = 2$$

$$\left(z + \frac{1}{z}\right)^3 - \left(z + \frac{1}{z}\right)^2 - 4\left(z + \frac{1}{z}\right) + 4 = 0$$

$$\left(z + \frac{1}{z} - 1\right)\left(z + \frac{1}{z} + 2\right)\left(z + \frac{1}{z} - 2\right) = 0$$

よって　　$z + \dfrac{1}{z} = -2,\ 1,\ 2$

ここで，$\cos x = \dfrac{1}{2}\left(z + \dfrac{1}{z}\right)$ なので

$$\cos x = -1,\ \frac{1}{2},\ 1$$

$0 \leqq x < 2\pi$ の範囲で x を求めると

$$x = 0,\ \frac{1}{3}\pi,\ \pi,\ \frac{5}{3}\pi \quad \cdots\cdots (答)$$

(3)　$\sin^2 20° + \sin^2 40° + \sin^2 60° + \sin^2 80°$

$$= \frac{1 - \cos 40°}{2} + \frac{1 - \cos 80°}{2} + \frac{1 - \cos 120°}{2} + \frac{1 - \cos 160°}{2}$$

$$= 2 - \frac{1}{2}(\cos 40° + \cos 80° + \cos 120° + \cos 160°)$$

ここで，$\theta = 40°$ とおくと

$$2 - \frac{1}{2}(\cos\theta + \cos 2\theta + \cos 3\theta + \cos 4\theta)$$

$$= 2 - \frac{1}{4} \left\{ \left(z + \frac{1}{z} \right) + \left(z^2 + \frac{1}{z^2} \right) + \left(z^3 + \frac{1}{z^3} \right) + \left(z^4 + \frac{1}{z^4} \right) \right\}$$

$$= 2 - \frac{1}{4z^4} (z^8 + z^7 + z^6 + z^5 + z^3 + z^2 + z + 1) \quad \cdots\cdots ③$$

また，$z = \cos\theta + i\sin\theta$ において，$\theta = 40°$ とすると

$$z = \cos 40° + i\sin 40°$$

となるから

$$z^9 = \cos 360° + i\sin 360° = 1$$

が成り立ち

$$z^9 - 1 = 0$$

$$(z-1)(z^8 + z^7 + z^6 + z^5 + z^4 + z^3 + z^2 + z + 1) = 0$$

$z \neq 1$ なので

$$z^8 + z^7 + z^6 + z^5 + z^4 + z^3 + z^2 + z + 1 = 0$$

$$z^8 + z^7 + z^6 + z^5 + z^3 + z^2 + z + 1 = -z^4$$

が成り立つから，これを③に代入すると

$$\sin^2 20° + \sin^2 40° + \sin^2 60° + \sin^2 80°$$

$$= 2 - \frac{1}{4z^4}(-z^4)$$

$$= \frac{9}{4} \qquad\qquad\qquad\qquad\qquad （証明終）$$

§11 行 列

72 2013 年度〔5〕   Level B

実数 x, y, t に対して，行列

$$A = \begin{pmatrix} x & y \\ -t-x & -x \end{pmatrix}, \quad B = \begin{pmatrix} 5 & 4 \\ -6 & -5 \end{pmatrix}$$

を考える。$(AB)^2$ が対角行列，すなわち $\begin{pmatrix} \alpha & 0 \\ 0 & \beta \end{pmatrix}$ の形の行列であるとする。

(1) 命題「$3x-3y-2t \neq 0 \implies A = tB$」を証明せよ。

以下(2), (3), (4)では，さらに $A^2 \neq E$ かつ $A^4 = E$ であるとする。ただし，E は単位行列を表す。

(2) $3x-3y-2t = 0$ を示せ。

(3) x と y をそれぞれ t の式で表せ。

(4) x, y, t が整数のとき，行列 A を求めよ。

ポイント (1) $(AB)^2$ を計算して，これが対角行列となる条件を求める。実際に計算してみてもよいし，ケーリー・ハミルトンの定理から次数を下げて求めてもよい。そして対角行列で 0 となる $(1, 2)$ 成分，$(2, 1)$ 成分に注目する。一般的に命題を証明するときには，仮定と結論を強く意識することが大切である。つまり何が使えて，何を示したいのかをはっきりさせておくことである。

(2) 背理法により証明する。結論を否定して矛盾が生じることを示すのである。この問題では「$A^2 \neq E$ かつ $A^4 = E \implies 3x-3y-2t = 0$」を示すので，$3x-3y-2t \neq 0$ と仮定して，「$A^2 \neq E$ かつ $A^4 = E$」とはならないことを示す。

(3) (2)で $3x-3y-2t = 0$ となることを示したから，もう 1 つ x, y, t に関する関係式を導き出す。条件「$A^2 \neq E$ かつ $A^4 = E$」を x, y, t を用いて表してみよう。実際に 2 乗，4 乗するのではなく，ケーリー・ハミルトンの定理を利用するとよい。

(4) (3)で得られた x, y のそれぞれを t で表した関係式に注目する。

解 法

(1) $\quad AB = \begin{pmatrix} x & y \\ -t-x & -x \end{pmatrix} \begin{pmatrix} 5 & 4 \\ -6 & -5 \end{pmatrix} = \begin{pmatrix} 5x-6y & 4x-5y \\ x-5t & x-4t \end{pmatrix}$

AB において，ケーリー・ハミルトンの定理より

$$(AB)^2 - \{(5x-6y)+(x-4t)\}(AB) + \{(5x-6y)(x-4t)-(4x-5y)(x-5t)\}E = O$$

$$(AB)^2 = (6x-6y-4t)(AB) - (x^2-xy-ty)E$$

$$= 2(3x-3y-2t)(AB) - (x^2-xy-ty)E$$

$$= 2(3x-3y-2t)\begin{pmatrix} 5x-6y & 4x-5y \\ x-5t & x-4t \end{pmatrix} - (x^2-xy-ty)\begin{pmatrix} 1 & 0 \\ 0 & 1 \end{pmatrix}$$

これが対角行列となることから，(1, 2) 成分と (2, 1) 成分について

$$2(3x-3y-2t)(4x-5y)=0 \quad かつ \quad 2(3x-3y-2t)(x-5t)=0$$

が成り立ち，命題の仮定より $3x-3y-2t \neq 0$ であることから

$$4x-5y=0 \quad かつ \quad x-5t=0$$

これを解いて $\quad x=5t,\ y=4t$

よって

$$A = \begin{pmatrix} x & y \\ -t-x & -x \end{pmatrix} = \begin{pmatrix} 5t & 4t \\ -6t & -5t \end{pmatrix} = t\begin{pmatrix} 5 & 4 \\ -6 & -5 \end{pmatrix} = tB$$

したがって，$3x-3y-2t \neq 0$ ならば $A=tB$ が成り立つ。 （証明終）

(2) 背理法で証明する。$3x-3y-2t \neq 0$ と仮定すると，(1)より $A=tB$ であるから

$$A^2 = (tB)^2 = t^2 B^2$$

ここで

$$B^2 = \begin{pmatrix} 5 & 4 \\ -6 & -5 \end{pmatrix}\begin{pmatrix} 5 & 4 \\ -6 & -5 \end{pmatrix} = \begin{pmatrix} 1 & 0 \\ 0 & 1 \end{pmatrix} = E$$

であるから

$$A^2 = t^2 E \quad \cdots\cdots ①$$

よって $\quad A^4 = (A^2)^2 = (t^2 E)^2 = t^4 E^2 = t^4 E$

ここで，$A^4=E$ だから $\quad t^4 E = E \quad t^4 = 1$

t は実数だから $\quad t^2 = 1$

①に $t^2=1$ を代入すると $A^2=E$ となり，条件 $A^2 \neq E$ に矛盾する。

よって $\quad 3x-3y-2t=0$ （証明終）

(3) $A = \begin{pmatrix} x & y \\ -t-x & -x \end{pmatrix}$ において，ケーリー・ハミルトンの定理より

$$A^2 - \{x+(-x)\}A + \{x(-x)-y(-t-x)\}E = O$$

$$A^2 = (x^2-xy-ty)E \quad \cdots\cdots ②$$

このとき

行
列

$$A^4 = (A^2)^2 = \{(x^2 - xy - ty)E\}^2$$
$$= (x^2 - xy - ty)^2E \quad \cdots\cdots③$$

$A^2 \neq E$ かつ $A^4 = E$ であるから，②，③より

$$x^2 - xy - ty \neq 1 \quad かつ \quad (x^2 - xy - ty)^2 = 1$$

よって $\quad x^2 - xy - ty = -1 \quad \cdots\cdots④$

(2)より，$3x - 3y - 2t = 0$ であるから

$$y = x - \frac{2}{3}t \quad \cdots\cdots⑤$$

④に⑤を代入して

$$x^2 - x\left(x - \frac{2}{3}t\right) - t\left(x - \frac{2}{3}t\right) = -1$$

$$x^2 - x^2 + \frac{2}{3}tx - tx + \frac{2}{3}t^2 = -1$$

$$\frac{1}{3}tx = \frac{2}{3}t^2 + 1 \quad \therefore \quad x = 2t + \frac{3}{t}$$

これを⑤に代入して

$$y = \left(2t + \frac{3}{t}\right) - \frac{2}{3}t = \frac{4}{3}t + \frac{3}{t}$$

よって，x と y をそれぞれ t で表すと

$$x = 2t + \frac{3}{t}, \quad y = \frac{4}{3}t + \frac{3}{t} \quad \cdots\cdots(答)$$

(4) (3)で得られた $x = 2t + \dfrac{3}{t}$ より $\quad \dfrac{3}{t} = x - 2t$

ここで，右辺の x と $2t$ が整数であることから，$\dfrac{3}{t}$ は整数である。

このとき，$y = \dfrac{4}{3}t + \dfrac{3}{t}$ より $\quad \dfrac{4}{3}t = y - \dfrac{3}{t}$

ここで，右辺の y と $\dfrac{3}{t}$ が整数であることから，$\dfrac{4}{3}t$ は整数である。

よって，t は 3 の約数であり，かつ 3 の倍数であるから，$t = \pm 3$ である。

$t = 3$ のとき $\quad x = 2 \cdot 3 + \dfrac{3}{3} = 7, \ y = \dfrac{4}{3} \cdot 3 + \dfrac{3}{3} = 5$

$t = -3$ のとき $\quad x = 2 \cdot (-3) + \dfrac{3}{-3} = -7, \ y = \dfrac{4}{3} \cdot (-3) + \dfrac{3}{-3} = -5$

したがって

$$A = \begin{pmatrix} 7 & 5 \\ -10 & -7 \end{pmatrix}, \ A = \begin{pmatrix} -7 & -5 \\ 10 & 7 \end{pmatrix} \quad \cdots\cdots(答)$$

73 2012年度〔2〕 Level B

2次の正方行列 A, B はそれぞれ

$$A\begin{pmatrix} -3 \\ 5 \end{pmatrix} = \begin{pmatrix} 0 \\ -1 \end{pmatrix}, \qquad A\begin{pmatrix} 7 \\ -9 \end{pmatrix} = \begin{pmatrix} 8 \\ -11 \end{pmatrix},$$

$$B\begin{pmatrix} 0 \\ -1 \end{pmatrix} = \begin{pmatrix} -5 \\ 6 \end{pmatrix}, \qquad B\begin{pmatrix} 8 \\ -11 \end{pmatrix} = \begin{pmatrix} -7 \\ 10 \end{pmatrix}$$

をみたすものとする。このとき，以下の問いに答えよ。ただし，E は2次の単位行列を表すものとする。

(1) 行列 A, B, A^2, B^2 を求めよ。

(2) $(AB)^3 = E$ であることを示せ。

(3) 行列 A から始めて，B と A を交互に右から掛けて得られる行列

$$A, \ AB, \ ABA, \ ABAB, \ \cdots\cdots,$$

および行列 B から始めて，A と B を交互に右から掛けて得られる行列

$$B, \ BA, \ BAB, \ BABA, \ \cdots\cdots$$

を考える。これらの行列の内で，相異なるものをすべて成分を用いて表せ。

ポイント (1) $A\begin{pmatrix} -3 \\ 5 \end{pmatrix} = \begin{pmatrix} 0 \\ -1 \end{pmatrix}$, $A\begin{pmatrix} 7 \\ -9 \end{pmatrix} = \begin{pmatrix} 8 \\ -11 \end{pmatrix}$ より，$A\begin{pmatrix} -3 & 7 \\ 5 & -9 \end{pmatrix} = \begin{pmatrix} 0 & 8 \\ -1 & -11 \end{pmatrix}$ と

表すことができる。$\begin{pmatrix} -3 & 7 \\ 5 & -9 \end{pmatrix}^{-1}$ が存在することを示し，両辺に右から $\begin{pmatrix} -3 & 7 \\ 5 & -9 \end{pmatrix}^{-1}$

をかけると A を求めることができる。また，A は2次の正方行列であるから，〔参考〕

のように $A = \begin{pmatrix} a & b \\ c & d \end{pmatrix}$ とおいて，具体的な成分の計算で得られる方程式から，a, b, c,

d の値を求めても計算の手間はしれている。A^2 についても〔解法〕のようにケーリー・ハミルトンの定理を利用する解法と，〔参考〕のように直接計算する解法が考えられる。B についても同様である。

(2) AB を求めてから，$(AB)^2$, $(AB)^3$ を直接計算してもよいし，ケーリー・ハミルトンの定理を利用して次数を下げて考えてもよい。

(3) 「これらの行列の内で，相異なるものをすべて成分を用いて表せ」と問われていることからして，行列の数は有限個なのだろうから，何らかの規則性が存在するはずである。まずは行列 A から始める場合について A, AB, ABA, …と順に求めていき，規則性を考察してみよう。ここでも直接計算して求めていくことも考えられる。行列の積の演算では交換法則は成り立たないが，結合法則は成り立つので，すでに得られた結果が利用できるように上手に計算する。

解 法

(1) $A\begin{pmatrix} -3 \\ 5 \end{pmatrix} = \begin{pmatrix} 0 \\ -1 \end{pmatrix}$, $A\begin{pmatrix} 7 \\ -9 \end{pmatrix} = \begin{pmatrix} 8 \\ -11 \end{pmatrix}$ より

$$A\begin{pmatrix} -3 & 7 \\ 5 & -9 \end{pmatrix} = \begin{pmatrix} 0 & 8 \\ -1 & -11 \end{pmatrix} \quad \cdots\cdots ①$$

$\begin{pmatrix} -3 & 7 \\ 5 & -9 \end{pmatrix}$ について，$\Delta = -3 \cdot (-9) - 7 \cdot 5$ とおくと，$\Delta = -8 \neq 0$ だから，

$\begin{pmatrix} -3 & 7 \\ 5 & -9 \end{pmatrix}^{-1}$ が存在し

$$\begin{pmatrix} -3 & 7 \\ 5 & -9 \end{pmatrix}^{-1} = \frac{1}{-8}\begin{pmatrix} -9 & -7 \\ -5 & -3 \end{pmatrix} = \frac{1}{8}\begin{pmatrix} 9 & 7 \\ 5 & 3 \end{pmatrix}$$

である。①の両辺に右から $\begin{pmatrix} -3 & 7 \\ 5 & -9 \end{pmatrix}^{-1}$ をかけて

$$A = \begin{pmatrix} 0 & 8 \\ -1 & -11 \end{pmatrix}\begin{pmatrix} -3 & 7 \\ 5 & -9 \end{pmatrix}^{-1} = \begin{pmatrix} 0 & 8 \\ -1 & -11 \end{pmatrix} \cdot \frac{1}{8}\begin{pmatrix} 9 & 7 \\ 5 & 3 \end{pmatrix}$$

$$= \frac{1}{8}\begin{pmatrix} 40 & 24 \\ -64 & -40 \end{pmatrix} = \begin{pmatrix} 5 & 3 \\ -8 & -5 \end{pmatrix} \quad \cdots\cdots(答)$$

$A = \begin{pmatrix} 5 & 3 \\ -8 & -5 \end{pmatrix}$ について，ケーリー・ハミルトンの定理より

$$A^2 - \{5 + (-5)\}A + \{5 \cdot (-5) - 3 \cdot (-8)\}E = O \quad (O は零行列)$$

$$A^2 = E = \begin{pmatrix} 1 & 0 \\ 0 & 1 \end{pmatrix} \quad \cdots\cdots(答)$$

$B\begin{pmatrix} 0 \\ -1 \end{pmatrix} = \begin{pmatrix} -5 \\ 6 \end{pmatrix}$, $B\begin{pmatrix} 8 \\ -11 \end{pmatrix} = \begin{pmatrix} -7 \\ 10 \end{pmatrix}$ より

$$B\begin{pmatrix} 0 & 8 \\ -1 & -11 \end{pmatrix} = \begin{pmatrix} -5 & -7 \\ 6 & 10 \end{pmatrix} \quad \cdots\cdots②$$

$\begin{pmatrix} 0 & 8 \\ -1 & -11 \end{pmatrix}$ について，$\Delta = 0 \cdot (-11) - 8 \cdot (-1)$ とおくと，$\Delta = 8 \neq 0$ だから，

$\begin{pmatrix} 0 & 8 \\ -1 & -11 \end{pmatrix}^{-1}$ が存在し

$$\begin{pmatrix} 0 & 8 \\ -1 & -11 \end{pmatrix}^{-1} = \frac{1}{8} \begin{pmatrix} -11 & -8 \\ 1 & 0 \end{pmatrix}$$

である。②の両辺に右から $\begin{pmatrix} 0 & 8 \\ -1 & -11 \end{pmatrix}^{-1}$ をかけて

$$B = \begin{pmatrix} -5 & -7 \\ 6 & 10 \end{pmatrix} \begin{pmatrix} 0 & 8 \\ -1 & -11 \end{pmatrix}^{-1} = \begin{pmatrix} -5 & -7 \\ 6 & 10 \end{pmatrix} \cdot \frac{1}{8} \begin{pmatrix} -11 & -8 \\ 1 & 0 \end{pmatrix}$$

$$= \frac{1}{8} \begin{pmatrix} 48 & 40 \\ -56 & -48 \end{pmatrix} = \begin{pmatrix} 6 & 5 \\ -7 & -6 \end{pmatrix} \quad \cdots\cdots (答)$$

$B = \begin{pmatrix} 6 & 5 \\ -7 & -6 \end{pmatrix}$ について，ケーリー・ハミルトンの定理より

$$B^2 - \{6 + (-6)\}B + \{6 \cdot (-6) - 5 \cdot (-7)\}E = O$$

$$B^2 = E = \begin{pmatrix} 1 & 0 \\ 0 & 1 \end{pmatrix} \quad \cdots\cdots (答)$$

> **参考** $A = \begin{pmatrix} a & b \\ c & d \end{pmatrix}$ とおくと，$A\begin{pmatrix} -3 \\ 5 \end{pmatrix} = \begin{pmatrix} 0 \\ -1 \end{pmatrix}$, $A\begin{pmatrix} 7 \\ -9 \end{pmatrix} = \begin{pmatrix} 8 \\ -11 \end{pmatrix}$ より
>
> $$\begin{pmatrix} a & b \\ c & d \end{pmatrix}\begin{pmatrix} -3 \\ 5 \end{pmatrix} = \begin{pmatrix} 0 \\ -1 \end{pmatrix}, \quad \begin{pmatrix} a & b \\ c & d \end{pmatrix}\begin{pmatrix} 7 \\ -9 \end{pmatrix} = \begin{pmatrix} 8 \\ -11 \end{pmatrix}$$
>
> $$-3a + 5b = 0 \quad \cdots\cdots③ \qquad 7a - 9b = 8 \quad \cdots\cdots⑤$$
> $$-3c + 5d = -1 \quad \cdots\cdots④ \qquad 7c - 9d = -11 \quad \cdots\cdots⑥$$
>
> ③，⑤より　　$a = 5,\ b = 3$
> ④，⑥より　　$c = -8,\ d = -5$
>
> よって　　$A = \begin{pmatrix} 5 & 3 \\ -8 & -5 \end{pmatrix}$
>
> $$A^2 = \begin{pmatrix} 5 & 3 \\ -8 & -5 \end{pmatrix}\begin{pmatrix} 5 & 3 \\ -8 & -5 \end{pmatrix} = \begin{pmatrix} 1 & 0 \\ 0 & 1 \end{pmatrix}$$

B についても同様である。

(2) $AB = \begin{pmatrix} 5 & 3 \\ -8 & -5 \end{pmatrix}\begin{pmatrix} 6 & 5 \\ -7 & -6 \end{pmatrix} = \begin{pmatrix} 9 & 7 \\ -13 & -10 \end{pmatrix}$ について，ケーリー・ハミルトンの

定理より

$$(AB)^2 - \{9 + (-10)\}AB + \{9 \cdot (-10) - 7 \cdot (-13)\}E = O$$

$$(AB)^2 + AB + E = O$$

$$(AB)^2 = -AB - E$$

よって

$$(AB)^3 = (AB)^2 \cdot AB = (-AB - E)AB = -(AB)^2 - AB$$

$$= -(-AB-E)-AB = AB+E-AB$$
$$= E \qquad\qquad (証明終)$$

(3) (ア) 行列 A から始める場合

$$A = \begin{pmatrix} 5 & 3 \\ -8 & -5 \end{pmatrix}$$

$$AB = \begin{pmatrix} 9 & 7 \\ -13 & -10 \end{pmatrix}$$

$$ABA = (AB)A = \begin{pmatrix} 9 & 7 \\ -13 & -10 \end{pmatrix}\begin{pmatrix} 5 & 3 \\ -8 & -5 \end{pmatrix} = \begin{pmatrix} -11 & -8 \\ 15 & 11 \end{pmatrix}$$

$$ABAB = (AB)^2 = -AB-E = -\begin{pmatrix} 9 & 7 \\ -13 & -10 \end{pmatrix} - \begin{pmatrix} 1 & 0 \\ 0 & 1 \end{pmatrix} = \begin{pmatrix} -10 & -7 \\ 13 & 9 \end{pmatrix}$$

$$ABABA = (ABAB)A = \begin{pmatrix} -10 & -7 \\ 13 & 9 \end{pmatrix}\begin{pmatrix} 5 & 3 \\ -8 & -5 \end{pmatrix} = \begin{pmatrix} 6 & 5 \\ -7 & -6 \end{pmatrix}$$

$$ABABAB = (AB)^3 = E = \begin{pmatrix} 1 & 0 \\ 0 & 1 \end{pmatrix}$$

これからは，また A, AB, ABA, … を繰り返す。

(イ) 行列 B から始める場合

$A^2 = B^2 = E$, $ABABA = B$ であることに注意して

$$B = \begin{pmatrix} 6 & 5 \\ -7 & -6 \end{pmatrix}$$

$$BA = (ABABA)A = (ABAB)A^2 = (ABAB)E = ABAB$$
$$BAB = (BA)B = (ABAB)B = (ABA)B^2 = (ABA)E = ABA$$
$$BABA = (BAB)A = (ABA)A = (AB)A^2 = (AB)E = AB$$
$$BABAB = (BABA)B = (AB)B = AB^2 = AE = A$$
$$BABABA = (BABAB)A = A^2 = E$$

このようにすべて行列 A から始める表し方で表すことができて，これからは，また B, BA, BAB, … を繰り返す。

(ア)，(イ)より，求める行列は

$$\left.\begin{array}{l} \begin{pmatrix} 5 & 3 \\ -8 & -5 \end{pmatrix},\ \begin{pmatrix} 9 & 7 \\ -13 & -10 \end{pmatrix},\ \begin{pmatrix} -11 & -8 \\ 15 & 11 \end{pmatrix}, \\[12pt] \begin{pmatrix} -10 & -7 \\ 13 & 9 \end{pmatrix},\ \begin{pmatrix} 6 & 5 \\ -7 & -6 \end{pmatrix},\ \begin{pmatrix} 1 & 0 \\ 0 & 1 \end{pmatrix} \end{array}\right\} \quad \cdots\cdots(答)$$

74

実数を成分とする 2 次正方行列 $A = \begin{pmatrix} a & b \\ c & d \end{pmatrix}$ を考える。平面上の点 P(x, y) に対し,

点 Q(X, Y) を

$$\begin{pmatrix} X \\ Y \end{pmatrix} = \begin{pmatrix} a & b \\ c & d \end{pmatrix} \begin{pmatrix} x \\ y \end{pmatrix}$$

により定める。このとき,次の問いに答えよ。

(1) P が放物線 $y = x^2$ 全体の上を動くとき,Q が放物線 $9X = 2Y^2$ 全体の上を動くという。このとき,行列 A を求めよ。

(2) P が放物線 $y = x^2$ 全体の上を動くとき,Q は常に円 $X^2 + (Y-1)^2 = 1$ の上にあるという。このとき,行列 A を求めよ。

(3) P が放物線 $y = x^2$ 全体の上を動くとき,Q がある直線 L 全体の上を動くための a, b, c, d についての条件を求めよ。また,その条件が成り立っているとき,直線 L の方程式を求めよ。

ポイント 点 Q が「図形の上にある」のか「図形全体の上を動く」のかの違いをしっかり理解しておくこと。前者は図形の上の一部を動いたり定点にとどまっていたりしてもよいのに対して,後者は図形の上のすべての点をくまなく動くことができるということである。「図形全体の上を動く」場合は X, Y のとり得る値の範囲に注意しながら

〔Ⅰ〕 点 Q が図形上にある条件を求める。

〔Ⅱ〕 点 Q が図形全体の上を動く条件を求める。

という手順を踏めばよい。

(1) まずは点 P の座標を (t, t^2) とおいて点 Q が放物線 $9X = 2Y^2$ の上にある条件を求める。次に,点 Q が放物線の一部分でなく全体を動く条件を求めるのであるが,その際,X, Y のうち条件が求めやすい方に注目すること。このグラフの場合,$X \geqq 0$ であるから,X のとり得る値の範囲を考えても,点 Q が放物線全体の上を動くかどうかを判断することが難しい。したがって,$Y = ct + dt^2$ がすべての実数値をとる条件を考えることになる。

(2) (1)とは違い,点 Q が円 $X^2 + (Y-1)^2 = 1$ の上にある条件を求めればよいだけである。

(3) (1)と同様に〔Ⅰ〕,〔Ⅱ〕の手順をたどればよい。L が原点を通ることを利用すると,計算が簡単になる。

解 法

(1)　放物線 $y=x^2$ 上の点 P$(t,\ t^2)$ について

$$\begin{pmatrix} X \\ Y \end{pmatrix} = \begin{pmatrix} a & b \\ c & d \end{pmatrix}\begin{pmatrix} t \\ t^2 \end{pmatrix} = \begin{pmatrix} at+bt^2 \\ ct+dt^2 \end{pmatrix}$$

であるから，点 Q の座標は $(at+bt^2,\ ct+dt^2)$ となる。この点 Q が放物線 $9X=2Y^2$ 上に存在するとき

$$9(at+bt^2)=2(ct+dt^2)^2$$
$$2d^2t^4+4cdt^3+(2c^2-9b)t^2-9at=0$$

これがすべての実数 t について成り立つので

$$\begin{cases} 2d^2=0 & \cdots\cdots① \\ 4cd=0 & \cdots\cdots② \\ 2c^2-9b=0 & \cdots\cdots③ \\ 9a=0 & \cdots\cdots④ \end{cases}$$

①より　　$d=0$　このとき②は成り立つ。

④より　　$a=0$　　③より　　$b=\dfrac{2}{9}c^2$

したがって　　$A=\begin{pmatrix} 0 & \dfrac{2}{9}c^2 \\ c & 0 \end{pmatrix}$

点 Q が放物線 $9X=2Y^2$ 全体の上を動くためには，t がすべての実数値をとるときに，$Y=ct+dt^2=ct$ がすべての実数値をとれたらよいので

$$c\neq0$$

以上より，求める行列 A は　　$A=\begin{pmatrix} 0 & \dfrac{2}{9}c^2 \\ c & 0 \end{pmatrix}$　$(c\neq0)$　$\cdots\cdots$(答)

(2)　点 Q が円 $X^2+(Y-1)^2=1$ の上にあるとき

$$(at+bt^2)^2+(ct+dt^2-1)^2=1$$
$$(b^2+d^2)t^4+2(ab+cd)t^3+(a^2+c^2-2d)t^2-2ct=0$$

これがすべての実数 t について成り立つので

$$\begin{cases} b^2+d^2=0 & \cdots\cdots⑤ \\ 2(ab+cd)=0 & \cdots\cdots⑥ \\ a^2+c^2-2d=0 & \cdots\cdots⑦ \\ 2c=0 & \cdots\cdots⑧ \end{cases}$$

⑤より　　$b=d=0$　このとき⑥は成り立つ。

⑧より　　$c=0$

⑦より　　$a=0$

したがって，求める行列 A は

$$A = \begin{pmatrix} 0 & 0 \\ 0 & 0 \end{pmatrix} \quad \cdots\cdots(\text{答})$$

(3)　点 P が放物線 $y=x^2$ 全体の上を動く中で，特に $(0,\ 0)$ のとき

$$\begin{pmatrix} X \\ Y \end{pmatrix} = \begin{pmatrix} a & b \\ c & d \end{pmatrix}\begin{pmatrix} 0 \\ 0 \end{pmatrix} = \begin{pmatrix} 0 \\ 0 \end{pmatrix}$$

であるから，点 Q の座標は $(0,\ 0)$ となる。

よって，点 Q がある直線 L 全体の上を動くとき，その直線 L とは $(0,\ 0)$ を通る直線であることがわかる。

点 $(0,\ 0)$ を通る直線 L を，次の 2 つの場合に分けて考える。

(ア)　直線 L が $Y=mX$ と表すことができる場合

　　点 Q が直線 $L：Y=mX$ の上に存在するとき

$$ct+dt^2 = m(at+bt^2)$$
$$(mb-d)t^2 + (ma-c)t = 0$$

　　これがすべての実数 t について成り立つので

$$\begin{cases} mb-d=0 & \cdots\cdots\text{⑨} \\ ma-c=0 & \cdots\cdots\text{⑩} \end{cases}$$

　　点 Q が直線 L 全体の上を動くためには，t がすべての実数値をとるときに，$X=at+bt^2$ がすべての実数値をとれたらよい。

　　$b \neq 0$ のとき，$X=at+bt^2$ は上に凸または下に凸の放物線となるので，X がすべての実数値をとることはできない。

　　したがって，$b=0$ であり，$X=at$ と表されることになる。そして，$a \neq 0$ のときに X はすべての実数値をとることができる。

　　⑨において，$b=0$ なので　　$d=0$

　　⑩において，$c=ma$ であり，$a \neq 0$ なので　　$m=\dfrac{c}{a}$

　　よって，$a \neq 0$ かつ $b=d=0$ のとき，点 Q は直線 $Y=\dfrac{c}{a}X$ 全体の上を動く。

(イ)　直線 L が $X=0$ の場合

　　点 Q が直線 $L：X=0$ の上に存在するとき

$$at+bt^2 = 0$$

　　これがすべての実数 t について成り立つので

$a = b = 0$

点Qが直線 L 全体の上を動くためには，t がすべての実数値をとるときに，$Y = ct + dt^2$ がすべての実数値をとれたらよい。

(ア)の X についての考察と同様にして，$d = 0$ かつ $c \neq 0$ となる。

よって，$a = b = d = 0$ かつ $c \neq 0$ のとき，点Qは直線 $X = 0$ 全体の上を動く。

(ア)，(イ)より，直線 L の方程式は

$$\left.\begin{array}{ll} a \neq 0 \text{ かつ } b = d = 0 \text{ のとき} & Y = \dfrac{c}{a}X \\[2mm] a = b = d = 0 \text{ かつ } c \neq 0 \text{ のとき} & X = 0 \end{array}\right\} \quad \cdots\cdots(\text{答})$$

〔注〕　なお，(答)は次のようにまとめることもできる。

求める条件は　　「$a \neq 0$ または $c \neq 0$」　かつ　$b = d = 0$

このとき，直線 L の方程式は　　$cX - aY = 0$

75

2 次の列ベクトル X, Y, Z は大きさが 1 であり，$X = \begin{pmatrix} 1 \\ 0 \end{pmatrix}$ かつ $Y \neq X$ とする。た

だし，一般に 2 次の列ベクトル $\begin{pmatrix} x \\ y \end{pmatrix}$ の大きさは $\sqrt{x^2 + y^2}$ で定義される。また，2 次

の正方行列 A が

$$AX = Y, \quad AY = Z, \quad AZ = X$$

をみたすとする。このとき，次の問いに答えよ。

(1)　$Y \neq -X$ を示せ。

(2)　Z は $Z = sX + tY$（s, t は実数）の形にただ一通りに表せることを示せ。

(3)　$X + Y + Z = \begin{pmatrix} 0 \\ 0 \end{pmatrix}$ を示せ。

(4)　行列 A を求めよ。

ポイント　(1)　$Y \neq -X$ を直接示すのが難しければ，背理法の利用を考えてみるとよい。
$Y = -X$ と仮定して矛盾を導き出す。

(2)　$Y = \begin{pmatrix} a \\ b \end{pmatrix}$, $Z = \begin{pmatrix} c \\ d \end{pmatrix}$ とおいたとき，s, t が a, b, c, d で一通りに表されたらよい。
零ベクトルでなく，平行でもない 2 つのベクトルに対して，行列 A による 1 次変換の
像が決まれば行列 A は定まる。

(3)　(2)で $Z = sX + tY$ がただ一通りに表せることを示したので，それを利用する。
$tZ = \alpha X + \beta Y$ の形に 2 通りの表し方で表して tZ もただ一通りに表せることより係数を
比較する。

(4)　〔解法 1〕　$AX = Y$, $AZ = X$ において X, Y, Z を具体的に成分で表すことから A
の成分を求める。$A \begin{pmatrix} x_1 \\ y_1 \end{pmatrix} = \begin{pmatrix} x_1' \\ y_1' \end{pmatrix}$, $A \begin{pmatrix} x_2 \\ y_2 \end{pmatrix} = \begin{pmatrix} x_2' \\ y_2' \end{pmatrix}$ のとき $A \begin{pmatrix} x_1 & x_2 \\ y_1 & y_2 \end{pmatrix} = \begin{pmatrix} x_1' & x_2' \\ y_1' & y_2' \end{pmatrix}$ と表せるこ

とが行列の特長の 1 つである。$\begin{pmatrix} x_1 & x_2 \\ y_1 & y_2 \end{pmatrix}^{-1}$ が存在することを確認後，これを両辺に右か

らかけてみると A が求められる。

〔解法 2〕　$Y = \begin{pmatrix} a \\ b \end{pmatrix}$ とおかず，$|Y| = 1$, $Y \neq \begin{pmatrix} 1 \\ 0 \end{pmatrix}$ であることから，$Y = \begin{pmatrix} \cos\theta \\ \sin\theta \end{pmatrix}$（$0 < \theta$
$< 2\pi$）と表せることを利用する。

解法 1

(1) 背理法を用いて $Y \neq -X$ を証明する。

$Y = -X$ と仮定すると

$$Z = AY = A(-X) = -AX = -Y \qquad \therefore \quad Z = -Y \quad \cdots\cdots ①$$

①より，$Y = -Z$ であるから

$$Z = AY = A(-Z) = -AZ = -X \qquad \therefore \quad Z = -X \quad \cdots\cdots ②$$

①，②より　　$Y = X$

これは，$Y \neq X$ であることに矛盾する。

ゆえに　　$Y \neq -X$　　　　　　　　　　　　　　　　　　　　　（証明終）

(2) $Y = \begin{pmatrix} a \\ b \end{pmatrix}$, $Z = \begin{pmatrix} c \\ d \end{pmatrix}$ とし，$Z = sX + tY$ とおくと $\begin{pmatrix} c \\ d \end{pmatrix} = s \begin{pmatrix} 1 \\ 0 \end{pmatrix} + t \begin{pmatrix} a \\ b \end{pmatrix}$ より

$$\begin{cases} c = s + at \\ d = bt \end{cases} \quad \cdots\cdots ③$$

$|Y| = 1$ であるから　　$a^2 + b^2 = 1$　　$\cdots\cdots ④$

$b = 0$ と仮定すると $a = \pm 1$ となり，$Y = \begin{pmatrix} \pm 1 \\ 0 \end{pmatrix}$ となるので，$Y = \pm X$ となる。

これは $Y \neq \pm X$ に反するから　　$b \neq 0$

よって，③において，$bt = d$ の両辺を b で割ることができて

$$t = \frac{d}{b}, \quad s = c - \frac{ad}{b}$$

とただ1組だけ定まり，これらは実数である。

ゆえに，Z は $Z = sX + tY$（s, t は実数）の形にただ一通りに表せる。　　（証明終）

> **参考1** $|X| = |Y| = 1$ であるから，$X /\!/ Y$ となるのは $Y = X$ または $Y = -X$ のときだけである。ところが，$Y \neq \pm X$ であるから $X /\!\!/\!\!/ Y$ である。$X \neq \vec{0}$, $Y \neq \vec{0}$, $X /\!\!/\!\!/ Y$ であるから，X と Y は1次独立であることがわかる。このとき，任意のベクトルが $pX + qY$（p, q は実数）の形にただ一通りに表せることはよく利用されているが，本問では特別なベクトル Z に対してそのことの説明が求められていると考えればよい。

(3)　　$Z = sX + tY$（s, t は実数）　$\cdots\cdots ⑤$

⑤の両辺に左から A をかけると

$$AZ = sAX + tAY$$

これより　　$X = sY + tZ$　　$\therefore \quad tZ = X - sY$　$\cdots\cdots ⑥$

⑤の両辺に実数 t をかけると

$$tZ = stX + t^2 Y \quad \cdots\cdots ⑦$$

(2)より，⑤を満たす実数 s, t はただ 1 組だけ存在するから，⑦を満たす実数 st, t^2 もただ 1 組だけ存在する。

よって，⑥，⑦より $st=1$, $t^2=-s$

この 2 式より $s^3=-1$ が得られる。s, t は実数であるから

$s=-1$, $t=-1$

これらを⑤に代入して

$$Z=-X-Y \quad \therefore \quad X+Y+Z=\begin{pmatrix} 0 \\ 0 \end{pmatrix}$$ (証明終)

(4) $X+Y+Z=\begin{pmatrix} 0 \\ 0 \end{pmatrix}$ より

$$Z=-X-Y=-\begin{pmatrix} 1 \\ 0 \end{pmatrix}-\begin{pmatrix} a \\ b \end{pmatrix}=\begin{pmatrix} -1-a \\ -b \end{pmatrix}$$

$|Z|=1$ であるから

$(-1-a)^2+(-b)^2=1$

$a^2+b^2+2a=0$ ……⑧

④，⑧より $a=-\dfrac{1}{2}$, $b=\pm\dfrac{\sqrt{3}}{2}$

よって

$$X=\begin{pmatrix} 1 \\ 0 \end{pmatrix}, \quad Y=\begin{pmatrix} -\dfrac{1}{2} \\ \pm\dfrac{\sqrt{3}}{2} \end{pmatrix}, \quad Z=\begin{pmatrix} -\dfrac{1}{2} \\ \mp\dfrac{\sqrt{3}}{2} \end{pmatrix}$$ (複号同順)

また，$AX=Y$, $AZ=X$ であるから

$$A\begin{pmatrix} 1 \\ 0 \end{pmatrix}=\begin{pmatrix} -\dfrac{1}{2} \\ \pm\dfrac{\sqrt{3}}{2} \end{pmatrix}, \quad A\begin{pmatrix} -\dfrac{1}{2} \\ \mp\dfrac{\sqrt{3}}{2} \end{pmatrix}=\begin{pmatrix} 1 \\ 0 \end{pmatrix}$$

これをまとめて表すと $A\begin{pmatrix} 1 & -\dfrac{1}{2} \\ 0 & \mp\dfrac{\sqrt{3}}{2} \end{pmatrix}=\begin{pmatrix} -\dfrac{1}{2} & 1 \\ \pm\dfrac{\sqrt{3}}{2} & 0 \end{pmatrix}$

両辺を 2 倍して $A\begin{pmatrix} 2 & -1 \\ 0 & \mp\sqrt{3} \end{pmatrix}=\begin{pmatrix} -1 & 2 \\ \pm\sqrt{3} & 0 \end{pmatrix}$ ……⑨

ここで，$B=\begin{pmatrix} 2 & -1 \\ 0 & \mp\sqrt{3} \end{pmatrix}$ とおき，行列式を $\det B$ とすると，$\det B=2\cdot(\mp\sqrt{3})$

$-(-1)\cdot 0=\mp 2\sqrt{3}\neq 0$ より，逆行列 B^{-1} が存在して，$B^{-1}=\mp\dfrac{1}{2\sqrt{3}}\begin{pmatrix}\mp\sqrt{3} & 1\\ 0 & 2\end{pmatrix}$ となる。

⑨の両辺に右から B^{-1} をかけると

$$A=\mp\dfrac{1}{2\sqrt{3}}\begin{pmatrix}-1 & 2\\ \pm\sqrt{3} & 0\end{pmatrix}\begin{pmatrix}\mp\sqrt{3} & 1\\ 0 & 2\end{pmatrix}$$

$$=\dfrac{1}{2}\begin{pmatrix}-1 & \mp\sqrt{3}\\ \pm\sqrt{3} & -1\end{pmatrix}\quad\text{（複号同順）}\quad\cdots\cdots\text{（答）}$$

| **参考2**　行列 A は原点を中心とし，$120°$ または $240°$ 回転を表す行列であることがわかる。

解法 2

(4)　$|Y|=1$，$Y\neq\begin{pmatrix}1\\ 0\end{pmatrix}$ であるから，$Y=\begin{pmatrix}\cos\theta\\ \sin\theta\end{pmatrix}$ $(0<\theta<2\pi)$ とおける。このとき

$$Z=-X-Y=\begin{pmatrix}-1-\cos\theta\\ -\sin\theta\end{pmatrix}$$

となる。

$$|Z|^2=(-1-\cos\theta)^2+(-\sin\theta)^2=(\cos^2\theta+\sin^2\theta)+2\cos\theta+1$$
$$=2+2\cos\theta$$

ここで，$|Z|=1$ なので

$$\cos\theta=-\dfrac{1}{2}\qquad\therefore\quad \theta=\dfrac{2}{3}\pi,\ \dfrac{4}{3}\pi$$

よって，$\theta=\dfrac{2}{3}\pi$ のとき

$$Y=\begin{pmatrix}\cos\dfrac{2}{3}\pi\\ \sin\dfrac{2}{3}\pi\end{pmatrix}=\begin{pmatrix}-\dfrac{1}{2}\\ \dfrac{\sqrt{3}}{2}\end{pmatrix},\quad Z=\begin{pmatrix}-1-\cos\dfrac{2}{3}\pi\\ -\sin\dfrac{2}{3}\pi\end{pmatrix}=\begin{pmatrix}-\dfrac{1}{2}\\ -\dfrac{\sqrt{3}}{2}\end{pmatrix}$$

$\theta=\dfrac{4}{3}\pi$ のとき

$$Y=\begin{pmatrix}\cos\dfrac{4}{3}\pi\\ \sin\dfrac{4}{3}\pi\end{pmatrix}=\begin{pmatrix}-\dfrac{1}{2}\\ -\dfrac{\sqrt{3}}{2}\end{pmatrix},\quad Z=\begin{pmatrix}-1-\cos\dfrac{4}{3}\pi\\ -\sin\dfrac{4}{3}\pi\end{pmatrix}=\begin{pmatrix}-\dfrac{1}{2}\\ \dfrac{\sqrt{3}}{2}\end{pmatrix}$$

（以下，〔解法1〕(4)と同じ）

年度別出題リスト